JN448286

건설보증시장 이해와 전망

김 명 수

청목출판사

서 문

필자가 건설보증이란 생소한 단어를 접한 것은 1996년 국토연구원에서다. 박사 학위 취득 후 국토연구원에서 근무하게 되었는데, 공교롭게도 SOC건설경제연구실로 발령이 났다. 건설경제 연구가 꽤 낯설게 느껴졌는데, 경제학 전공이란 이유로 건설산업과 건설경제를 연구해 보라는 것이었다. 당시 건설공제조합, 건설회사에서 국토연구원으로 파견나온 실무자들과 어울리면서 건설보증이라는 용어를 처음 들었고 나름 연구해 볼 필요가 있다는 것을 느꼈다.

국토연구원에서는 건설산업의 국가경제적 비중과 역할을 분석하고 건설산업의 구조적 문제와 개선방안 등을 연구하였다. 건설산업은 수주산업이라는 산업적 특징과 복잡한 도급구조를 통해 건설생산이 이루지고 있는데, 이로 인해 발생하는 문제점과 개선방안 등을 연구하였다. 또한 경기 선행적 특징이 강하고 고용창출효과가 크기 때문에 불경기에는 경기진작을 위해 건설투자가 필요함을 계량적으로 분석하였다. 건설투자, 건설산업 구조개편, 생산체계 개편, 중소건설업을 위한 금융지원 등 건설산업 분야는 건설보증과 더불어 결국 필자가 지금까지 연구하고 있는 주요 주제가 되었다.

잘 알려진 대로 건설산업은 국가경제의 근간이 되는 산업 중 하나이다. 아파트와 같은 주거시설은 물론 도로, 철도 등 경제와 생활에 필요한 사회간접자본시설을 제공해주고 있다. 건설산업은 기끔 부실공사의 오명을 뒤집어쓰기도 했지만, 국민의 삶의 공간과 국가 인프라를 건설한다는 자긍심을 가지고 있다.

올해 우리 경제는 1998년 외환위기 이후 20여년 만에 마이너스 성장이 예상된다. 건설산업은 국내외 경기 변동에 민감하게 영향을 받으므로 건설경기 전망 또한 어두운 실정이다. 전체 경제의 회복이 지체되고 완만한 커브를 그린다면, 이는 건설공사 수주 감소로 이어져 기업 도산, 실업 발생, 산업 경쟁력 약화 등의 악순환을 경험하게 될 것이다. 이 같은 경제 변동에 따른 리스크는 물론 입찰, 계약, 공사수행, 하자관리 등 전반적 과정에서 리스크는 존재한다. 공사건설을 주문하는 발주자는 시공하는 업체에게 시공의 이행을 담보하기 위한 조치를 취하게 된다.

건설활동에서 나타나는 각종 리스크에 대비할 수 있는 수단은 건설보증으로 집약된다. 건축물, 시설물 등 공사의 완성품에만 관심이 집중되어, 건설활동에서 절대적으로 필요한 건설보증은 쉽게 간과되어 왔다. 만약, 보증이 없다면 공사를 발주하는 발주자는 건설기업이 공사를 계획대로 이행될 것인지 불안해 할 것이다. 시공을 맡은 건설기업은 투입된 공사비를 제대로 받을 수 있을 것인지 우려하게 될 것이다. 이에 대비하여 발주자는 계약보증 또는 공사이행보증을 요구하고 건설업체는 공사대금에 대한 지급보증을 요구하게 된다.

건설산업이 국내경제에서 차지하는 비중 등으로 건설산업, 건설경제, SOC투자 등에 대한 연구가 활발하게 이루어져 왔다. 이에 반해, 건설보증에 대한 관심은 그 중요도에 비해 굉장히 미약한 실정으로 전문적인 연구도 많지 않았다. 건설산업 분야에서는 금융적인 성격을 가진 독특한 분야이고 주류가 아니라는 인식이 이러한 현상으로 나타난 것이다. 때로는 관심을 가지게 되어도 그 구조나 내용 등이 쉽지 않고 건설보증은 계약체결 시 제출하는 하나의 서류에 불과하다는 인식도 한몫했다고 본다. 본서는 이러한 점들에 주목하여 건설보증시장의 구조와 주요 내용을 손쉽게 이해할 수 있도록 해보자는 의도에서 집필하게 되었다.

이 책이 나오기까지 많은 분들의 도움이 있었다. 먼저 본인과 함께 건설보증 관련 연구를 수행하고 참여했던 연구진들에게 감사를 표한다. 그리고 본인의 생각과 정책 아이디어들을 함께 고민해 주신 여러분들께 감사의 말씀을 드린다. 건설보증시장의 구조적 문제분석과 정책적 대안은 여러 전문가, 실무자, 정책을 맡은 공무원들과의 폭넓고 진지한 토론이 없었다면 도출되기 어려웠을 것이다.

이 책의 내용을 다듬고 조언을 준 신동칠 학형에게도 감사를 드리고, 통계자료 등 자료 정리에 도움을 준 김준혁, 안도근 학생에게도 고마움을 표한다. 그들의 도움을 받으면서 문장이 정돈되어 읽기가 한결 수월해졌다. 그리고 이 책이 출간되는 데는 청목출판사의 유성열 사장님, 심재국 상무님의 성심과 배려가 있었다.

마지막으로 나의 사랑하는 가족들에게 감사한다. 내가 자유롭게 연구하도록 항상 지원해준 집사람 고미숙에게 가장 큰 고마움을 느낀다. 이 연구에 매달리는 동안 집

사람과 근우, 상우, 준우에게 관심과 배려를 다하지 못했던 점에 미안한 마음을 전하고 싶다.

2020년 8월

김 명 수

차 례

제1장

도 입 부

제 1 장

도 입 부

건설산업은 국가경제에서 비중이 높은 산업이다. 경제개발시대를 거쳐 산업고도화 시대를 통해 도로, 철도, 항만, 공항 등 주요 사회간접자본시설의 건설은 물론 아파트, 상업용 건물, 플랜트 시설 등의 건설로 국가경제에 기여해 왔다. 특히 해외건설은 일반 제조품의 수출과 마찬가지로 건설서비스 수출을 통해 국가경제 발전에 공헌했다. 1979년 제2차 오일쇼크 당시 해외건설은 당시 GDP 대비 19% 규모의 실적을 올려 오일쇼크를 극복하는 데 결정적인 역할을 하기도 했다.

건설산업에는 다른 산업과 다른 리스크가 수반된다. 이는 일반 제조업과 달리 완성품이 없는 상태에서 공급자를 결정해야 하는 산업적 특성에 기인한다. 따라서 공사를 주문하는 발주자는 시공업체에게 시공의 이행을 담보하기 위한 조치를 취하게 된다. 1950년 또는 1960년대 초기에는 계약금액의 10%를 담보로 예치하기도 했지만, 이후 보증증서로 대체되어 지금에 이르고 있다. 이제는 공사계약의 이행을 위한 보증은 물론 입찰보증, 대금지급보증 등 다양한 보증상품이 통용되고 있다.

마치 공기의 고마움을 잊고 사는 것처럼, 건설산업에서 보증은 절대적으로 필요한 요소지만 중요성을 인정받지 못하고 간과되고 있다. 만약, 보증이 없다면 얼마나 불편할까. 공사를 발주하는 발주자는 공사가 계획대로 이행될 것인지 불안할 것이고 시공을 맡은 건설기업은 투입된 공사비를 제대로 받을 수 있을 것인지 우려하게 될 것이다.

1960년대 금융여건이 열악한 상황에서 금융기관은 리스크가 큰 건설공사에 대한 보증을 제공하지 않았다. 이에 따라 건설기업들은 스스로 자구책을 마련하기 위해 상호금융회사를 만들고 나아가 건설공제조합을 설립해 건설공사에 대한 보증기능을 수행하게 하였다.

이후 발전된 보증기관은 다양한 보증상품을 운용하고 있으며, 건설산업의 발전에도 깊이 관여하고 있다. 건설산업 관련 제도 변화에 맞추어 적절한 보증기능이 요구되기도 하였다. 때로는 공공의 역할을 최대한 배제한 상태에서 민간의 금융시스템을 통한 상시적인 구조조정 체제의 확립을 위한 주요 수단으로서 역할이 강조되기도 했다. 즉 건설산업의 구조조정을 위해 부적격업체의 퇴출에 보증기관도 역할을 해달라는 요구이다.

건설보증 관련 제도 변화나 환경변화에서 빠뜨릴 수 없는 것이 외환위기와 이행보증제도의 도입이다. IMF관리 체제 이후 여타 산업과 마찬가지로 건설산업도 많은 변화를 경험하였다. 특히 재무구조가 건전하지 못한 건설업체는 경영여건 악화로 도산하고, 연쇄적으로 보증사고가 발생하였다. 건설업체의 부도는 연대보증인의 연쇄 부도로 이어지는 등 그 파장이 매우 컸다.

1989년의 건설업면허 개방과 1994년의 등록제 전환으로 건설업체 수는 꾸준히 늘어났으나, 외환위기 이후 경기침체로 발주물량이 격감하여 건설업체의 경영여건은 최악의 사태를 맞았다. 건설경영 여건 악화는 건설업체의 연쇄도산으로 이어지고 그 결과 높은 부도율로 나타났다. 1998년 한 해 동안 524개의 일반건설업체가 도산했으며, 이 가운데 189개 업체(36%)가 연대보증채무와 관련된 것으로 추정되었다. 건설업체의 부도원인은 다양하므로 연대보증으로 인한 것으로 부도를 명확히 구분하기는 쉽지 않다. 하지만 부도업체 대부분이 상호 연대보증 관계에 있어 연대보증채무가 부도에 직·간접적인 영향을 끼쳤다고 볼 수 있다.

건설보증시장 개방은 오래 전부터 논의되어 온 주제이다. 보증과 보험을 구분하는 전업주의를 채택하고 있는 우리 현실에 비추어 보증과 보험 간의 업역 철폐는 계속 논의되어 왔지만, 실행이 쉽지 않은 과제이다. 건설보증시장의 경우 3개 건설 관련 공제조합이 분할된 업종시장 내에서 독점하는 구조를 가지고 있다. 여기에 전체 산업에 대한 보증업무를 하는 서울보증보험이 참여하고 있는 형태이다. 그간 한·미FTA, 건설산업에서 겸업제한 철폐 등 여러 가지 제도적 변화가 있었지만, 이 구조는 그 뼈대를 계속 유지해 왔다. 다만 향후 건설업역 조정 등이 예정되어 건설 관련 공제조합들 간의 경쟁이 가속화될 것으로 보인다.

최근 들어 국토교통부는 2018년 11월 건설산업 생산구조 혁신 로드맵을 발표하고 업역규제 폐지, 업종체계 개편, 등록기준 정비 방안을 제시하고 후속 조치를 준비 중이다. 이는 중장기적으로 건설산업 및 건설보증시장에 큰 영향을 미칠 것으로 보인다. 그리고 공정거래위원회는 2019년 건설보증시장을 포함하는 전체 보증시장 독과점 개선 방안을 재논의하면서 건설보증시장 개방이 다시 주목받고 있다. 이미 서울보증과 엔지니어링공제조합 등이 건설 보증시장에 진입해 활동하고 있으나, 건설보증의 주관 부처인 국토교통부에 의한 시장통제력에는 한계가 있는 실정이다.

본 저서에서는 건설보증시장 구조를 시장 전반에 대한 상황과 수요, 공급이란 프리즘을 통해 파악하고자 한다. 기본적으로 건설보증시장구조에 대한 접근을 통해 건설보증에 대한 이해도를 높이고자 한다. 이를 위해 건설보증시장의 전반적인 흐름과 수요자, 발주자 등을 고찰할 것이다. 건설보증시장을 구성하고 있는 발주자, 건설업체, 보증공급기관의 상호관계 속에서 건설보증시장 구조를 파악하고자 한다. 3대 건설 관련 공제조합과 서울보증보험(주)을 중심으로 건설보증시장 운영실태를 살펴볼 것이다. 그리고 건설보증시장의 경쟁구조와 시장개방을 면밀히 고찰해 보고자 한다. 나아가 현재 구조의 한계를 지적하고 외국의 건설보증구조와 비교해 볼 예정이다. 마지막으로 향후 예상되는 여건변화와 건설보증시장의 변화를 전망해 보고자 한다. 그리고 건설산업의 발전과 건설보증의 역할을 제고를 위한 방안을 모색해 보고자 한다.

주요 내용은 다음과 같다. 먼저 2장에서는 건설산업의 국민경제적 위상을 개관해 볼 것이다. 그리고 3장에서는 건설보증의 기본적 개념들을 소개하고, 건설보증의 법적 근거와 운영형태, 그리고 역할을 고찰하였다. 다음으로 4장 및 5장에서는 건설보증시장의 형성과정을 살펴보고 수요자와 공급자로 구분하여 건설보증시장 구조를 파악하고, 보증공급자의 현황과 경쟁구조, 그리고 한계 등을 분석하였다. 6장에서는 실제 건설보증시장의 운용실태를 분석하고, 7장에서는 외국의 건설보증시장을 고찰해 보았다. 마지막으로 8장에서는 건설산업혁신을 중심으로 향후 변화될 건설보증 여건을 서술하고, 건설보증시장의 변화를 전망하고 건설보증시장의 효율화 방안을 정리해 보았다.

제2장

건설산업과 국가경제

1. 건설투자와 GDP성장 개관
2. 경제사회발전 5개년 계획과 건설투자
3. 최근 건설투자 실태
4. 건설산업의 역사적 변동

제 2 장
건설산업과 국가경제

1. 건설투자와 GDP 성장 개관

건설산업은 주요 인프라 시설은 물론 주거에 필요한 시설물의 건설을 통해 국가경제는 물론 국민생활 편의 향상에 기여해 왔다. 국가경제의 동맥이 되는 도로, 철도, 항만, 공항 등 사회간접자본(SOC)을 건설하고 현대 생활의 근거지인 도시 건설, 택지 개발 및 주택단지를 조성하여 국가와 지역사회의 기본적인 사회경제적 기반을 공급하는 역할을 해왔다.

지난 수십 년간 경제·사회적 여건 및 산업 환경의 변화에 대응하여 건설투자 추이도 변화해 왔다. 우리나라 경제는 1962년 경제사회개발계획을 처음 시작한 이래 1970년대 및 1980년대에 급속한 성장률을 기록하였다. 이 과정에서 건설투자도 경제성장에 많은 기여를 하였다. 국토교통부의 자료에 따르면 고도 성장기인 1970년대 실질 GDP성장률은 9.1%를 기록한 가운데 건설투자의 기여도는 1.6%로 나타난다. 이는 GDP 성장률 대비 건설투자 기여율이 17.5%나 되었음을 의미한다.

1980년대에는 9.8%를 기록한 GDP 성장률 가운데 건설투자로 인한 부분이 2.0%나 되어 최고수준을 기록하였다. 즉, GDP 성장률 대비 건설투자 기여율이 20.4%가 되었다는 것이다. 하지만 1990년대에는 성장기여도가 0.8%로, 그 비중은 11.2%로 하락하기 시작하여, 2000년대 후반 들어 급감하여 급기야는 마이너스를 기록하고 있다.

2008년 전세계를 강타한 글로벌 금융위기로 인해 건설경기도 위축되었으나, 2014년 이후 국내 주택 및 부동산 시장의 활황으로 급격한 회복세를 보였다. 이로 인해 2013년부터 건설투자의 성장 기여도는 플러스로 전환되었고 2016년에는 1.5%로 최고치를 기록하였다. 대규모 구조물을 건설하는 토목 부문의 건설투자는 2010년부터 지속적인 하락세를 나타냈으며, 주택 및 부동산 부문의 건설투자도 2017년부터 감소세로 돌아섬에 따라 2018년 하반기부터 건설산업은 전반적인 불황 국면에 진입했다. 건설투자의 성장 기여도도 다시 마이너스로 전환되어 -0.7%를 기록하였다 2020년 건설경기는 국내외 거시경제적 침체 요인과 불확실성으로 인해 침체기에 직면할 것으로 전망된다.

〈표 2-1〉 GDP 성장률과 건설투자의 관계

구 분	'71~'80	'81~'90	'91~'00	'01~'05	'06	'07	'08	'09	'10
실질 GDP성장률(%)	9.1	9.8	6.6	4.5	5.2	5.8	3.0	0.8	6.8
건설투자 증가율(%)	11.3	12.9	3.4	4.4	0.7	1.5	△2.7	3.6	△3.7
건설투자 성장기여도(%p)	1.6	2.0	0.8	0.7	0.1	0.3	△0.5	0.6	△0.6
GDP 성장대비 건설투자 기여율, %	17.5	20.4	11.2	15.5	1.9	5.5	△17.7	84.8	△9.2

구 분	'11	'12	'13	'14	'15	'16	'17	'18
실질 GDP성장률(%)	3.7	2.4	3.2	3.2	2.8	2.9	3.2	2.7
건설투자 증가율(%)	△2.8	△3.5	6.3	1.4	6.9	10.0	7.3	△4.3
건설투자 성장기여도(%p)	△0.5	△0.6	0.8	0.2	1.0	1.5	1.2	△0.7
GDP 성장대비 건설투자 기여율, %	△13.6	△26.2	27.6	6.0	23.0	49.0	35.6	△25.7

자료: 한국은행

2. 경제사회발전 5개년 계획과 건설투자

경제사회개발 초기에 건설투자는 댐, 치수, 상·하수도 등 수자원에 집중하였고, 경제고도화 시기에는 산업단지, 교통 SOC 등에 투자가 이루어져 왔다.

전체 정부 예산에서 건설교통부문의 예산 비중은 1962년 6%에서 출발하여, 1970년 8.8%, 1980년 5.6%를 기록한 뒤, 1990년 들어 10.6%로 두 자리 숫자를 기록하였다. 2000년 18.1%로 최고수준을 보인 뒤 점차 감소하여 2005년 13.5%, 2010년 12.0%'를 기록하였다.

1962년 건설부 창설 당시 건설예산 규모는 정부 총예산의 6.0%인 65억원 규모였다. 이 가운데 약 35%가 댐, 치수, 상·하수도 등 수자원개발에 투자되었다. 그리고 22%가 도로, 철도 등 교통시설에, 11%가 주택건설에 투입되었다. 1960년대 후반에는 경인고속도로 및 경부고속도로 건설이 추진되면서 도로부문의 투자가 크게 늘어나기 시작했다.

이후 1970년에는 교통부문 투자가 건설예산의 64.1%를 차지하였다. 1970년대 들어와서는 중화학 공업 육성을 위하여 공업단지, 공업용수, 공업항에 대한 투자가 활발해졌다. 이로 인해 1975년 산업입지 관련 투자가 건설예산의 24% 수준까지 증가하였다.

1980년대는 주택문제가 심각한 사회문제로 떠올랐다. 60~70년대 산업화 과정에서 '이촌향도' 현상으로 많은 인구가 수도권으로 또는 대도시로 밀집했지만 주택투자는 충분하지 못했기 때문이다. 따라서 우리 정부는 수도권 정비에 주력하였고, 80년대 후반에는 주택 200만호 건설을 시작하였다. 이로 인해, SOC투자는 상대적으로 축소되었다. 1990년대에는 세계화 및 지방화에 대비하여 SOC투자가 대폭 확대되었다. 이 시기에 인천국제 공항, 광양항, 가덕신항만 등이 건설되었다.

2000년 이후에는 국가균형발전, 녹색국토를 지향한 건설투자가 강조되었고, 세종시 및 혁신도시 건설과 광역교통체계 구축 등이 추진되었다. 2000년대 후반 들어 글로벌 금융위기 이후 경기 침체를 경험하였고, 복지위주의 예산 편성이 강조되면서 SOC 투자는 위축되고 있다. 거기다 재정사업을 대체할 수 있는 민간자본 투자 또한 MRG 폐지 등으로 위축되고 있는 실정이다.

3. 최근 건설투자 실태

경상가격 기준으로 GDP 대비 건설생산은 90년대에 9%대를 기록한 뒤, 점차 하락하여 2010년에는 5.9%로 감소하였다. 경상가격 기준 GDP 대비 건설투자 규모도 90년대 초에는 21% 수준이었으나, 조금씩 하락하는 추세를 보이면서 2010년에는 17%를 기록하였다. 이후에도 점차 감소하여 2017년 15%, 2018년에는 14%를 기록하였다. 참고로 건설생산(production)은 중간투입을 배제한 부가가치에 근거하여 계산된다. 즉 최종산출물에서 중간재인 자재 등이 차감되어 계산된다. 이에 반해, 건설투자는 산출(output)된 기성액에 근거하여 계산된다. 매출액이라고도 할 수 있으며, 최종수요라고 할 수 있다. 다만 건설재고와 건설투자는 분리되어 계산된다. 예를 들어 1,000억 규모의 10층 빌딩 건축에서, 올해 철근, 콘크리트 등 자재를 100억원 투입하여 2개 층(200억 가치)을 완공했다고 하자. 이때 올해 건설생산은 200억-100억=100억이 된다. 이는 건설생산=최종산출물-중간재투입에 근거한 것이다. 이에 반해, 올해 건설투자는 200억원으로 산정된다.

아울러 해외건설도 건설산업의 국민경제적 역할을 살펴보기 위해서는 빠트릴 수 없는 부분이다. 해외건설 규모는 1979년 GDP 대비 18%로 최고 수준을 기록하였다. 1979년은 이란의 석유수출을 하루 500만 배럴에서 200만 배럴로 감소시켜 세계경제를 혼란에 빠뜨렸다. 석유공급 불안과 가격폭등을 초래하여 스태그플레이션을 초래한 제2차 오일쇼크가 발생하였다. 우리나라는 이로 인해 막대한 피해를 입었는데 해외건설을 통한 외화획득은 이 위기를 극복하는데 큰 힘이 되었다. 이는 당시 전체 산업 가운데 국가경제를 선도하는 역할을 했다고 해도 과언이 아닌 수준이다. 하지만 이후 급속한 내리막길을 걷기 시작하여 급기야는 2% 이하로 떨어졌다. 90년대 및 2000년대 중반까지 모두 1%대의 비중을 보여준 뒤, 2005년부터 회복세를 보이면서 2010년 6%까지 올라갔다. 2012년 5,000억 달러 규모의 누적수주 실적을 기록하였고, 현재는 GDP 대비 비중이 2% 이하 수준을 보이고 있다.

해외건설은 위축되고 있는 국내 건설투자를 대체할 유일한 수단으로 간주되고 있지만, 많은 문제를 가지고 있다. 우선 전체 수주의 70%수준에 육박하는 플랜트 중심의 공종 편중이 심하고, 중동지역 국가에서의 수주로 지역 편중도 심각하다. 아울러 90%이상의 수주는 몇몇 대형 건설업체에 의해 이루어지고 있는 실정이다. 나아가 과거 70-80년대 해외건설은 대부분 국내인력이 직접 투입되어 국민경제에 미치는 영향이 매우 컸다. 하지만, 최근의 해외건설은 주요 핵심 인력만 현장에 투입되는 형태로, 해외기성액의 24%수준만 국내로 유입[1]되어 국민경제 파급효과는 과거에 비해 대폭 감소된 것으로 볼 수 있다.

〈그림 2-1〉 GDP대비 건설생산, 건설투자, 해외건설 수주액

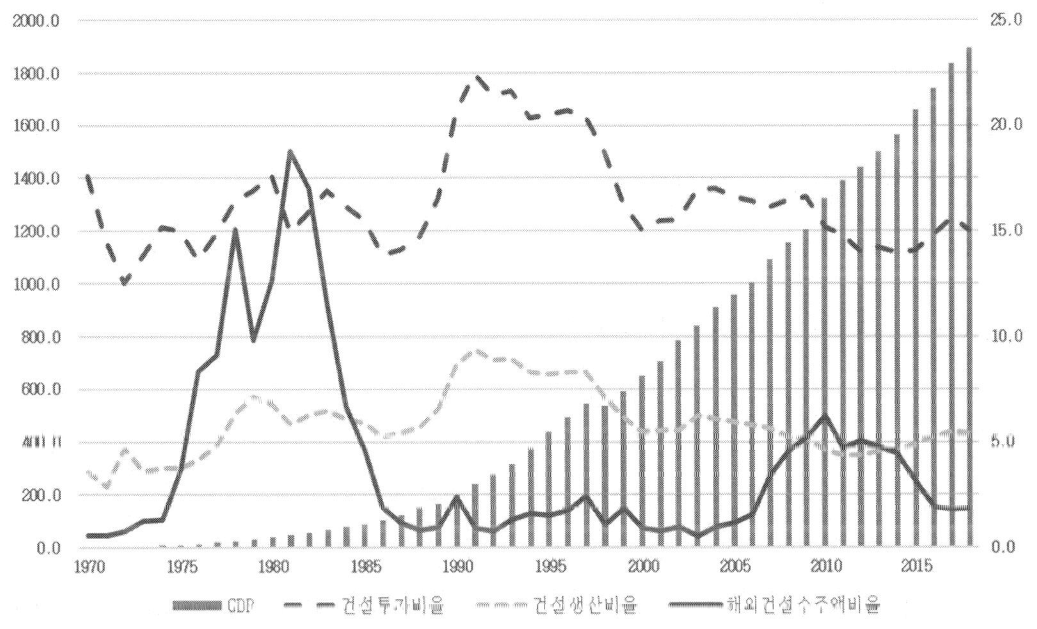

지료 : 한국은행, 해외건설협회

1) 김명수(2015) 해외건설의 국민경제적 파급효과

〈표 2-2〉 GDP, 건설생산, 건설투자, 해외건설 수주액

(단위: 조원, 억달러, 경상가격)

구분	'70년	'75년	'80년	'85년	'90년	'95년	'00년	'05년	'10년	'15년	'16년	'17년	'18년
GDP	2.8	10.5	39.1	85.7	191.4	409.7	651.6	957.4	1,322.6	1,658.0	1,740.8	1,835.7	1,893.5
GDP (억달러)	81	216	643	984	2,703	5,313	5,764	9,347	11,439	14,653	15,000	16,233	17,209
건설생산	0.1	0.4	2.7	5.2	17.3	35.8	35.7	56.8	60.7	81.2	91.5	101.2	102.4
건설투자	0.5	1.6	7.0	13.7	41.3	89.6	98.4	159.0	200.6	233.1	258.1	287.0	284.4
해외건설 수주액 (억달러)	0.48	8.2	82.6	46.9	67.7	85.1	54.3	108.6	715.8	461.4	281.9	290.1	321.2
건설생산 /GDP	0.04	0.04	0.07	0.06	0.09	0.09	0.05	0.06	0.05	0.05	0.05	0.06	0.05
건설투자 /GDP	5.18	2.10	1.03	0.72	0.68	0.47	0.27	0.23	0.17	0.14	0.15	0.15	0.14
해외건설 수주액 /GDP	0.006	0.048	0.13	0.05	0.025	0.016	0.009	0.012	0.06	0.03	0.019	0.018	0.019

자료 : 한국은행, 해외건설협회

4. 건설산업의 역사적 변동[2)]

1) 8 · 15 광복과 미 군정체제 하의 건설산업

광복 후 우리나라 산업은 자립 기반을 확보하는 데 많은 어려움을 겪었다. 자본과 기술은 물론 생산재와 반제품, 기술 인력까지 일본에 의존했던 탓에 광복 이후 공장은 일시에 마비되었다. 거기다 북한에 의존하던 전력, 석탄 및 지하자원의 공급이 중단되어 남한의 공업 활동은 더욱 위축될 수밖에 없었다. 이 같은 여건 하에서 생활필수품의 자급자족을 위하여 기간산업 시설 복구에 매진하였다.

2) 권도엽 외(2017) 『국토교통정책의 역사적 변동과 전망』에서 일부 내용 발췌하여 인용함. 여기에 실린 사진은 건설협회(2007)가 발간한 한국건설 60년(화보집)에서 가져온 것임.

미국의 군정과 1948년 정부 수립을 전후한 시기의 건설 유형은 신축보다는 주로 기존 시설의 개수와 보존에 국한되었다. 일제의 지배에서 해방은 되었지만 미군정 체제에서 건설인들의 역량은 다른 분야와 마찬가지로 그 양과 질에서 매우 취약하였다. 해방 당시 토목 전문 기술자는 전국에서 25명 내외에 불과하였다. 그 이유는 일제강점기 각종 사업들이 일본인들의 주도 아래 시행되었던 반면, 우리 기술자들은 단순한 노무자로 전락하였기 때문이다. 특히 일제의 남농북공(南農北工) 정책으로 인해 북한의 수력 발전과 중공업 시설 편재 현상과 더불어 1946년 북한으로부터의 일방적인 단전은 남북 분단의 폐해를 더욱 가속화시켰다.

광복 후 미군정 당국이 '귀속 재산'으로 처리한 일본인 기업체 중에서 토건업체는 모두 61개였다. 토건업체 61개 업체를 포함하여 서울시를 중심으로 산재한 건설회사의 수는 170여 개였으나, 그 후 2~3년 사이에 214개 업체가 신규로 진입하였다. 농수산업 · 광공업 · 제조공업 · 금융 · 운수 · 무역 · 상업 등 산업 전체 업종에 걸쳐 같은 기간(1945~48년)에 신설된 업체의 수가 1,468개(남한 8개 도시 소재)에 불과했던 것을 보면, 건설업체의 설립이 활발하게 이루어져 왔음을 보여준다.[3] 당시 건설업체의 수적인 팽창은 직접적으로는 미군 공사 발주의 일시적 폭주에서 유발된 것이었다.

2) 50년대 면허제에 근간을 둔 「건설업법」 탄생

한국 전쟁 이후 복구사업과 군납공사에 대한 건설수요가 증가하면서 건설업체의 난립 및 도급질서 문란이 극심하였다. 이 같은 건설업계의 혼란을 정비하기 위하여 정부는 1958년 3월 「건설업법」을 제정하면서, 등급제를 기본으로 한 건설업 면허제도를 도입하였다. 50년대 중반 한국건설협회가 「건설업법」의 제정을 강력히 요구한 것은 건설업자의 난립에 의한 과당 경쟁을 통한 혼탁한 업계 풍토를 정비 · 개선하고 건설업의 건전한 발전을 도모할 제도적 장치가 필요했기 때문이었다. 「건설업법」 제정 당시 전국에 산재한 업체의 수는 약 1,500개를 넘었다.[4]

하지만 건설업법 도입 이후 제도적 미비점과 미흡한 운영으로 1961년에는 전국에

3) 대한건설협회(1997), 한국건설 50년사.

4) 그 중 한국건설협회에 가입되어 있는 회원 업체는 1955년 7월 28일 현재 불과 224개사였음.

약 1,400여 개의 중소건설업체가 난립하고 있었다. 따라서 건설업의 육성을 도모하기는커녕, 전체 건설업계의 도산을 피할 수 없는 상황이었다. 특히 제1차 경제개발 5개년 계획을 목전에 둔 시점에서 건설업체의 재정비가 시급한 문제로 대두되었다. 이에 따라 정부는 등급제 면허 제도를 폐지하고 능력주의 면허 제도를 도입하였다(제2차 개정). 능력주의 면허제도는 면허 요건들을 구체적으로 명시하였고 면허의 유효 기간을 1년 연장하였으며, 도급한도액 제도를 신설하였다.

3) 60년대 베트남전 특수와 해외건설

이 시기에는 제1차 경제개발계획의 추진으로 공업단지, 댐, 고속도로 등 국토기반시설의 건설이 활발히 추진되면서, 건설산업은 경제개발의 선도적 역할을 담당하였다.

1965년 현대건설이 최초로 태국에 진출한 이후 베트남전 특수로 해외건설은 활성화되었다. 60년대 중반부터 불붙기 시작한 우리나라 건설업체들의 해외건설은 그동안 주한 미군을 상대로 한 군납 공사의 경험과 경제개발 5개년 계획의 집행과정을 통해 그 기반이 형성된 것이다. 즉, 건설업체들은 주한 미군을 상대로 한 군납 공사 등을 통하여 초보적인 시공경험과 외국어 습득 등의 기반을 쌓아 왔으며, 경제개발 5개년 계획에 참여하면서 기술축적과 대형화의 발판을 구축하였다.

하지만 와우 아파트 붕괴 사건 등 부실시공 사고도 잇따랐다. 1967년 6월 19일의 대구 청구대학 과학관 붕괴 사고, 1969년 8월 22일 경부고속도로 공사 중 대전 근교에서 발생한 대전 육교 아치부 붕괴 사건 등이 발생하였다. 이들의 악몽이 채 가시기도 전에 서울 마포에서 와우 시민아파트가 무너지는 대형 사고가 터져 시민들은 물론 건설업계에도 큰 충격을 주었다.

한편, 정부는 1962년 국토건설청을 건설부로 승격시켜 국토개발은 물론 건설산업을 총괄하게 하였다.[5] 이것은 국토 건설이 갖는 종합적인 성격을 고려할 때 국토 보전과 개발 기능 체계의 집약화로서 매우 의미 있는 조치였다. 아울러 입찰질서를 확립

5) 1961년 5월 29일 부흥부를 개편하여 발족하였으며 1961년 7월 22일 국토건설청으로 개편되면서 폐지되었다. 이후 1962년 6월 18일 국토건설청을 폐지하고 재건하였으며 1994년 12월 23일 교통부와 통합하여 건설교통부로 개편되면서 폐지되었다.

하기 위하여 공공공사 발주를 조달청으로 일원화하고 일반경쟁원칙과 담합입찰 처벌을 강화하였다.

또한 1960년대에는 전국적으로 도로망이 건설되기 시작하여 1968년 12월에 경인고속도로가 1970년 7월에는 경부고속도로가 개통되었다.

〈1968년 경인고속도로 준공〉

〈1970년 경부고속도로 준공〉

4) 70년대 건설업 내실화: 면허 기준 강화 및 단종 면허 신설

1962년 제2차 「건설업법」 개정을 통한 대대적인 업계 정비를 시도했지만, 면허 업제 수는 해마나 증가하여 1972년에는 건설업체 수가 815개사에 달하였다. 그 후 1973년에는 707개 업체, 1974년에는 669개 업체로 그 수가 줄어들었지만, 업체 난립으로 인한 건설업계의 고질적 풍토는 달라진 것이 없었다.[6)]

이에 따라 정부는 도급 질서의 확립 및 건설업계의 건전한 성장을 위하여 '건설업계 10대 정상화 방안'을 발표하였고, 그 취지를 반영한 제8차 개정 「건설업법」을

6) 대한건설협회(1997), 한국건설 50년사.

1975년 12월 31일에 공포하였다. 개정 「건설업법」에서는 면허 기준을 대폭 강화하여 상당 수 업체가 면허 갱신을 하지 못하였다. 그리고 건설업 면허 없이 음성적으로 공사를 수행해 온 하도급 업체들을 법적 요건을 갖춘 업체로 보호·육성하고 건설업의 전문화·계열화를 도모하기 위하여 단종 공사업 면허를 신설하였다.

베트남전 이후 주춤했던 해외건설은 1973년 삼환기업의 중동에서 첫 수주를 시작으로 새로운 돌파구를 마련하였다. 중동 건설시장으로의 진출과 경제개발 및 국토개발계획에 힘입어 70년대의 건설업은 크게 도약하였다. 70년대 해외건설 수출은 1973년과 1978년의 오일파동을 극복하는데 결정적인 기여를 하였다. 하지만, 70년대 중반을 넘어서면서부터 중소건설업계는 심각한 위기 상황에 봉착하게 되었다. 이에 따라 대한건설협회는 '중소건설업 육성 특별 위원회'를 설치하여 중소 건설업 육성에 많은 노력을 기울였다. 70년대 중반에 기능 인력의 부족이 심각한 문제로 대두되자 대한건설협회는 유관 단체들과 함께 1978년에 '건설직업훈련원'을 설치하여 기능인력의 양성에 노력하였다.

건설 활동 측면에서는 울산, 인천, 포항, 부산 등지에서 항구가 건설되었고 남동해안을 중심으로 포항, 울산 등지에 공업단지가 조성되었다.

〈1972년 울산항 준공〉

〈1973년 POSCO 준공〉

5) 80년대 성숙기

우리나라는 80년대 들어 사회적으로 극심한 혼란을 겪었지만 경제적으로는 성장단계에 접어드는 시기였고, 건설업의 경우도 국가경제의 발전에 필요한 사회간접자본 형성에 일익을 담당하였다. 70년대 후반부터 일기 시작한 해외건설 붐을 지속시켜 80년대 초반에는 최고의 해외 수주실적을 달성하는 등 건설업이 경제 재도약의 선도적 역할을 수행하였다.

(1) 독립기념관 화재와 부실시공 대책(책임시공, 감리제도)

1958년 3월 11일 법률 제 477호로 「건설업법」이 제정·공포되어 1984년 12월 법률 제3765호의 개정에 이르기까지 12차에 걸쳐 개정되었으나 건설업 면허체계 등의 기본 골격은 크게 변화되지 않은 채 운용되어 왔다. 그러나, 1986년 독립기념관 화재사건을 계기로 건설공사의 부실시공을 근원적으로 방지하고 나아가 건설업의 장기적인 발전을 위하여 범정부적인 종합대책을 모색하게 되었다.

1982년 8월 일본의 중고등학교 교과서 왜곡사건이 민족적 분노를 일으켜, 모든 국민이 스스로 민족자존을 외치며 모은 성금이 493억 원에 이르렀다. 충남 천원군 목천면 흑성산(해발 589미터) 기슭에 독립기념관을 건립키로 하고, 1986년 8월 15일 준공을 목표로 1983년 8월 15일에 착공하였다. 그러나, 개관을 열흘 남짓 앞두고 있던 1986년 8월 4일 독립기념관 본관에서 불이 나 지붕과 중앙홀의 천장 3,000평 전체를 태우고 4시간 반 만에 진화되었다.

이에 따라 관련 부처에서는 '건설공사 제도 개선 및 부실대책위원회'를 구성하여, 1987년 2월 초 건설 관련 제도의 전반적인 검토와 개선안이 담긴 '건설공사 제도 개선 및 부실 대책'을 발표하였다. 정부 종합대책에서는 민간 감리전문회사를 신설·육성하되 일정 수의 시공 기술사 등 기술자 보유를 의무화하는 책임시공·감리제도가 포함되어 있다. 또한 외국 선진 감리업체와의 합작 투자 등을 장려하여 민간의 감리능력 향상을 도모하며, 기존 용역업체나 건축사 사무소도 적정 시공 기술자 등을 보유토록 하여 감리 능력을 확보할 수 있게 하였다.

(2) '88 서울올림픽 개최와 주택 200만호 건설

'86 아시안게임과 연이은 '88 서울올림픽의 성공적인 개최는 국위를 선양하고 외교적 성과를 얻은 것 외에도 올림픽 경기장을 위한 건설 투자에 의한 경기 진작, 국민정서의 선진화 등 긍정적 효과를 거둔 행사였다. 서울올림픽에는 세계 각국의 1만여 명의 선수가 23개 종목에 참가했으며 기간 중 각국 선수단 임원 3,000명, 보도국 1만여 명, 국제회의 참가자 및 경기 운영 요원 1만 명 외에 25만~30만 명의 관광객이 내한할 것으로 예상하여 경기장 시설 등의 건설 계획을 수립·추진하였다.

아울러 인구의 대도시 집중, 핵가족화 등에 따른 주택부족 문제를 해결하고자 '88년부터 200만호 주택건설계획을 추진하였다. 이로 인해 '90년 건설투자는 31%나 증가하고 '91년 건설투자는 GDP의 22.8%에 이르러 건설산업의 활황기를 구가하였다.

(3) 중소건설업 육성 및 원·하도급 질서의 정착

또한 80년대에 접어들면서 정부의 산업정책에서 크게 변화된 것은 중소기업에 대한 보호·육성·지원책의 강화라고 할 수 있다. 이러한 산업정책의 변화에 맞추어 건설업도 중소 건설업에 대한 육성책을 지속적으로 추진하였다. 또한, 국내 건설시장에서의 수주 경쟁이 치열해지면서 건설 관련 업종 간의 업역 확대를 위하여 서로 상충되는 제도 개선 현상이 나타나기도 하였다.

① 불공정거래행위 지정 고시

1982년 12월 31일, 경제기획원은 「독점규제 및 공정거래에 관한 법률」에 따라 하도급 거래상의 불공정 거래 행위를 지정, 고시하였다. 원도급자와 하도급자 간의 형평성 있는 지위의 확보와 하도급 거래의 적정화를 유도함으로써 양자 간의 신뢰를 바탕으로 한 상호 공존체제의 확립을 목적으로 발표된 이 지정고시는 1983년 4월 1일부터 시행되었다. 이 고시를 위반할 경우 경제 기획원 장관은 시정 명령을 하고 이에 따르지 않을 경우 5,000만 원 이하의 벌금에 처하도록 하였다. 이 불공정거래행위 지정 고시는 건설업의 경우에는 특히 중요한 의미를 갖는다.

② 「하도급거래 공정화에 관한 법률」 공포

1983년 11월 중순 경제기획원은 하도급 거래 불공정 행위를 뿌리 뽑기 위해 「하도급거래 공정화에 관한 법률」을 제정, 대기업의 중소 하청업체에 대한 횡포를 엄중히 다스려 나가기로 했다. 즉 하도급 불공정거래 행위의 규제 근거가 되고 있는 현행 지정고시보다 한층 강화된 「하도급거래 공정화에 관한 법률」을 제정하였다. 불공정거래 행위 유형을 추가시키고, 조사 공무원에게 압류 수색이 가능하도록 사법 경찰권을 부여하며 처벌을 강화하여 체형도 가능하도록 하였다.

〈1988년 올림픽경기장 준공〉

〈1991년 분당 신도시 건설〉

6) 90년대 전환기

(1) 면허 개방과 경쟁시대 돌입

① 1차 면허 개방과 건설업계 동향

1988년 12월 31일 면허 개방을 주축으로 하는 「건설업법」의 개정은 건설업 정책의 새로운 전환점을 긋는 커다란 사건이었다. 면허 개방을 위한 건설업법령의 개정 작업은 1987년 2월 '건설공사 제도 개선 및 부실 대책'에서 1989년부터 단계적으로 면허를 개방한다는 내용이 발표된 이후 계속적으로 추진되어 왔다. 이후 1988년 가을 정기 국회에서 「건설업법」 중 개정 법률이 확정되고 그 후속조치로 1989년 7월 18일 시행령 및 시행규칙이 개정 공포됨에 따라 그 대단원의 막을 내렸다.

면허 개방의 목적은 장기간 면허의 동결에 따라 빚어진 부조리와 비리를 제거하는 데 있었으며, 더불어 건설시장 규모의 확대와 경제의 선진화, 개방화, 민주화 추세에 맞추어 건설업계도 이에 대응하는 체제로 전환하기 위한 것이었다. 주요 내용은 3년마다 반드시 신규 면허를 발급하도록 하는 취지에 따라 건실하고 능력 있는 업체가 참여할 수 있도록 자본금, 기술 능력 등의 면허 기준을 대폭 보강하였다.

② 2차 면허 개방

3년 주기로 건설업 면허를 발급하기로 함에 따라 1989년 11월에 이어 당초 1992년 8월 중 발급할 계획이었다. 하지만 건설업계는 신규 면허 발급에 따른 건설 기능 인력의 부족, 기술자 스카우트의 심화, 기업 체질 약화 등을 이유로 건설 환경이 개선될 때까지 면허 처분을 유보하여 줄 것을 강력히 건의하였다. 이에 따라 정부는 발급 시기를 다소 늦추어 1992년 12월 4일 면허를 발급하게 되었다.

③ 면허의 완전 개방과 국내 건설시장 동향

경제규제 완화 및 WTO의 출범 등에 따른 건설업 개방정책으로 그동안 3년 주기로 발급했던 건설업 면허는 1994년 1월 7일 「건설업법」을 개정하여 매년 신규 면허를 의무적으로 발급하게 되었다. 1994년 11월 면허 개방 후 3번째 면허 발급으로 1,433개 사가 폭증하여 총 2,651개 사가 되었다. 1995년 신규 면허 발급 때는 574개 사가 처분되어 2,958개 사로 그 증가세가 다소 둔화되는 양상을 보였다. 그러다가 1996년에는 전년보다 다소 증가하여 730개 사가 면허를 발급받아 1996년 12월 말 총 3,543개에 이르게 되었다. 이는 1989년 면허 개방 이전과 비교하여 건설업 면허 업체 수가 757%가 증가한 것이다.

그러나 1997년 1월 1일부터는 「건설업법」이 「건설산업기본법」으로 바뀜에 따라 건설업의 신규 면허 발급은 수시로 신청할 수 있게 되었다. 「건설산업기본법」은 1997년 7월 1일부터 시행될 예정이었으나 면허 발급만은 예외 규정을 두어 앞당겨 실시되었다. 이 같은 수시 발급 체계로 전환 이후 건설산업에 대한 기대 수익률이 여전히 높아 2000년까지 업체 수는 지속적으로 증가하였다.

(2) 대형 사고와 부실시공 방지 대책

특히 90년대에는 대형 사고가 빈발하였다. 1991년 3월 26일 팔당대교 사장교 구간 196m가 붕괴사고가 발생한 데 이어 1992년 7월 남해의 청선대교 붕괴, 같은 해 8월에는 신행주대교 붕괴 사고가 이어졌다. 정부와 건설업계는 부실공사 방지를 위해 노력했으나, 1994년 10월 성수대교의 붕괴와 1995년 4월 대구 지하철 공사장 폭발사고, 같은 해 삼풍백화점 붕괴로 수많은 인명 피해를 낸 사고가 잇따라 발생하였다.

결국 정부는 보다 근본적인 부실 방지 대책과 1997년 공공시장 개방에 대비한 건설산업의 경쟁력 강화 방안을 모색하고자 1995년 7월 정부, 학계, 업계의 전문가로 구성된 건설제도개혁기획단을 설치하여 종합대책을 마련하였다.

(3) 민자유치사업의 도입

1994년 사회간접자본에 대한 「민자유치촉진법」이 제정된 후 그 법에 의거, 처음으로 1995년 민자유치 기본 계획이 발표되었다. 사실 사회간접자본 시설에 대한 민자유치가 거론되고 법률 제정에 대한 논의가 이루어진 것은 문민정부 이전부터였다. 제5공화국이 물가안정의 재정정책과 3저 호기를 맞아 경제 고성장을 이룩했지만, 폭증하는 공공 수요를 충당할 수 없었고 결국 그 부담은 제6공화국에 전가되었다. 이에 따라 노태우 대통령은 청와대에 사회간접자본투자기획단을 구성하여 재원조달방안을 검토하기에 이르렀는데, 공공자금은 더 이상 투자 여력이 없다고 보고 민간 자금의 활용 방안을 모색하게 되었다.

이에 따라 대표적 민자사업으로 2001년에 준공 및 개장한 인천국제공항과 최초의 민자고속도로인 인천공항 고속도로가 건설되었다. 또한 2번째 민자고속도로인 천안논산고속도로가 2002년 12월에 개통되었고 2007년에 BTO방식의 인천국제공항철도가 개통되었다.

〈2001년 인천국제공항 준공〉

〈2002년 천안–논산고속도로 준공〉

〈2007년 인천공항철도 준공〉

7) 건설시장의 개방과 국제화

(1) 건설시장 개방 논의

정부조달협정(GPA: Gonernment Procurement Agreement)은 정부조달 부문의 자유화를 목적으로 우루과이라운드의 바로 전 다자간 협상인 도쿄라운드에서 협의하여, 1979년 체결되고 1981년에 발효되었다. 정부조달협정은 가입국 상호 간에만 적용되는 국제무역협약으로서, 협정의 가입은 바로 선진 무역국으로서의 조달시장의 자유화를 통하여 자유무역을 지지하고 국제사회에서 의무와 책임을 분담하겠다는 의지의 표명인 것이다.

UR 협상에서는 협정조문의 개선뿐 아니라 정부조달협정의 대상기관, 계약 금액을 확대하고 적용 범위에 건설을 포함한 서비스까지 확장하기 위한 협상으로 시작되었다. 우리나라는 1990년도부터 그 협상에 참여하여 14번째 회원국이 되었다. 정부조달 협상도 UR 서비스 협상과 함께 1993년 12월 15일에 타결되었다.[7)]

UR 서비스 협상에서는 일반건설 서비스 외에 관련 분야로 건축 서비스, 엔지니어링 서비스, 장비 임대 및 부동산 중개업 서비스 부문 등도 시장 개방이 이루어졌다.

(2) 시장 개방과 건설 관련 제도 개혁

건설시장 개방에 맞추어 1989년부터 정부는 지속적으로 관련 제도들을 개선하여 왔다. UR의 건설 서비스 및 정부조달 협상, WTO출범, 금융시장의 개방, 민간 건설시장의 개방, OECD의 가입 등의 대외적인 여건 변화와 함께 대내적으로 불미스러운 담합사건, 건설 관련 대형사고 등으로 제도 및 정책에 대한 대대적인 정비가 이루어졌다. 따라서 1990년대 이후의 건설관련 제도의 개혁은 줄곧 시장개방에 대한 대비와 부실시공의 추방이라는 숙제를 풀기 위한 노력의 연속이었다.

1996년 말까지 정부가 추진해오고 준비하여 왔던 건설관련 법령 및 제도 개선의 주요골자는 「건설업법」 및 「국가를 당사자로 하는 계약에 관한 법률」의 개정 작업이었다. 1996년까지의 법체계는 「건설업법」외에 건설공사의 종류에 따라 여러 개의 법률이 각각 나름대로의 규정을 가지고 있었다. 이에 따라 정부는 '법령 체계를 단순화하고 건설시장 개방에 따라 건설업체의 경쟁력 강화와 건설공사의 부실 방지를 위하여...'라는 취지 아래 건설업에 관하여 다른 법률에 규정한 것을 제외하고는 이 법을 적용토록 하는 「건설산업기본법」을 1996년 12월 제정 공포하였다. 즉 기존의 「건설업법」에서 「건설산업기본법」으로 개칭하면서 공사의 종류에 따라 「건설업법」이외의 9개의 법률에서 적용하고 있던 시공자격제도 등을 이 법으로 흡수 통합하였다.

7) UR 협상이 1993년 12월 15일 최종 타결된 후 1994년 4월 모로코의 마라케시에서 각료 결정과 선언에 따라 협정의 성격이 강화하였던 GATT가 발전적으로 해체되면서 국제무역기구는 WTO (World Trade Organization)로 새롭게 출범하였다.

8) 2000년대 지속적인 경기침체와 건설제도 변화

외환위기 이후 지속된 경기침체 여파로 정부는 경기진작을 위해 지속적으로 규제를 완화해 왔다. 2001년에는 건설 관련 공제조합의 출좌의무가 폐지되고 보증가능금액확인 제도가 도입되었고, 한편 업체 난립으로 인한 건설업 등록요건이 강화되었다. 무엇보다 큰 변화로 최저가 낙찰제의 시행을 꼽을 수 있다. 2004년에는 직접시공의무제가 도입되었고 의무하도급제도를 폐지하였다. 2007년에는 시공참여자제도를 폐지하면서 전문건설업체에게도 직접시공을 의무화하였다. 또 행복도시와 혁신도시 사업의 효율적인 추진을 위해 설계공모·기술제안입찰제도를 새로 도입하였다.

2008년 글로벌금융 위기는 더욱 건설경기를 얼어붙게 하였다. 이로 인해 건설업체들은 경영난에 허덕이게 되었고, 특히 중소건설업체는 물론 자재·장비 업체, 일용직 근로자의 애로가 표면화되고 관심을 가지게 되었다. 2008년 1000억 원 이상 공사의 공동도급참여 업체수를 10개 이내로 확대하고, 턴키·대안 입찰에서 10위내 건설업체의 공동도급을 제한하여 중소건설업체의 참여를 활성화시켰다. 2009년에는 하수급인에게 부당한 요구를 하지 못하게 하는 금지 규정을 만들었다. 지역의무공동도급에서 지역업체의 최소지분을 40%로 하고, 지자체 장이 필요하다고 인정하는 경우 49% 이하 범위에서 가능하도록 하여 지역의 건설업체를 지원하였다.

건설경기 하락으로 건설업계는 최저가 확대에 반대하고 특히 중소건설업체들은 적격심사제도의 계속 시행을 주장하였다. 이로 인해 최저가 낙찰제를 대신하는 종합심사제도가 도입되어 2014년 시범사업을 거쳐 2015년부터 확대 적용되고 있다.

제3장

건설보증의 정의와 역할

1. 보증이란 무엇인가
2. 보증의 분류체계
3. 건설보증의 정의 및 역할

제 3 장

건설보증의 정의와 역할

1. 보증이란 무엇인가

1) 보증의 정의와 기원

보증은 이미 B.C 3000년경으로 거슬러 올라가 고대 시대부터 시작된 오래된 개념이다. 보증이란 세 명의 주체가 참여하는 의무를 수반하는 계약관계로 한 당사자가 다른 당사자의 계약상 의무를 이행하지 않을 때 보증 채무자가 되어 대리로 의무를 이행할 것을 보장하는 것으로 정의된다. 간단한 예를 들어보자. 즉 A, B, C라는 개인이 있다고 하자. A가 B로부터 돈을 1,000만원 빌리고, 만약 갚지 못할 경우 친구인 C가 갚겠다고 약속했다고 하자. 이때 C는 A의 채무불이행에 대해 보증을 한 것이라 할 수 있다. 이 같은 경우는 실생활에서도 나타나는데, 흔히들 '보증 잘못 서서 망했다'는 말을 들어 봤을 것이다. C는 친한 친구 사이라서 무심코 A가 빌린 돈 1,000만원을 못 갚으면 대신 책임지겠다고 약속했지만, A가 채무를 불이행하면 본인의 재산을 털어서라도 갚아야 하는 것이다. 이 경우 친구인 다른 사람이 보증을 했으므로 인적 보증이라 한다. 이에 반해 기관이 책임을 지겠다고 약속하는 보증증서를 발급해 줬다면 이는 신용보증이 된다.

우리나라에서 민법상 보증은 채무자(주채무자)가 채무를 이행하지 않는 경우에 타인(보증인)이 대신하여 이행해야 할 종(從)된 채무를 부담하는 일로 규정되어 있다. 보증 채무는 주 채무자의 존재를 요건으로 하며, 인적(人的) 담보수단 중 가장 대표적인 것이라 할 수 있다.[1)]

현재 남아 있는 기록 중 가장 오래된 보증은 B.C 2750년경에 페르시아인과 앗시리아인 사이에 체결된 것으로 그 내용을 기록한 판이 Sargan I세의 도서관에 보관되어 있다. 고대 메소포타미아, 바빌로니아, 페르시아, 로마, 카르타고 등에서도 보증계약서 등이 발견되었다.

신용보증제도를 담보력이 부족한 기업의 자금조달을 원활하게 하기 위해 공신력 있는 제3의 기관이 보증하는 것으로 본다면, 그 기원은 19세기 스위스에 있다. 스위스에서는 길드제를 바탕으로 혈연적 관계에 입각한 업종별 보증조합 형태가 발달하였다. 스위스의 보증제도는 제2차 세계대전을 전후로 독일을 통하여 일본에 영향을 미쳤고 오스트리아, 네덜란드 등 유럽에 전파되었다. 영국에서는 중상주의 시대에 나타난 개인연대보증제도의 폐해가 셰익스피어의 소설 베니스상인에서도 묘사되고 있다. 미국은 1894년 허드법, 1935년 밀러법이 제정되면서 이행보증 중심의 건설보증체계를 갖추었다.

1) 동아원색세계대백과사전(1988), 동아출판사 참조.

〈표 3-1〉 보증연보

시 기	지 역	내 용
BC 2750년경	지중해 지역	최초의 역사가인 Herodotus가 기원전 270년 이전 보증계약서 사용을 언급함.
BC 2750년	고대 메소포타미아	Accd에 거주하고 있던 농부가 징병을 당했을 때 다른 농부와 계약을 체결. 징병 기간중의 농작을 맡기는 조건으로 수확물의 반을 주기로 하고, 계약의 연대보증인으로 그 지역 상인을 입보시킴.
BC 1750년	바빌로니아	고대 함무라이 법전에서 보증계약에 대한 언급
BC 670년	바빌로니아	문서로 보관된 것으로 가장 오래된 계약보증서; 재정보증에 관한 계약
BC 564년	바빌로니아	Nebuchadnezzar 왕조 기간 중 보증계약이 실행되었다는 문서존재; 보석보증계약의 일종
BC 525년	페르시아와 앗시리아	이 시기에 쓰여진 보증계약서의 발견
BC 509년	로마 및 카르타고	로마와 카르타고간의 최초로 교역품에 대한 국가에서 지급을 보장하는 조약
구약성서		히브리인들은 담보를 제공하는 보증을 우영. 증인 앞에서 손을 때리는 것으로 연대보증인으로 인정
BC 75년경	로마	시저는 Gaul 전쟁을 준비중 채무를 보증 계약으로 사용
AD 150년	로마제국	로마제국은 채무를 보증하는 가장 효율적 수단인 보증에 관련된 완전하고, 전문화된 법을 제정 이 법에 구현된 주요 개념은 오늘날 까지 영향을 미침
AD 960년	영국	보증은 Edgar 왕조의 형법을 시행하는 수단으로 이용
AD 1025년	영국	Ethelred왕조의 통치하에서 보증은 시장에서 필수불가결한 요소. 연대보증인이나 증인이 없었다면 구매나 교환이 불가능함
AD 1150년	영국	14세가 되면 10명이 상호 연대보증. 이 중 한명이 법칙시 나머지 9명이 그를 법에 의거 처단함
중세	유럽	휴전 협상시 전쟁지역을 통과하는 협상단의 안전을 위해 개인보증이 사용
AD 1200년	영국	Robin Hood와 Richard 왕을 둘러싼 전설에서 보증이 언급
AD 1558 1603	엘리자베스 시절 영국	개인 연대보증의 위험성이 인식됨 Waller Raleigh경은 살 보드는 사람을 보증하는 것은 어리석은 것이라고 시루하고 있음 베니스의 상인등 셰이스피어의 작품 속에서도 보증언급
AD 1720년	영국 런던	신용보증회사 설립에 대한 최초의 기록
AD 1837년	영국 런던	최초의 보증법인인 런던 보증회사. 신용보증보험 판매 개시. 이후 20년간 7개 회사가 추가 설립
1865년	미국	신용보증회가 신용보증을 발행하도록 법직 보장, 이 회사는 곧 문을 닫았으나 다른 회사들은 조직화되었고, 번영하였다.
1875년	영국	보험백과사전은 신용보증 보험업계가 공공공사 보증보험을 개시하며 영역을 확대했다는 기술

〈표 3-1〉 계속

시 기	지 역	내 용
1880년	뉴욕	신용보증 및 상해보험회사는 신용보증, 상고보증, 압류회복보증, 압류 보증 등의 업무개시
1887년	미국	1884년 조직된 American Surety Company가 건설계약 채권을 업무에 등록
1894년	미국	공공공사에 보증을 의무화한 Heard 법 제정
1908년	미국	Surety Association of America 가 구성
1935년	미국	Miller 법 제정
1942년	미국	National Association of Surety Bond Producer(NASBP)가 구성 각주는 그 이후 반세기 동안 주에서 이루어지는 공공공사에 surety bond를 의무화하는 Little Miller 법을 통과
1971년	미국	연방무역위원회는 1969년 미국 종합보험회사와 볼티모어의 Fidelity, 그리고 예금회사와의 합병에 처음으로 도전함으로써 보험 분야에 진출함
1991년	미국	지방채투자보증회사(Municipal Bond Investors Assurance Corporation)는 지방 정부가 은행에 예금하는 보증금을 포함하는 새로운 보증 채권을 제공하기 시작함 시카고 제1은행은 보증 채권을 사용한 최초의 은행임
1993년	미국	Westpac Derivative Products 유한책임회사는 자사의 시장에서 보증 채권을 사용한 최초의 회사임 본 채권은 1억 달러에 발행되어 최고 등급인 트리플A
2003년	미국	보증 보험 회사(AIG, 여행사 등)들은 사고 발생 후 Enron사 고객들에게 9억 달러의 합의금을 지불함
2005년	미국	수년간의 기록적인 손실 후, Surety & Fidelity Association of America(SFAA)은 보증 채권 산업이 수익 국면으로 전환됨
2008년	미국	경기침체가 시작되면서, 채권회사들(특히 건설과 관련된 기업)의 생산이 감소하였음 보증 산업은 타 산업들의 경기침체에도 불구하고, 불경기 내내 강세를 유지하였음
2012년	미국	채권 및 보험회사인 First Sealord사는 잉여금액이 급격히 감소하여 보험가입자에 대한 의무를 더 이상 이행할 수 없게 됨 이로 인해 First Sealord사는 청산됨
2012년	미국	중소기업청(SBA)은 사업 기록이 확립되지 않은 계약자들이 25만 달러 미만의 금액으로 채권에 쉽게 접근할 수 있도록 지원하는 간소화된 애플리케이션 프로세스 QuickApp 설립

자료 : SuretyBonds.com, 2020 January. 김명수(2000) 내용을 최신 내용으로 재구성함.

우리나라에서는 1961년 과도정부에 의해 작성된 「3/4 분기 재정금융안정계획」에서 오늘날의 신용보증제도와 유사한 형태가 처음으로 구상된 바 있다. 우리나라 보증보험 제도는 1969년 최초의 보증보험 전업회사인 대한보증보험(주)이 설립되어 독점형태로 운용되어 오다가 1989년 한국보증보험(주)이 설립되면서 이원화 체제로 전환되었다. 그 후 이들 기관이 부실화되면서 1998년 서울보증보험(주)으로 합병되어 오늘에 이르고 있다.

우리나라 건설보증의 기원에 관한 명확한 자료는 없으나 2015년에 출간된 건설협회 50년사 자료에 의하면, 1963년 건설공제조합법에 의해 건설공제조합이 설립되면서 본격적으로 건설공사보증[2])이 시작되었다. 이후 1987년 제6차 조합법 개정과 함께 전문건설공제조합법(법률 3935호)을 제정하여 전문건설공제조합의 설립 근거를 마련하여, 마침내 1988년에 전문건설공제조합이 별도로 설립되었다. 1996년에는 기존의 건설업법이 폐지되고, 오늘날 건설산업기본법의 기초가 되는 법령이 새로이 공포되었다. 이어 1999년 일부 공사에 대해 연대보증제도를 폐지하고, 신용평가모델 방식을 도입하여 보증제도를 효율적으로 개선하였다. 2001년부터 서울보증보험의 본격적인 건설 관련 보증시장 진출로 인해 경쟁체재가 시작되었다.

2) 보험 등 유사개념과 비교

(1) 보증과 보험

먼저 보증은 신용거래(계약관계)를 하고 있는 세 거래상대자의 관계로 이론상으로는 불확실성이 없다. 이것은 물론 비현실적인 가정이기도 하지만, 보증회사는 손실이 발생하는 경우 구상권 행사를 통해 채무자들로부터 변제를 받을 수 있다는데 근거한 것이나. 따라서 보증회사는 어떻게 손실을 입지 않고 합리적으로 의무를 이행될 수 있는가에 관해 결정을 하면 된다는 것이다.

거래당사자 간의 채무이행에 대한 불확실성이 높아지면 보증계약 자체가 체결되지 않을 가능성이 높아져 경제적 비효율성을 초래할 수 있다. 그러므로 보증회사는 보증인으로 하여금 계약이행을 담보하여 계약이행에 대한 불확실성을 제거하여 경제적 효

---

2) 1999년 2월 8일 대한건설협회는 농림부에 「농지 개량 공사 계약 보증금 적립제도 개선」에 관한 건의에서 전보증금 적립은 증권거래소에 상장된 주식으로 납부할 수 있고, 국가를 피보험자로 한 이행보증보험 계약을 보험회사와 체결한 때는 이를 면제하게 되어 있음에도 농지 개량 공사에서는 이를 적용치 않고 있어 시정건의 해 이를 농림부에서 시정조치 하였음

율성을 높이도록 노력하게 된다.

이에 반해 보험은 두 거래 상대자간의 위험전가 방법으로 여기서 한 거래 대상자는 위험으로부터 보호를 받는 조건으로 다른 대상자에게 비용을 지불한다. 이론적인 측면에서 보면, 보험은 공통적 위험에 노출된 수많은 사람들에 의해 형성된 풀(pool)[3]이라 할 수 있다. 예상된 위험으로 발생한 손실에서 피해를 보는 구성원은 손해에 대해 미리 만들어 둔 풀에서 보상받는다. 풀의 기여도는 손해의 확률에 근거해 보험계리학적으로 구해지고 손실에 대한 보상은 풀에 있는 금액으로 지급된다. 보증에서는 보증회사가 구상권을 행사할 수 있는데 반해, 보험에서는 없다.

〈표 3-2〉 보증과 보험의 차이

구 분	보 험	보 증
관련법규	상 법	민 법
정 의	보험자가 우연히 일정의 사고가 생긴 경우 상대방 또는 제 3 자에게 생긴 손해를 보상할 것을 약속하고 계약자는 이에 대한 일정한 보험료를 지불하는 것을 내용으로 하는 계약	보증인의 채무자가 그 채무를 이행하지 않을 경우에 그 이행을 하는 의무를 부담시키는 계약
계약당사자	보험자, 계약자	채권자, 채무자, 보증인
예상 위험	있 음	이론적으로 없음
손해에 대한 지급원	보 험 료	보증인 및 채무자의 재산
구 상 권	없 음	있 음
계약성격	독립 계약	채무에 대한 보완적 계약
	유상 계약	무상계약(보증료 납입은 보험금액 지급의 전제요소는 아님)
보 험 료	대수의 법칙에 따라 산출	일종의 취급수수료
계약해제권	인 정	불 인 정
주채무계약	불 필 요	보증채무는 주채무의 이행을 담보하는 것이므로 반드시 주채무가 있어야 함

자료 : 신용보증기금, 『보증시장의 최근 동향과 정책적 시사점』,2010

3) 여기서 풀이란 피보험 회사의 위험(risk)이 보험회사로 전가되어 형성된다. 보험회사는 이런 풀 자체를 보유하고 있는 것 또한 확률적으로 손실을 입을 가능성이 존재하므로 이 풀에 존재하는 위험의 일부를 분산하여 다른 기관에게 전가를 하게 되고, 이를 위험분산이라고 한다.

(2) 신용장(L/C), 성능보증 등과 비교

보증은 보증수혜자의 권리가 주채무자의 채무불이행에 따른 것이기 때문에 '통상 조건부 보증'이라 하며 보증의 청구를 위하여 보증수혜자는 채무불이행의 증거를 제시해야 한다. 보증회사의 보증이 조건적 이행을 담보하는 것이라면, L/C(Letter of Credit)는 무조건적 지급을 약속하는 '단순요구불'이라고 할 수 있다. 보증보험은 19세기말 민간기업에서 시작한 미국식 제도이고, L/C는 유럽식으로 계약금액의 일부를 금전적으로만 보장하는 것으로 구별할 수 있다. L/C는 일반적으로 전체계약금의 10%정도를 보장하나 보증은 일본의 경우 계약금액의 30% 정도, 미국의 경우 보통 100%를 보증한다.

보증이 L/C에 비해 갖는 장점으로는 보증수수료 측면에서 보증이 L/C보다 경쟁력이 높다는 점을 들 수 있다. 또한 보증은 계약기간 내내 효력이 지속되고, 또한 보증사의 경험과 전문성으로 수급자를 지원하게 된다. 이에 반해 L/C는 위약금 성격으로 수급자의 경미한 계약 위반 시에도 발주처의 청구 시 배상을 해야 한다. 보증은 시공자의 사전자격심사 기능을 지니고 있고 지속적이며 독립적으로 공사를 감시하는 기능을 수행하며, 아울러 보증은 발주자를 재정적으로 보호해 주는 역할도 한다. 무엇보다 중요한 장점은 보증의 계약상 문제발생 시 대응능력에 있다. 보증은 분쟁발생 시 그 경위를 상세히 조사하고 조정·중재해 준다. 그리고 보증기관은 시공자가 계약을 불이행 시 시공책임을 인수하여 계약을 이행한다.

보증과 성능보증의 가장 큰 차이는 보증이 건설공사의 과정에 중점을 두는 반면에, 성능보증은 건설공사의 결과에 중점을 둔다. 즉, 보증이 공사의 완성(completion)에, 성능보증은 공사의 하자보수(maintenance)에 역점을 둔다. 마지막으로 건설보증을 감리제도와 비교해 보면, 우선 건설업 보증제도는 감리제도와 상호 보완관계에 있다. 하지만 감리제도는 불성실한 시공에 대한 타율적인 견제기능을 하는 데 반하여, 보증제도는 업체의 신용과 능력을 기초로 자율적인 성실시공을 유도한다.

〈표 3-3〉 보증과 성능보증 비교

구 분	건설보증(bond)제도	성능보증(warranty)제도
건설업을 보는 시각	선판매·후생산 형태의 생산방식을 취하는 수주산업	선생산·후판매 형태의 제조업과 동일시
중점	건설과정에 중점 즉 수급자의 책임완수(performance)에 중점	건설의 결과 즉 제품(product)의 성능에 중점
보증대상	건설공사 전반	주로 주택에 적용
기원	미국	유럽
내력	국민의 세금 집행을 대행하는 정부(발주처)의 공공공사를 수급한 시공자가 채무불이행(default)시 발생하는 손실을 제3자인 보증사가 책임을 인수, 공사를 완성하고 하수급자 대금지급 등의 역할 수행	주문식주택이 아닌 완성후 판매주택(집장수집) 공급확대 및 제품개념의 공업화주택을 의식. 1) 하자담보책임, 2) 품질관리, 3) 건설업자등록(사전심사기능), 4) 보증보험, 5) 분쟁처리 등의 역할 수행
동인(motive)	발주처 및 하도자 보호 1)시장기능에 따른 시공자의 책임경영 2)시장기능에 따른 보증사의 영리추구	소비자 권익 보호(비영리) 1) 법적강제(프랑스, 일본:민법으로 강제) 2) 주택사업자 자발(영국, 미국: 전통적으로 정부의 개입 불원
보호대상	발주처(결국 납세자인 국민) 및 하수급자 보호(간접적인 국민보호)	소비자(입주자)보호(직접적인 국민보호)
관련자	1. 발주처(주로 정부) - 국민은 간접적으로 관련됨 2. 시공자(contractor) 3. 보증인(개별적 시공자연대보증인이 아닌 보증전문 법인의 형태)	1. 시행자/시공자 2. 보증기수(보험업 겸무 가능 - 영국의 경우) 3. 소비자(입주자)
외국의 경우 사업주체	민간의 보험회사 및 전문보증회사	민간자율기구 또는 정부지도하 민간기구
금융권과의 관계	수급자의 금융권으로부터의 건설자금 융자의 전제조건	소비자(입주자)의 주택저당금융권으로부터의 mortgage의 전제조건
효과	1. 부실방지 2. 담합방지 3. 부실社 시장퇴출 등 건설산업의 구조조정	1. 주거수준향상, 생활의 질 제고 2. 주택자금 수용 용이 3. 주택의 자산가치 증가

3) 보증의 역할

(1) 신용확대를 통한 국민경제 활성화

보증은 신용이나 담보능력이 부족한 기업, 특히 중기업 및 소규모 기업의 영업활동을 보장하는 역할을 수행한다. 보증이 없다고 가정해 보자. 담보력과 신용력이 뛰어

난 기업은 각종 거래에서 혜택을 볼 수 있지만, 개인 및 중소기업은 제도금융의 혜택에서 소외될 수밖에 없다. 이럴 경우 보증회사는 보증이용자에게 자신의 부족한 담보능력을 보충해 주고 거래가 원활하게 이루어지도록 한다. 따라서 금융혜택 및 거래의 기회를 대기업 및 중소기업에 골고루 배분함으로써 국민경제의 균형적 발전을 보장하게 되는 것이다.

(2) 신용보완 및 채권담보 수단

보증증권은 채무자에 대한 신용의 공여와 채권자에 대한 채권 담보를 동시에 제공하는 역할을 수행한다. 먼저 보증인은 주채무자가 그 채무를 이행하지 않을 경우, 그 이행의 책임을 담보하여 주채무자를 보증해 준다. 따라서 채무자는 보증으로 외적 신용도를 증진시켜 원활한 경제활동이 가능하게 된다. 아울러 보증은 채권자에게 거래상의 안선을 보상한다. 채권자는 보증회사가 발행한 보증보험증권을 근거로 계약불이행이 발생하는 경우 보증회사에게 불이행 책임을 묻고 계약이행을 촉구하게 된다.

(3) 금융경제의 발전 촉진

보증제도는 개인 및 기업의 자금조달에 있어 공적보증인이 되는 것이고, 대출기관 측면에서는 대출금에 대한 최종적인 담보책임을 부담하게 된다. 이는 신용대출의 기반을 조성하여, 궁극적으로 금융경제의 발전을 촉진하는 역할을 한다.

보증제도는 물적 담보 위주의 금융관행을 신용 위주로 전환하는 역할을 수행한다. 보증은 다수의 개인 및 중소기업에게 자금조달의 기회를 제공한다. 또 신용대출 과정에서 신용평가와 대출심사 능력을 향상시키고 금융자율화와 개방화에 대비한 대응능력을 제고시킨다.

(4) 기관 투자가로서의 역할

보증기관은 보증의 특수성에 따라 본원적 입무인 보증업무의 수행과정에서 발생한 대규모의 부채성 자금을 투자 및 운용하는 자산운용에도 신경을 써야 한다. 이에 따라 보증기관은 보험료로 축적된 자금을 주식, 사채, 국공채 등 유가증권에 직·간접투자하는 기관투자가로서 활동하게 된다. 이를 통해 자본시장의 활성화·안정화에 기여하게 된다.

2. 보증의 분류체계

우리나라는 보험업법 제5조제1항제3호 라목에서[4] 보증보험의 법적근거를 규정하고 있다. 하지만 보증을 분류하는 명확한 기준으로는 보험업법 등의 감독법규에 규정된 것은 없고 단지 손해 보험사업면허인가를 받으면서 사업방법서 등의 기초 조항에서 별첨으로 정하도록 되어 있다. 우리의 보증제도는 미국의 보증증권을 도입하여 자기나라 실정에 맞게 사용한 일본의 보증제도를 받아들인 것이므로, 결국 우리나라 보증제도는 미국 보증제도에서 유래했다고 볼 수 있다.

보증은 여러 가지 형태로 분류할 수 있으나, 미국·유럽 등 해외에서는 보증증권(bond), 보증보험(surety insurance), 신용보험(credit insurance)으로 구분하고 있다. 그런데 우리나라에서는 이러한 엄격한 구분 없이 보증보험의 테두리 안에서 운용되고 있다. 따라서 여기서는 보다 명확한 이해를 위해 선진국에서 사용되는 보증구분에 따라 보증을 이해하고 건설보증의 위치를 파악하고자 한다.

1) 보증의 대분류

(1) 보증증권(bond)

손해보험회사는 보험사업의 일환으로 각종의 채무에 대한 보증업무를 수행하고 있다. 보증증권이란 채무자가 계약상의 채무(또는 법령상의 의무)의 확실한 이행을 담보하기 위해 일정한 보증양식(bond form)에 보증인(통상 보험회사)의 연서를 받아 채권자에게 제출하는 것을 말한다. 보증증권은 보증의 기능을 한다는 점은 다음에 설

4) 보험업법 제5조(보험사업의 허가) ① 보험업을 경영하려는 자는 다음 각 호에서 정하는 보험종목별로 금융위원회의 허가를 받아야 한다. 제2호 손해보험업의 보험종목. 라목 보증보험

명할 보증보험과 비슷하다. 하지만 보증증권은 일반보증계약과 동일한 형태를 취하는 반면 보증보험은 보험계약형태로 이루어진다는 차이가 있다. 보증증권은 보상방법이 다양하고 계약상 보증보험의 면책과 같은 채권자에게 불리한 조항이 없어, 보증보험에 비해 채권자에게 채권담보로서의 효력이 높은 수단이 된다.

〈그림 3-1〉 보증의 분류

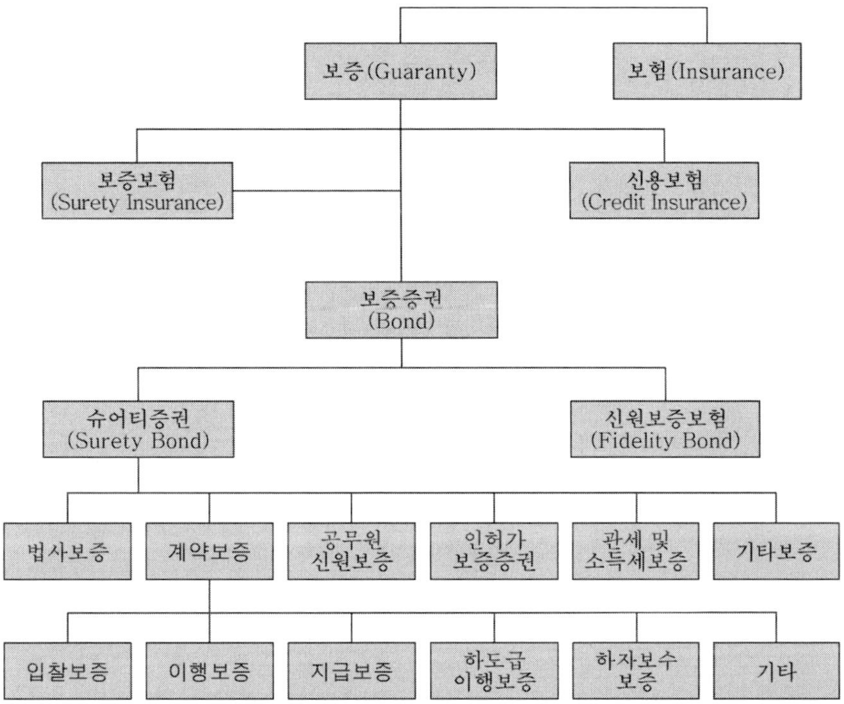

주 : 1) 여기서 계약보증은 공사와 관련된 광의의 개념으로 본 것이며, 협의로는 계약자체만을 위한 보증으로 사용됨
2) 국내에서 이행보증은 계약보증의 일종으로 볼 수 있으며, 계약보증이 금전적 보상만을 요구하는데 반해, 이행보증이 금전적 보상과 역무적 보상을 모두 요구할 수 있음

〈표 3-4〉 보증증권의 종류

<table>
<tr><th colspan="2">구 분</th><th>중분류</th><th colspan="2">세분류</th></tr>
<tr><td rowspan="19">보증증권</td><td rowspan="12">Surety Bond</td><td rowspan="2">계약보증 (Contractual Bond)</td><td>도급계약보증</td><td>입찰보증, 이행보증, 하자담보보증, 선급금보증, 노임·자재대금 지급보증, 유보금보증</td></tr>
<tr><td>기타계약보증</td><td>공급계약보증, 임대차보증</td></tr>
<tr><td rowspan="2">법사보증 (Judicial Bond)</td><td>법정보증 (Court Bond)</td><td>보석보증, 상소보증, 압류보증, 압류해지보증, 동산점유회복소송보증</td></tr>
<tr><td>수탁자보증 (Fiduciary Bond)</td><td>재산관리인보증, 후견인보증, 수익관리인보증</td></tr>
<tr><td rowspan="2">Public Official Bond</td><td colspan="2">일반공무원보증(Pubic Official Bond)</td></tr>
<tr><td colspan="2">연방정부공무원보증(Federal Offcial Bond)</td></tr>
<tr><td>License and Permit Bond</td><td colspan="2">택지개발보증, 보험중개인보증, 주정업자보증, 부동산업자보증</td></tr>
<tr><td rowspan="2">Customs Bond,Tax Bond</td><td colspan="2">소득세보증(Income Tax Bond)</td></tr>
<tr><td colspan="2">관세보증(Customs Bond)</td></tr>
<tr><td rowspan="3">Miscellaneous Bond</td><td colspan="2">금전채무보증(Financial Guarantee Bond)</td></tr>
<tr><td colspan="2">분실유가증권보증(Lost Securities Bond)</td></tr>
<tr><td colspan="2">수업료지급보증(College Students Bond)</td></tr>
<tr><td rowspan="7">Fidelity Bond</td><td>Individual bond</td><td colspan="2">1개인의 피보증인 담보</td></tr>
<tr><td rowspan="2">Schedule Bond</td><td colspan="2">기명식집합보증(Name Schedule Bond)</td></tr>
<tr><td colspan="2">직위집합보증(Position Schedule Bond)</td></tr>
<tr><td rowspan="2">Blanket Bond</td><td colspan="2">상업포괄보증(Commercial Blanket Bond)</td></tr>
<tr><td colspan="2">직위포괄보증(Blanket Position Bond)</td></tr>
<tr><td>Financial Institution Bond</td><td colspan="2">은행원포괄보증, 저축은행보괄보증, 저축 및 대출협회 포괄보증, 중개인포괄보증, 주식중개인종합보증, 유가증권보증, 신용조합포괄보증, 금융회사포괄보증, 보험회사포괄보증</td></tr>
<tr><td>Forgery Coverage Bond</td><td colspan="2">가족위조보증, 예금자위조보증, 신용카드위조보증</td></tr>
</table>

(2) 보증보험(surety insurance)

보증보험에서는 어떤 주(主) 계약상의 채무자 또는 법령상의 의무자가 보험계약자가 되고 주 계약상의 채권자 또는 법령상의 권리자가 피보험자가 된다. 보증보험의 목적은 채무자가 주 계약상의 채무를 불이행하거나 의무자가 법령상의 의무를 불이행함으로써 채권자 또는 권리자가 입게 되는 손해를 보상하는 것이다. 이 경우 보험계약은 보험계약자, 피보험자, 보증보험사를 당사자로 하는 3자 계약이다. 계약방식은 주계약, 보증위탁계약, 보증계약 등으로 구분되며, 구상권 행사를 통해 손실을 보전하게 된다. 보증보험은 보증을 그 개념적 요소로 하고 있는 점에서, 때로는 보증증권을 보증보험의 범주에 포함시키기도 한다.

〈그림 3-2〉 보증보험 계약

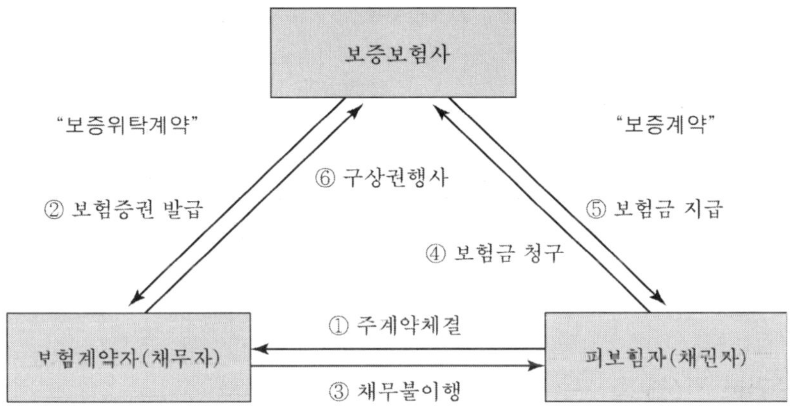

(3) 신용보험(credit insurance)

신용보험에 대해서는 이론적 정립이 미흡하지만, 연역적 사유, 수요자의 요청, 실무자의 요청 등에 의해 신용보험이란 용어를 사용하고 있다. 신용보험은 크게 상업신용보험(commercial credit insurance)과 재무신용보험(financial credit insurance)으로 구분된다. 먼저, 상업신용보험이란 상품 또는 서비스의 구매자 또는 채무자가 완전 또는 부분적으로 파산함으로써 상품 또는 서비스 공급자에게 발생한 손해를 보상해주는 보험이다. 그리고 재무신용보험은 빌린 돈 또는 이자를 갚기로 약속된 차용자 또는 채무자가 완전 파산 또는 부분적으로 파산함으로써 대여자(lender) 또는 채권자(creditor)가 입을 손해를 보상하는 보험이다. 이 경우 보험계약은 보험계약자 겸 피보험자, 보증보험사를 당사자로 하는 2사 계약이다. 여기서는 채권추심업무를 수행하고 있으며, 구상은 채권양도에 의한 대위권 행사를 통해 이루어지고 있다.

〈그림 3-3〉 신용보험계약

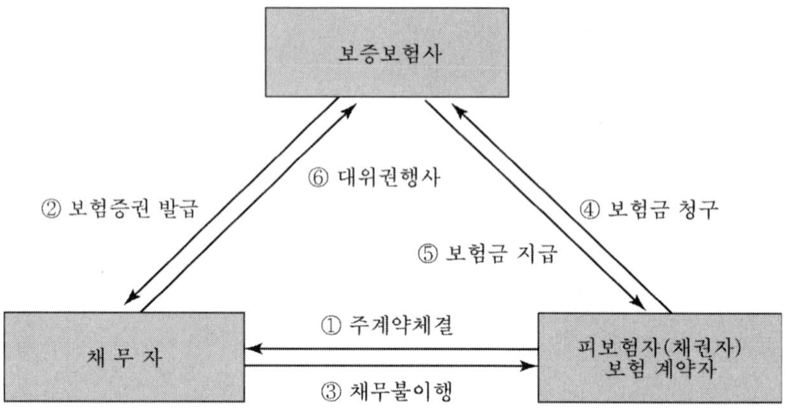

2) 보증증권과 건설보증

앞서 언급했듯이 보증은 크게 보증보험, 보증증권, 신용보험으로 구분되며, 건설산업에서 사용되고 있는 건설보증은 보증증권(bond)의 일종으로 볼 수 있다. 보증증권은 다시 슈어티 증권(surety bond)과 신원보증증권(fidelity bond)으로 구분하는데, 건설산업에서 사용되는 계약보증은 신원보증증권과는 무관하고 슈어티 증권으로 분류된다. 건설보증을 이야기할 때 슈어티증권이 항상 등장하므로 이들에 대한 기원, 정의, 종류 등을 먼저 살펴보고 건설보증에 대한 논의로 넘어 가고자 한다.

(1) 슈어티 증권(surety bond)의 기원 및 정의

슈어티(surety)란 개념의 기원은 매우 오래 되었으며 미국에서 슈어티 증권이 상용된 지는 100년이 넘었다. 원론적 의미에서 슈어티란 웹스터(Webster) 사전에 의하면 (ⅰ) 확실한 상태 (a) 확실한 지식: 확실성 (b) 태도 또는 행동에 대한 확신: 보증 , (ⅱ) (a) 계약 이행을 위한 공식적인 약정(예를 들어, 서약): 보증, (b) 확실함 또는 보안의 기초, (ⅲ) 빚, 채무 불이행 또는 타인의 의무 불이행에 대해 법적인 책임을 지는 사람으로 정의되고 있다.

보증이란 측면에서 슈어티란 계약거래를 체결하는 두 당사자들 사이의 계약이 이행될 것을 계약관계로 보장하는 제3의 주체를 지칭한다. 일상적인 계약거래에서 슈어티는 이러한 역할을 담당하는 기관 즉, 보험사를 의미한다. 슈어티증권(surety bond)이란 보증기관인 슈어티(surety)가 발행하는 증권(bond)을 지칭한다.

(2) 슈어티 증권의 종류

슈어티 증권은 크게 계약보증(contract bond)[5], 인·허가 보증(license and permit bond), 공직자 보증(public official bond), 법사보증(judicial bond) , 연방 보증(federal surety bond), 기타 보증(miscellaneous surety bond)으로 구분된다.

이 중 건설산업에서 사용되는 보증증권은 일반적으로 계약보증(contract bond)을 의미한다. 주로 사용되고 있는 계약 보증은 크게 입찰보증(bid bond), 계약이행보증(performance bond), 지급보증(payment bond 혹은 labor and material payment bond) 등으로 분류된다. 그 외 하자보수보증(maintenance bond), 선급금보증(advanced payment bond), 보류보증(retention bond) 등 다양한 종류가 있다.

3. 건설보증의 정의 및 역할

1) 정 이

건설보증은 수많은 슈어티보증들 중 건설산업에서 사용되고 있는 것을 지칭한다. 구체적으로 건설보증이란 건설공사 서비스의 안정적 공급을 보장하는 계약보증을 말한다. 여기서 계약보증이란 입찰, 이행보증, 지급보증, 하자보수, 하도급보증 등을 포

5) 국내에서 계약보증이란 도급공사 계약 체결 시 예치하는 계약보증금으로 사용되고 있다. 그러나 일반적 의미에서 계약보증(contract bond)은 도급공사계약에 관련된 보증뿐 아니라 모든 계약거래에서 발생할 수 있고, 거래가 원활히 이루어지게 하는 역할을 한다.

함하는 광의의 개념이다. 즉 건설보증은 광의의 계약보증에 해당한다고 볼 수 있다.

건설산업에서 슈어티보증, 즉 건설보증이란 보증채권자 (obligee; 발주자)에 대한 주채무자(principal; 시공업체)의 채무를 제3자인 보증인(surety; 보증회사)이 채무보증을 담보하는 것이다. 미국의 연방조달 규정(FAR: Federal Acquisition Regulation) 제28조(part 28)에 따르면, 건설보증이란 입찰자 혹은 주채무자와 별도의 제3자 보증인이 입찰자의 계약상 의무를 확실하게 이행할 것을 발주자에게 확인하는 서류화된 증서라고 규정하고 있다.

여기서 먼저 발주자는 건설서비스를 수요하는 주체로 공사의 관리와 감독의 일차적 책임이 있으며, 건설업체가 제공하는 건설공사 서비스에 공사비를 지불하고 보증채권자로서 보증서비스 공급에 대한 보증비용을 부담한다. 한편, 시공채무자인 건설업체는 건설서비스의 공급자로 미래 건설서비스의 지속적 공급에 대한 불확실성을 감수하여야 한다. 따라서 건설업체는 건설서비스 공급의 위험을 보증회사에 전가하기를 원하게 되고, 건설업체의 계약이행을 보증하는 보증증권이 작성되며 건설업체는 증권에 서명·날인하게 된다.

마지막으로, 보증기관은 보증채무자로서 건설업체의 보증인 역할을 수행하며 건설서비스 공급에 대한 위험을 인수하고, 또한 건설업체의 계약불이행시 발주자에 대하여 그 의무를 이행해야 한다. 만일 입찰자 또는 건설업체가 의무를 이행하지 못할 경우 보증인은 발주자를 구제하거나 발주자가 입은 손해를 보상해 주어야 한다. 그러므로 건설보증은 시공자의 의무가 완수될 때까지 유효한 셈이다. 보증기관은 총 보증금액에 대한 책임이 있으며, 건설회사가 계약을 불이행할 경우 모든 권리·의무를 인계받게 된다. 따라서 건설공사계약에서 시공자의 계약 불이행시 기성공사에 대한 미수금도 보증기관에게 이양됨은 물론이다.

미국의 경우 건설산업에서 보증은 수급자가 계약서에 의거하여 계약금액에 계약을 체결하고 이를 이행하며, 또한 하도급자에 대금을 지불하겠다는 것을 발주처에게 지급보증하는 것을 포함한다.[6] 이를 위해서 보증기관은 수급자의 능력을 사전에 평가하고 검증해야 한다. 발주자는 이를 통해 공사완성과 재정적인 보장을 받아 위험을

6) 허드법에서는 지급보증(labor material payment bond)의 첨부를 의무화하지 않았으나 밀러법에서는 이를 명시함

전가시킬 수 있고 비용절감의 혜택을 누리게 된다.

건설보증의 보상방법에 따라 크게 금전적 보증과 역무적(役務的)[7] 보증으로 나누어진다. 건설보증은 경제적 손실을 화폐적 단위로 보증하는 금전적 보증과, 시공자 대신 공사의 직접적 이행을 요구하는 역무적 보증의 두 가지로 구분된다. 물론 발주자는 공사의 특성에 따라 두 가지 모두를 요구할 수도 있고, 둘 중 선호하는 하나를 선택할 수도 있다. 우리나라의 경우 금전적 보증은 건설업에 관계된 보증기관에 의해 역무적 보증은 시공연대보증인에 의해 이행되는 것이 통례였다. 하지만 2001년 이후 공사이행보증이 도입되면서 시공연대보증은 점차 없어지고 신용보증 형태의 계약보증과 이행보증이 함께 이용되고 있는 실정이다. 미국에서는 발주자와 보증기관의 계약조건에 따라 다양한 보상방법이 활용되고 있다.

〈그림 3-4〉 건설보증 계약

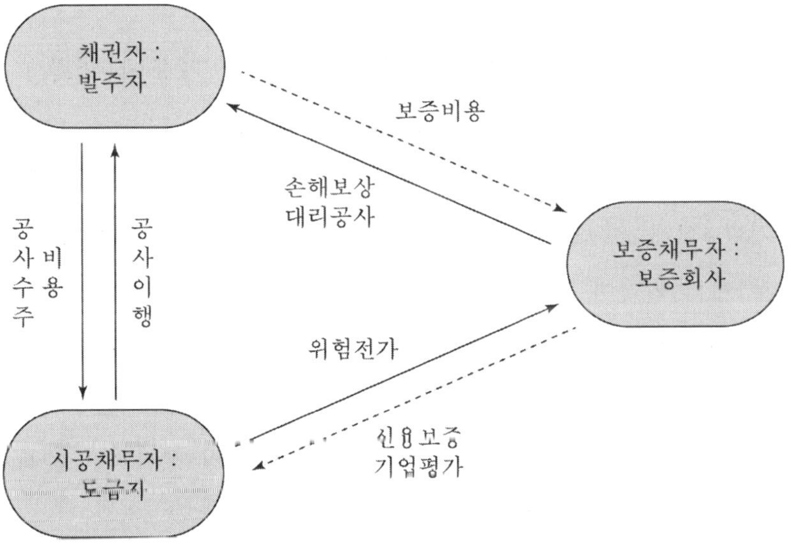

7) 역무적이란 역무적 이행으로서 금전적 이행에 대응되는 개념이다. 발주자는 보증사고 발생시 일정액의 금전으로 보상받을 수도 있고 공사의 완성을 요구할 수도 있는데 후자의 경우가 역무적 이행이다.

2) 건설보증의 필요성

(1) 건설산업의 특성

건설산업은 미래에 대한 위험과 불확실성 하에서 최종목적물에 대한 생산활동이 시작되기 전에 계약이 이루어지는 대표적인 수주산업이다. 소비행위가 일어나기 전에 생산된 재화나 서비스에 대한 정보를 사전적으로 보유하고 있고, 과거 생산된 제품과 서비스의 동질성 및 유사성에 대한 판단이 가능한 제조업과는 차별되는 특징을 갖는다. 따라서 건설업은 제조업과 달리 소비자 즉 발주자가 앞으로 생산될 제품에 대한 비용을 생산자 즉 건설업자에게 미리 지급해야하므로, 생산 과정별로 다양하고 자세한 계약이 필요하게 된다. 그리고 건설공사의 규모가 크고 장시간이 소요되기 때문에 건설공사의 불확실성은 증가하게 된다.

건설산업의 산업적 특성을 살펴보면, ⅰ) 건설생산은 주문에 의해서 이루어지며, ⅱ) 장소 고정적이고 ⅲ) 건설산업의 생산물은 시설물이나 건축물 외에도 설계도서와 다양한 건설서비스 등 종류와 내용면에서 다양하다. 그리고 건설생산은 ⅳ) 장기간에 걸쳐 기획, 설계, 시공, 유지보수, 철거 등 다단계로 이루질 뿐만 아니라 단계간 연계성이 강하게 나타나며, ⅴ) 단일사업이지만 생산단계별로 생산물에 따라서 독특한 구조인 업역이 형성되어 있고 외주비율이 높은 산업이다. 또한 건설산업은 졸속기획, 부실설계, 부실시공이라는 불명예를 아직 완전히 벗어나고 있지 못하며, 지나친 가격위주의 수주경쟁과 건설기술의 낙후 및 덤핑낙찰 등의 고질적인 문제로 시설물의 품질 및 안전이 미흡하다는 비판을 받고 있다.

한편 건설산업은 타산업에 비해 상대적으로 열악한 고정자산과 부채비율로 인해 과거 금융기관으로부터 차별적인 대우를 받은 적도 있다. 건설산업은 당좌자산과 기타당좌자산, 매출채권 등의 비중이 높아 유동자산의 비중이 2018년 기준으로 전체의 61.64%에 이르는 반면, 제조업은 40.74%에 불과해 건설산업이 상대적으로 외상거래와 같은 비현금 거래가 많은 것으로 나타나고 있다. 반면에 건설산업의 고정자산 비중은 38.36%로 제조업의 59.26%에 훨씬 못 미치고 있어, 건설업의 경영 활동이 여타 산업에 비하여 상대적으로 불안정한 것으로 나타난다. 건설산업은 대출시 담보로 활용할 수 있는 건물과 기계, 토지와 같은 유형고정자산이 적어 담보대출 의존도가 높은 금융기관으로부터 높은 신용을 얻고 있지 못하는 실정이다.

이러한 재무적 특성은 건설산업에서는 상대적으로 적은 소자본 특히 적은 고정자본만으로도 건설시장에 진출하여 수주활동이 가능함을 보여주고 있다. 그리고 기계나 장치 등의 설비투자를 위한 자금수요보다도 노임과 자재비 등 단기 운영자금 위주로 자금을 운용하고 있음을 보여주는 것이다.

그리고 외환위기 이후 부채비율은 꾸준히 하락해 2018년 유동부채가 35.71%로 개선되고 있으나 여전히 제조업의 28.15% 보다는 높은 수치이다. 상대적으로 타산업에 비해 부족한 안정성 관련 지표도 건설업에 대한 인식을 부정적으로 만들고 있다.

건설업체의 상대적으로 열악한 재무구조와 건설산업에 대한 부정적인 인식은 수주감소나 경기침체 등과 같은 유동성에 부정적인 영향을 주는 외부충격이 발생하였을 때 자금조달의 제약 즉, 금융제약(financial constraints)에 처할 가능성이 훨씬 높음을 보여주는 것이다.

이러한 건설산업의 구조적 위험을 분산시키고 발주자가 요구하는 건설서비스를 안정적으로 공급하기 위해서는 건설보증이 필수적이라 할 수 있다.

〈표 3-5〉 건설업과 제조업의 대차대조표 비교

(단위 : %)

구 분	건설업		제조업	
	2017	2018	2017	2018
유동자산	60.96	61.64	41.02	40.74
고정자산	39.04	38.36	58.98	59.26
자산총계	100.00	100.00	100.00	100.00
유동부채	37.14	35.71	29.55	28.15
고정부채	15.42	16.77	13.95	14.23
자 본	47.43	47.52	56.50	57.62
부채및자본합계	100.00	100.00	100.00	100.00

자료 : 한국은행. 2019. 「기업경영분석」.

(2) 건설산업과 위험(risk)

건설산업은 미래에 대한 위험과 불확실성 하에서 최종목적물에 대한 생산활동이 시작되기 전에 계약이 이루어지는 대표적인 수주산업이다.

건설산업에는 산업적인 특성에서 비롯되는 다양한 위험들이 존재하는데, 크게 통제 불가능한 위험과 통제 가능한 위험으로 분류할 수 있다. 먼저 통제 불가능한 위험이란 날씨에 의한 공사의 지연, 기대하지 못한 경기침체, 노동시장의 문제, 자재나 장비의 부족, 높은 물가상승, 발주자의 지급불능 등을 말한다. 통제 가능한 대표적인 위험으로는 유동성부족 등이 있다.

통제 불가능한 위험은 지진, 태풍, 홍수, 전쟁 등 천재지변, 전염병 창궐, 경제위기, 건설회사 소유주의 사망, 은퇴, 회사매각, 주요 경영진의 사망이나 혹은 사고로 인한 경영의 지속성 상실 등 회사의 경영진의 변화 등도 이러한 범주에 포함된다.

통제 가능한 위험은 무엇보다 건설업체들이 일상적으로 가장 많이 직면하는 위험으로 앞에서 살펴본 회계·재무상의 특성에서 초래되고 있다. 비용의 과대 혹은 과소 산정은 개별공사 및 기업운영의 차질을 초래하게 된다. 비용의 측정 및 자재·인력 운용의 계획에서 발생하는 오류, 회계관리자의 자질 부족 등도 건설기업의 통제 가능한 위험요소이다.

건설산업에서는 고정비용비율이 낮아 이윤의 변동이 크고 자본장비율이 낮아 담보력이 부족하고 금융 접근성이 낮아 자본조달 비용이 높게 나타난다. 이로 인해 부채비율이 높아 유동성 위험에 처할 확률도 높을 수밖에 없다. 이와 같은 건설산업의 높은 위험수준은 IMF 관리체제에서 높은 건설업 부도율을 통해서 입증된 바 있다.

건설산업은 타산업에 비하여 중·소업체의 비중이 높고 통제 불가능한 위험뿐만 아니라 통제 가능한 위험에 있어서 조차 위험수준이 높은 편이다. 이처럼 건설산업은 본질적으로 다른 산업에 비해 상대적으로 위험정도가 크므로, 건설보증의 중요성은 더욱 강조된다.

3) 건설보증의 특성

(1) 생산제약성

보증의 수요는 피보증인의 채무 또는 의무의 존재를 전제로 하므로 계약에 수반하여 발생한다. 보증기관의 일방적 보증생산에 의하여 수요가 발생되는 것이 아니며, 보증수요를 발생시키는 상거래 활동이 활발하게 일어나는 경우에만 수요가 증가하게 된다. 즉, 보증은 일반 상품시장 및 보험시장에서와 같이 공급자의 일방적인 생산 및 마케팅 활동에 의존하여 수요가 창출되거나 확장되기 어려운 특성을 가지고 있다.

(2) 보증시장의 불완전성

보증의 수요·공급 특성과 보증시장에 내재되어 있는 상품간 대체성 및 교환성의 결여로 인하여 일반 보험시장보다 불완전한 시장의 형태를 가지고 있다. 상품간 대체성 및 교환성의 결여는 각 보증기관별 상품특성에 기인하며, 상품간에 보증대상과 내용이 같아 상품 자체의 대체성 및 교환성은 존재하더라도 대개 대상 수요자가 제한되기 때문에 발생하게 된다.

또한 보증시장에서는 수요자의 선택보다는 공급자가 수요자를 선택하는 경향이 강하며, 보증서비스를 제공받는 채권자·권리자의 요구에 의해 상품이 결정되는 경우가 빈번하다. 이와 같이 수요자의 의사와는 무관하게 타인에 의해서 보증상품의 수요가 결정되는 경향은 수요자의 상품선택권을 제한하여 보증시장의 불완전성을 더욱 강하게 하고 있다.

(3) 정부정책 민감성

건설보증시장은 경기흐름이나 정부의 경제정책에 민감하게 영향을 받고 있으며, 이러한 영향은 장기적인 것으로 알려져 있다. 경기 침체나 경기 활황 등에 따른 정부의 건설투자액에 대한 정책 변화는 곧바로 보증시장의 규모에 변화를 준다. 사회간접자본에 대한 투자 확대나 건설산업 구조 개편과 같은 정책 변화, 그리고 입찰제도·선금지급률의 변화 · 공사관련 보증금률의 변화 등 정부 계약제도의 변화 또한 보증시장의 규모에 막대한 영향을 주게 된다. 특히 정부 계약제도의 변화는 민간부문의 계약형태에도 영향을 주게 되어 보증시장에 미치는 효과가 매우 크다. 이는 건설경기가 전반적인 경기흐름에 민감하다는 점과 건설투자 중에는 중장기적인 사업이 많다는 점을 반증하는 것이다.

정부의 정책변화는 건설보증시장의 규모 뿐만 아니라 질적인 요소에도 영향을 주게 된다. 건설산업의 구조조정을 위한 정부 정책인 무자격 부실업체의 퇴출, 건설업 등록 기준의 강화 등 정부정책은 보증회사의 대위변제 규모에 직접적인 영향을 준다. 정부의 감리 · 감독제도의 확충을 통한 건설공사의 품질 기준 강화 또한 보증 불이행에 따른 보증 사후관리에 대한 비용을 증가시키고 손해율을 상승시키는 요소가 된다. 특히 이행보증제도의 도입으로 시공회사의 부도로 인한 실손 보상이 이루어지게 되면, 정부의 건설공사에 대한 품질강화는 보증사후관리에 따르는 손해율에 커다란 영향을 주게 될 것이다.

보증시장에서 공급기관에 대한 정책 변화는 보증시장 규모에 영향을 미치기보다는 보증시장 구조에 변화를 초래하는 중요한 변수가 된다. 공급자 시장이 독점에서 과점이나 경쟁적 시장으로 변화된다면 자연스레 보증시장의 분할이 나타나게 된다. 결과적으로 보증시장 내에서는 보증인수 경쟁이 치열해지고 이로 인한 보증수수료율의 인하 등 변화가 초래된다.

4) 건설보증의 역할

건설보증제도는 사전심사, 공사관리, 클레임 처리 등의 기본업무를 통해 건설산업에서 중요한 역할들을 수행한다. 이러한 역할은 건설공사의 효율적 추진에 기여함은 물론 건설산업 선진화의 밑거름으로 작용한다.

(1) 사전 심사기능 수행 및 부적격 업체의 낙찰 배제

보증기관은 사전심사과정을 통해 입찰서류와 계약서 및 계약조건을 검토하고 사업계획 및 사업추진조직 및 참여 인원에 대한 평가를 내린다. 공사비 및 공사기간에 대한 분석과 건설관련 보험의 보상범위를 선택하여 법률적인 지원을 한다. 그리고 현금의 유동성을 분석하고 재무관리 측면에서 건설업체의 내부통제 기능을 수행한다.

이러한 사전 심사과정에서 가장 중요한 점은 공개경쟁입찰에서 비판적 역할을 수행한다는 것이다. 보증기관은 입찰서류의 타당성, 계약서 및 계약조건, 사업계획, 사업조직 등 건설업체에 대한 평가를 통해 보증서의 발급여부를 결정한다. 이러한 과정을 통해 입찰에 참가한 부적격 건설업체를 배제시키는 역할을 수행한다. 미국에서는 면허제도나 PQ제도가 없는 주(州)들이 상당수 있는데 건설보증이 그 기능을 부분적으로 대신한다. 미국에서는 엄격한 보증심사를 통해 입찰, 계약, 이행보증증권을 발행하므로, 경쟁력이 없는 건설업체는 보증서를 발급받지 못해 입찰에 참여할 수 없고 자연스레 퇴출될 수밖에 없는 것이다.

건설공사의 계약은 기본적으로 건설업체가 성실하게 계약을 이행하고 발주자가 원하는 품질을 인도하는 것을 규정하고 있다. 만일 건설업체가 시공능력이 있고 신뢰성이 있으며 건전한 재정구조를 보유할 경우 전혀 문제가 없다. 그러나 항상 이러한 조건이 유지될 수 없는 것이 현실이다. 따라서 이러한 문제발생에 대한 대비책으로 건설보증의 유용성이 있는 것이다.

(2) 건설공사의 안정적 시공 보장

건설보증은 건설보증 채무자에 대한 신용공여 및 채권자에 대한 담보제공을 통해 외적 신용도 제고와 원활한 경제활동을 가능토록 한다. 그리고 제도금융권에서 소외된 중·소업체의 담보능력을 보증함으로써, 영업활동 보장 및 금융혜택과 사업참여의 기회균등으로 국민경제의 균형적 발전이 가능하도록 한다.

건설보증은 건설공사가 계약조건과 가격에 맞추어 완성될 것을 보증한다. 보증제도가 원활히 운용되면 발주자는 경쟁입찰을 시행할 수 있어 경비를 절감할 수 있고, 건설업체는 하도급업체, 자재·장비업체 등에 대한 지급을 보상할 수 있어 건설생산의 효율성을 증진시키게 된다.

보증기관은 만약 계약자가 부도가 나거나 낮은 입찰가격으로 공사를 낙찰받았다고 하더라도, 노동자, 공급업자, 하도급업자에게 대금을 확실히 받을 수 있음을 보증해 준다. 아울러 대금이 지불되지 않은 노동자, 공급업자, 하도급 계약자에 의해서 제기되는 담보권(lien)으로부터 발생하는 발주자의 재정적 손실도 보호하는 역할을 수행한다. 계약을 불이행하는 경우 발주자의 비용손실이 매우 큰데, 선취특권법(先取特權法 ; Mechanic's Lien Law)에 따라 건설 원도급자가 하도급업자 및 재료·노무제공자에게 지불하지 않으면 발주자가 원도급자를 대신하여 이를 지불해야 한다. 단, 정부공사의 경우 선취특권법이 적용되지 않기 때문에 건설 원도급자의 부도 등으로 하도급자 및 재료·노무 제공자가 공사대금을 받을 방법이 없으므로 그 대비책으로 보증이 더욱 필요하다.

(3) 공사감독 및 분쟁조정

보증기관은 공사의 감리 및 감독을 통해 공사관리 기능을 수행한다. 공정기간 지연 및 부실시공에 대한 원인 분석을 하고 이를 관리하는 역할을 수행한다. 현장에서의 공사원가를 계산하며 현금흐름(유동성)을 분석하고, 재무관리측면에서의 내부통제 기능을 수행한다. 건설업의 특성상 부실시공은 사후 비용을 증가시킨다. 특히 공공공사의 경우 부실시공은 납세자의 조세 부담을 증진시킬 뿐 아니라, 경제적으로 공공서비스 공급이 지연되므로 대규모의 비용을 유발시킨다. 따라서 건설보증을 통한 공사 감리 및 감독을 통한 부실공사를 방지는 직접적으로 납세자의 조세부담을 감소시킬 뿐 아니라, 근본적으로 부실공사의 간접적 비용을 감소시켜 국민후생을 증진시키게 된다.

아울러 보증기관은 경험이 많은 소송전문가를 활용하여 소송 및 법률적 문제를 분석을 함으로써, 클레임 제기 시 사업 재검토 및 조사 등 클레임 처리 기능을 수행한다. 계약서를 검토하고 계약자에 대한 소송지원을 하며 거래에 관한 전문 변호사를 고용하거나 활용할 수 있도록 해 준다. 따라서 건설보증기관은 건설보증의 기능을 통해 공사감독 및 분쟁조정, 부실시공 방지, 계약관행 개선 등 건설산업의 선진화에 기여하게 된다.

제4장

건설보증시장의 형성과 특징

1. 건설보증시장 개관
2. 건설보증시장의 형성과정
3. 건설보증제도의 변화
4. 건설보증시장의 구조

제 4 장

건설보증시장의 형성과정과 특징

1. 건설보증시장 개관

1) 건설보증시장의 정의

건설보증시장이란 건설기업이 건설업을 영위함에 있어서 필요한 각종 보증에 대한 신용을 공여하는 시장을 말한다. 이는 건설기업이 발주자와의 도급계약을 이행함에 있어서 직·간접적으로 요구되는 각종 의무이행과 계약의 원활한 이행을 위해 지급되는 선급금에 대한 담보, 국가나 지방자치단체로 부터의 인허가와 관련된 보증 그리고 기업의 유영자금 대출에 대한 보증과 회사채 발행, 장비 및 기계장치에 대한 리스와 할부금 등에 대한 보증을 모두 포함하다.

2) 건설보증시장의 주체

건설보증시상은 공급자시장과 수요자시장으로 구분해서 살펴볼 수 있다. 건설보증시장에서 보증공급자는 보증서비스를 제공하는 공제조합과 보증보험과 같은 보증기관으로 구성되고 보증수요자는 발주자와 건설업체이다. 보증수요자 시장은 정부(공공기관 포함)와 민간으로 구분할 수 있는데, 이들을 위한 보증이 시공건설사를 통해 이루어지므로 보증기관과 직접 상대하는 보증수요자는 건설업체로 볼 수 있다. 서울보증보험(주)은 건설업체중 초우량업체를 대상으로 한 공격적인 보증인수 경쟁을 시행하고 있어, 수요자 시장도 점차 세분화·차별화되고 있는 추세이다. 이러한 세분화는 보증의 위험도와 시공회사의 신용상태와 규모, 공사의 도급형태, 공사의 종류 등 다양한 관점에서 진행될 것으로 예상된다.

이렇듯 건설보증시장의 수요자 또는 공급자로 참여하고 있는 발주자와 건설업체, 그리고 보증기관은 건설보증시장을 구성하고 움직이는 활동주체이다. 발주자는 건설서비스를 수요하는 주체로 공사 관리·감독의 일차적 책임이 있으며, 건설업체가 제공하는 건설공사 서비스에 공사비를 지불하는 보증채권자이다. 시공채무자인 건설업체는 건설생산 과정에서는 건설서비스의 공급자로 활동하게 되며, 미래 건설서비스의 지속적 공급에 대한 불확실성을 감수해야 한다. 따라서 건설업체는 건설서비스 공급의 위험을 보증회사에 전가하기 위해 보증을 이용하게 된다.

보증공급자인 보증기관은 보증채무자로서 건설업체의 보증인 역할을 수행하며, 건설서비스 공급에 대한 위험을 인수하고 또한 건설업체의 계약불이행시 발주자에 대하여 그 의무를 이행하게 된다. 만일 입찰자 또는 건설업체가 의무를 이행하지 못할 경우 보증인인 보증기관은 발주자를 구제하거나 발주자가 입은 손해를 보상해 주게 된다.

한편, 건설보증은 시공자의 의무가 완수될 때까지 유효하다. 보증기관은 총 보증금액에 대한 책임이 있으며, 건설회사가 계약을 불이행할 경우 모든 권리·의무를 인계받게 된다. 따라서 건설공사계약에서 시공자의 계약 불이행시 기성공사에 대한 미수금도 보증기관에게 이양됨은 물론이다.

3) 건설보증 시장규모와 비중

보증시장 참여에 관심을 보이고 있는 손해보험사들의 보험시장 규모는 지금으로부터 약 10여년 전인 2008년 기준으로 33조 9,000억원(보험료 기준)으로 나타나며, 이에 반해 보증시장 규모는 9,939억원(수수료 기준)으로 나타난다. 건설보증의 시장규모는 보증수수료 기준으로 약 2,642억원이며, 보증실적 기준으로는 약 59조 7,604억원 규모이다. 건설보증시장의 2,642억원은 손해보험시장에 비해 0.8%에 불과한 수준이다.

〈그림 4-1〉 2008년 건설보증시장 규모 및 점유율

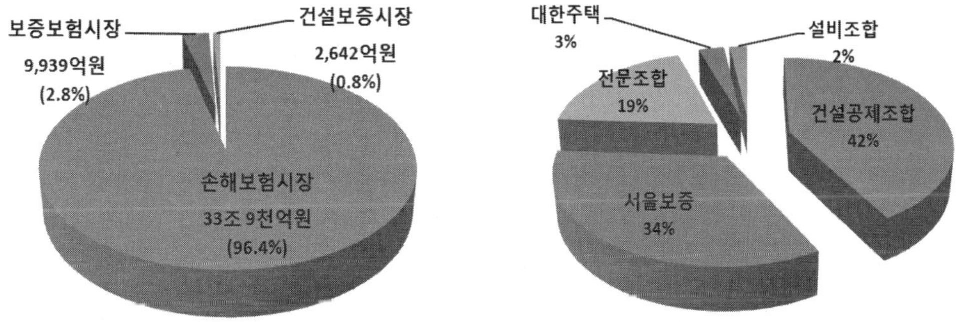

〈건설보증시장 규모〉 〈건설보증시장 점유율〉

2008년 당시에도 건설보증시장은 건설공제조합, 전문건설공제조합, 설비건설공제조합, 대한주택보증, 서울보증보험 등 5개 기관이 참여하고 있었다. 5개 기관의 점유율은 2008년 보증수수료 기준으로 건설공제조합 42.1%, 서울보증보험(주) 34.0%, 전문건설공제조합 18.8%로 나타난다.

〈표 4-1〉 2008년 건설보증시장 점유율

(단위 : 억원, %)

구 분	보증수수료	점유율	보증실적	점유율	비 고
건설공제조합	1,101	41.7	325,692	54.5	
서 울 보 증	899	34.0	127,144	21.3	건설관련 보증
전 문 조 합	491	18.6	111,499	18.6	
설 비 조 합	63	2.4	14,272	2.4	
대한주택보증	88	3.3	18,997	3.2	허지,시공,하도대 보증 실적으로 수수료는 추정
합 계	2,642	100	597,604	100	

출처: 가톨릭대학교 산학협력단(2009), 건설보증시장 감독체계 수립방안연구.

최근에는 건설보증시장에 3대 건설 관련 공제조합이과 서울보증보험, 주택도시보증공사 그리고 엔지니어링공제조합 등이 주요 참여자로 활동하고 있다.

2008년 실적과 마찬가지로 건설보증시장의 규모는 전체 손해보험시장의 1% 미만을 차지하는 소규모로 작은 일부만을 차지하고 있다. 건설보증시장은 건설 관련 공제조합과 서울보증보험이 시장 대부분을 차지하는 과점 내지는 독점적 경쟁시장의 형태를 띄고 있다. 2018년에는 건설보증시장에서 건설공제조합이 33.9조원 41%, 전문건설공제조합이 14.9조원 18%, 서울보증보험 13.1조원 16%, 기계설비건설공제조합 2.6조원 3%의 시장 점유율을 보이며, 이들 기관의 합이 총 78%로 높게 나타나고 있다.

여기에 최근 영업실적이 급속도로 증가한 엔지니어링 공제조합의 비중이 12%로 나타나고 있다. 엔지니어링공제조합은 본래 설계·감리·유지보수·구매조달 등 엔지니어링사업에 대한 보증을 시행하는 기관이었으나, 2011년 「엔지니어링산업진흥법」 개정을 통해 엔지니어링 활동과 더불어 관련 산업 분야 보증에 진출할 수 있는 법적 근거를 만들어 건설보증시장에 적극적으로 참여하고 있다. 공사이행보증 등 손해율이 낮은 시공단계에서 대형 건설사업자를 대상으로 건설보증을 영업을 전개하고 있다. 주택도시보증공사(HUG)는 주택분양보증을 주 업무로 하며, 부수적으로 주택시공보증, 하도급대금지급보증, 하자보수보증 상품을 취급하고 있다.

〈표 4-2〉 최근 보증실적 기준 건설보증시장 규모 및 추이

(단위 : 조원)

	2015	2016	2017	2018
건설공제조합	33.3	33.2	36.8	33.9
전문건설공제조합	11.6	13.2	14.5	14.9
기계설비건설공제조합	2.3	2.9	2.7	2.6
서울보증보험	7.6	11.6	11.0	13.1
엔지니어링공제조합	7.0	7.9	11.5	9.7
주택도시보증공사	4.8	7.6	8.3	8.3
전체합계	66.6	76.4	84.8	82.5

출처: 삼일회계법인(2020)

2. 건설보증시장의 형성과정

1) 보증보험기관의 설립과 경쟁구조 변화

우리나라에서는 1961년 과도정부에 의해 작성된 '3/4분기 재정금융안정계획'에서 오늘날의 신용보증제도와 유사한 형태가 처음으로 구상된 바 있다. 우리나라 보증보험 제도는 1969년 최초의 보증보험 전업회사인 '대한보증보험(주)'이 설립되어 독점형태로 운용되어 오다가 1989년 '한국보증보험(주)'이 설립되면서 이원화 체제로 전환되었다. 이후 이들 기관이 부실화되면서 1998년 '서울보증보험(주)'으로 합병되어 현재에 이르고 있다. 서울보증보험은 2017년 말 기준 275조원이 넘는 보증잔액을 유지하고 있는 국내 최대 규모의 보증기관이며, 세계 보증보험 및 신용보험사 중에서 보험료 기준 3위를 기록하고 있다. 더불어 2020년 기준 S&P와 Fitch 신용평가사로부터 각각 A^{+}, AA^{-}를 부여받아 국내 금융기관 중 최고의 신용도를 보유하고 있다.

(1) 양대 보증보험사의 부실과 통합

① 대한보증과 한국보증보험의 보증 실태

지금으로부터 20여년 전 당시 금융감독위원회는 대한보증보험과 한국보증보험 두 기관의 부실에 대해 처음에는 정상화방침을 밝혔지만 결국은 합병으로 결말을 지었다. 이는 무엇보다 1998년 5월말 당시 2조6천8백70억원의 천문학적 누적적자를 안고 있는 양 보증보험사의 경영상황에 따른 불가피한 조치였다.

당시 합병과 관련하여 대한보증보험과 한국보증보험 두 회사의 입장은 사뭇 달랐다. 유동자산 확보 등의 여건에선 후발사인 한국보증보험이 대한보증보험보다 사정이 다소 나았다. 하지만 대한보증은 출범 29년째인 선발사로서 보유자산이나 경영노하우 등에서 한발 앞서 있었다. 대한보증보험이 한국보증보험에 비해 합병에 호의적인 반응을 보이는 것도 선발사로서의 우위 때문이었다. 어쨌든 대한보증보험 및 한국보증보험은 자구를 통해 홀로서기를 할 수 있다는 점을 객관적으로 입증하지 못함에 따라 결국 합병하게 되었다.

당시 두 보증보험 기관의 보증현황을 살펴보면 다음과 같다. 1998년 6월 말 현재 대한보증보험 및 한국보증보험 양대 보증보험사의 보증잔액은 총 1백51조2천7백55억원에 달했다. 이중 회사채 보증이 67조3백45억원으로 가장 많았다. 두 보증보험사는 전체 회사채 보증의 97%를 차지할 정도로 이 시장을 주도하였다. 은행, 증권, 보증기금 등 타 기관의 비중은 고작 3%에 불과했다. 건설사 등 일반 기업체가 주로 이용하는 이행보증 잔액도 23조7천2백50억원에 달하였다. 개인들이 주로 이용하는 소액대출은 8조5천6백35억원, 할부보증은 14조8천4백27억원의 잔액을 기록하였다. 여기서 할부보증은 자동차회사와 일반 할부금융기관에 밀접한 관계가 있다. 소액대출보증도 은행 보험사 신용금고 등 1천만~3천만원정도의 개인 대출시 채권확보수단으로 각광을 받았었다. 그밖에 신원보증이나 법원공탁금보증 등이 37조1천98억원의 계약고를 기록하였다.

〈표 4-3〉 양대 보증보험 종목별 보증잔액 현황(98.6월 말 기준)

구 분	유효잔고	
회사채보증	67조(2,458건)	계약자: 발행기업 피보험자 : 사채권자(투신, 은행, 종금, 개인)
소액대출보증	8조(74만건)	계약자: 개인, 중소기업 피보험자 : 금융기관
할부판매보증	14조(182만건)	계약자: 개인, 기업 피보험자 : 자동차판매회사
신원보증	18조(157만건)	계약자: 개인 피보험자 : 국가기관 등
이행보증	23조(146만건)	계약자 : 기업 피보험자 : 발주자(정부, 토지공사 등)

② 부실의 원인은 무엇인가

두 기관의 부실에 대한 원인을 추적해보면, 무엇보다 지난 89년 출범한 후발사인 한국보증보험과 기존 대한보증보험간의 시장쟁탈전이 가장 근본적인 원인으로 지목되고 있다. 다시 말해 빚보증을 경쟁적으로 떠맡은 결과 이같은 엄청난 부실을 안게 된 것이다.

한국보증보험은 규모의 경제를 겨냥하여 무리한 확대 지향적 영업을 펼쳤다. 이는 결국 한국보증보험의 부실로 이어졌다. 이 회사는 3차례에 걸친 증자와 보험보증기금의 지원으로 버텨오다 파산 직전 1~2년 정도 정상을 되찾는 듯했다. 그러나 외환위기 이후부터 이어진 기업의 연쇄부도는 회사경영에 치명타를 가했다. 기존사인 대한보증보험도 경쟁사의 출현으로 확대지향적 영업을 해오다 동반 부실의 나락으로 떨어졌다.

이는 그 동안 두 보증보험회사의 손익추이에서도 잘 나타난다. 1998년 5월말 기준 누적손익은 대한보증보험이 1조6천3백85억원 한국보증보험은 9천4백85억원에 달했다. 두 회사가 안고 있는 적자가 무려 2조6천8백70억원인 셈이다. 이같은 부실의 원천은 기업 부도에 따른 사채보증보험의 손해율 급증에 있다. 당시 두 회사가 지급해야할 사채보증보험금만 2조5천80억원에 달했다. 전체 적자의 대부분이 이 부문에서 나온 것이다.

참고로 당시 보증보험사 및 보험업계의 입장은 대한보증보험과 한국보증보험 모두 부채가 자산보다 많다는 점을 부인하지 않았다. 이는 정부의 말대로 부실금융기관 범주에 속한다는 것에 동의한다는 것이다. 하지만 이들 보험사는 당국이 지적하는 유동성 위기에 대해선 부인하였다. 양사 모두 3천억원대의 유동성을 확보하고 있어, 추가 보험사고가 생겨도 보험금 지급에 어려움이 없다고 주장하였다. 또 1조7천억원대에 달하는 미지급보험금도 당장 지급해야 할 것이 아니기 때문에 대지급한 채권을 구상하고 임직원 감축 등 대대적인 자구노력을 꾀하면 홀로서기도 가능하다고 강조하였다. 대외공신력을 되살릴 수 있는 최소한의 정부 지원만으로도 양사체제를 유지할 수 있다는 게 당시의 주장이었다.

③ 서울보증보험으로 통합

정부는 1995년 5월 예금보험공사에 대한 출자 등을 통하여 보증보험사의 구조조정을 위해 노력해 왔으며, 1998년 2차례에 걸쳐 성업공사를 매개로 하여 보증보험사에게 자금을 지원한 바 있다.

보증보험은 가격결정구조가 일반 손해보험사와 상이하고 역선택에 의한 부실화 가능성이 상존하는 등 보증보험사는 항상 내재된 위험 속에서 영업을 하고 있다. 따라서 제한된 시장에서의 경쟁이 심화되면 파행적인 운영의 가능성이 존재할 수밖에 없다는 판단 하에 양대 보증보험회사인 대한보증보험(주)과 한국보증보험(주)을 서울보증보험(주)로 통합하는 구조조정을 실시하였다.

당시 서울보증보험이 시급히 해결해야 할 현안과제로 유동성극복, 대외신인도 회복 및 건전성 관리 등이 거론되었다. 1999년 3월말 기준 지급보험금은 전년대비 5,405억원이 증가(증가율 21.1%)하였는데 비하여, 동기간 미지급보험금은 2조 3,377억원이 증가(증가율 217.5%)하여 유동성 부족에 따른 미지급 보험금의 적체가 심화되고 있는 상황이었다. 예금자보호 대상 제외, 유동성 부족, 구조조정 방향의 불명확성 등으로 당시 대외신인도가 크게 하락하였으며, 이에 따른 보증수요자의 보증보험 담보력 불신 및 보증보험 활용기피로 영업기반이 크게 상실된 상태였다. 따라서 서울보증보험은 공적자금을 지원받은 기관으로서 그 역할을 충실히 수행할 책임이 있었고 전문적이며 과학적 관리제도의 도입으로 지급여력의 강화, 담보여력의 확충 등 건전한 내실화를 꾀하여야 하는 현실에 직면해 있었다.

④ 보증경쟁의 부작용

건설보증시장에서 보증기관의 다원화는 과다한 경쟁을 초래할 수 있는데, 과당경쟁으로 인한 폐해는 건설보증시장에서 '경쟁체제의 함정'과도 같다고 할 수 있다. 이미 대한보증보험과 한국보증보험의 경험에서 볼 수 있듯이 보증기관 간의 과당경쟁은 보증기관의 부실은 물론 산업 및 경제에 큰 파장을 초래했다. 1989년 이후 양대 보증보험사가 '시장 쟁탈'을 위해 서로 과당 경쟁하면서 수익성과 건전성을 해치고 급기야는 파산하여 1998년 서울보증보험(주)로 합병되었다. 통상적으로 과잉경쟁이론(excess entry theorem)은 진입규제에 대한 이론적 기반이 되어 왔다.[1)]

경기상황에 아주 민감한 보증보험의 특성상 지나친 경쟁상황 하에서 급속한 경기침체가 일어난다면 보증기관은 치명적인 타격을 입을 수밖에 없다. 특히 보증보험은 예금보험기금제도의 혜택을 받지 못하고 있기 때문에, 보증보험 이용자는 과잉경쟁으로 인한 건전성 악화가 초래될 경우 직접적인 위험에 노출되게 된다.

1) 과잉경쟁이론은 Mankiw and Whinston(1986), Perry(1984), Spulber(1981), Suzumura and Kiyono(1987), Weizacker(1980a, 1980b) 등에 의해 정립되었음.

미국에서도 몸집 키우기 경쟁이 한창이던 1990년대 시장점유율에 집중하여 경쟁적인 보증한도 확대와 요율 인하로 보증보험사들이 빠른 속도로 부실화된 경험이 있다. "또한 2000년대 들어서 손해율이 급증, 1990년 당시 상위 10개사 중 7개사가 파산 후 인수되거나 보증사업에서 철수하였다. 이같은 과잉경쟁 결과 보증보험요율은 30% 이상 인상되어 궁극적으로 고객의 부담으로 전가된 것을 주목할 필요가 있다"(나동민 보고서, 2006).

(2) 경쟁여건의 변화

서울보증보험은 우리나라에서 유일하게 모든 보증업무를 처리하고 있는 보증 전문기관이다. 표면적으로는 독점적이지만, 실제로는 업종에 따라 각종 공제조합에서도 보증업무를 취급하고 있기 때문에 독점이 아니다. 대표적인 사례로 건설 관련 공제조합도 건설산업 부문에서 보증서비스를 제공하고 있다. 그리고 신용보증기금, 기술신용보증기금 등 보증기금에서도 보증을 제공하고 있다. 은행 등 금융기관에서도 지급보증을 하고 있다.

보증의 경쟁구조 변화는 지역보증조합의 설립에서도 찾을 수 있다. 1995년 2월 정부는 중소기원 지원 9대 시책을 발표하여 각 지역 중소기업의 취약한 담보력을 해결하기 위해 지역신용보증조합을 설립한 바 있다. 이후에도 지역보증조합의 숫자는 늘어나 대기업의 자본금을 출자하여 벤처산업, 패션 애니메이션, 영상소프트웨어 등의 산업에 대한 신용보증 지원을 목적으로 신용보증조합이 본격 가동되고 있거나 예정되어 있다.

보증보험은 외견상 단일 체제이나 실제로는 보증기금, 공제조합 등과 경쟁체제에 놓여 있다. IMF관리체제 이후 보증보험의 경영이 곤란해지면서 새로운 공제조합의 설립을 초래하게 되었고, 이로 인해 보증사업의 경쟁이 가속화되었다. 기존의 공제조합 외에 대한세무사협회, 대한공인중개사협회, 대한주택관리사협회 등 각종 자격사 협회와 방위산업진흥회 등도 공제사업을 추진하거나 계획하고 있다. 특히 방위산업진흥회의 경우 동 회원업체를 대상으로 방위산업 물자 공급계약에 따른 각종 이행성 지급보증을 위한 공제 사업이 추진되고 있다.

〈표 4-4〉 국내 보증기관 현황

구 분		보 증 기 관
전업(22)	공공기금	신용보증기금, 기술보증기금, 지역신보(16), 신용보증재단중앙회, 농림수산업자신용보증기금
	보증보험	서울보증보험
	기 타	대한주택보증
비전업(32)	공공기금	무역보험공사, 한국주택금융공사, 한국장학재단, 한국정책금융공사
	공제조합	건설공제조합, 전문건설공제조합, 기계설비건설공제조합, 주택사업공제조합, 엔지니어링공제조합, 정보통신공제조합, 소프트웨어공제조합, 전기공사공제조합
	금융기관	은행(18), 종합금융사(2)

출처: 신용보증기금(2010),「보증시장의 최근 동향과 정책적 시사점」.

우리 경제는 개방화와 국제화가 지속적으로 이루어짐에 따라 대외교역조건 변화 등 거시경제의 공급측 요인의 가변성이 증가할 것이며, 이로 인해 향후 보증보험의 경기 변동 위험은 더욱 증가할 것이다.[2)]

경기변동과 정부경제정책 변화, 경제구조상의 변화 등이 지속적으로 보증보험의 영업환경에 영향을 미치게 된다. 특히 경기변동의 위험이 증가함에 따라 기업들은 위험관리차원에서 보증보험에 대한 수요를 증가시킬 것이므로 기업성 보증보험 시장이 확대될 것으로 예상된다.

(3) 건설보증시장 경쟁에 미치는 영향

건설보증시장은 외견상 과점적 시장구조이나 실제로는 서울보증보험과 보증기금, 타업역 공제조합 등과 경쟁체제에 놓여 있다. 아직까지는 업역간 질서가 유지되고 있고 서울보증보험 등과의 경쟁이 본격적으로 가시화되고 있지는 않지만, 이행보증시장에서는 이미 서울보증보험과 건설공제조합이 인수경쟁을 해오고 있다.

현재 해외손해보험사 및 중개인들은 이미 국내 보증시장에 진출해 있으나, 건설보증에 대해서는 왜곡된 시장구조와 수수료율, 국내 건설산업의 위험도, 불투명성 등으

2) 보증과 여건변화의 상관관계 : 보증보험은 경제활동에서 발생하는 거래 당사자간의 신용위험에 대비한 것으로 업무의 특성상 거시경제 변화에 민감할 수밖에 없어 경기변동이나 경제정책의 변화 또는 경제구조상의 변화 등의 경제여건 변화에 민감하다. 경기가 호전되면 경제활동이 활발해지고 이에 따라 경제규모가 커지면 그 수요는 증가하고 보험사고 발생은 감소하여 영업수지가 호전된다. 반면, 경기가 침체하는 경우 그 수요는 감소하고 보험사고가 증가하여 영업수지는 악화되는 특징이 있다.

로 인해 별반 관심이 없는 상태이다[3]. 이러한 추세로 미루어 보아 해외기관들은 당분간은 건설보증에 개입할 소지가 없는 것으로 예상된다.

국내 기관들의 경우 건설보증에 가장 근접해 있고 관심이 많은 국내 손해보험사의 경우 업무범위에 보증행위가 포함되어 있지 않다. 게다가 유일한 보증보험기관인 서울보증보험의 경우 대한보증보험과 한국보증보험의 통합에서 막대한 공적 자금이 투입되어 있는 상태이다. 따라서 보증시장을 관리하는 금융위원회에서는 부실한 서울보증보험의 손실보전을 위해 손해보험사의 보증업무 진출에 지금까지는 부정적인 입장을 취해왔다.

2) 건설보증기관 탄생 경과

(1) 열악한 금융여건

1950 · 60년대의 건설산업은 업계의 영세성과 부족한 기술력으로 인해 금융기관으로부터 차별적인 대우를 받고 있었으며, 관련 제도마저 건설업계에는 불리하게 작용하고 있었다. 1960년대 초에는 건설업체의 80%이상이 중소업체였으며, 자체 자본력, 신용, 경영능력, 실적 등 모든 면에서 영세성을 면하지 못하였다. 건설시장의 크기에 비해 업체가 난립하여 업체유지를 위한 덤핑, 담합 등의 출혈수주가 일반화되어 있었다. 이에 정부는 당시 1,400여개에 달하던 업체중 불건전한 건설업체를 정리하여 1962년 596개업체로 정비하였으나, 여전히 상당수 업체가 영세성을 면치 못하고 부실화 되는 등 많은 문제점을 가지고 있었다.

당시 건설공사 가운데 상당수가 시공업체의 자금 및 기술력 부족으로 인해 부실공사 분규가 자주 일어났다. 이로 인해 금융권에서는 건설업자에 대한 대출을 꺼리고 심지어는 건설업체에 대한 대출을 금지하는 내규를 만든 은행도 있어 일부 대형건설업체를 제외한 대부분의 건설업자들이 은행권의 이용이 어려운 실정이었다.

이렇듯 금융기관의 차별적 대우는 과다한 금융비용을 유발하여 당시 건설업체들의

3) 불합리한 건설관행이 많고 위험률이 높은 국내 건설공사에는 관심이 없고 조선산업 등 여타산업에서 보증서발급 업무 등을 하고 있으며, 역외보증기관 설립은 해외건설협회를 중심으로 추진 중에 있다.

건설활동을 제약하는 주요한 요인으로 작용하였다. 1961년의 경우 건설업계의 부채는 23억원에 가까운 막대한 금액으로 이중의 77.5%가 고리채였고 22.5%만이 은행융자였다. 1962년도 건설업계의 연간 공사비 총액은 약 150억원에 달했으나 건설업자의 자기자금 조달은 공사비의 38%이고 나머지 62%는 은행의 융자와 사채에 의존하고 있는 실정이었다.

게다가 건설 관련 제도조차 건설산업에는 불리하여 업계의 어려움을 가중시켰다. '예산회계법'에 의한 계약제도의 경우 입찰보증금, 계약보증금은 현금 · 자기앞수표 또는 국채로 대납하게 하였고 하자보수보증금은 현금으로만 예치토록 하여, 자금사정이 어려운 건설업계의 과중한 자금부담을 초래하였다. 1개 공사도급에 10/100의 계약보증금을 납부토록 되어 있고 준공 후에도 1~3년간 하자보수보증금으로 도급공사금액의 2/100~5/100의 금액을 예치하도록 되어 있어 업계의 자금 활용에도 큰 압박을 가하고 있었다.

〈표 4-5〉 금융권의 건설업체 융자실적

(단위 : 백만원, %)

구 분	1954	1955	1956
건설업	696	1,177	3,453
전체 대출대비 비중 (%)	2.3	1.7	2.7

자료 : 건설공제조합

건설업계의 어려운 사정은 건설금융기관의 자발적인 설립을 요구하게 되었고 이후 전문건설금융기관의 설립을 위한 건설산업계의 다양한 노력이 전개되었다.

(2) 상호보증융자제도 도입

건설업계의 자발적인 노력은 '상호보증융자제도'라는 첫 번째 결실을 맺게 되었다. 1949년 해방이후 지속되고 있는 건설업계 자금사정의 어려움을 해소하기 위해 대한토건협회가 건설보증제도의 원류라 할 수 있는 '상호보증융자제도'를 추진하게 된 것이다. '상호보증융자제도'는 자금 및 기술부족으로 부실공사 분규가 잦고 금융기관의 융자혜택을 기대할 수 없어 항상 자금사정이 열악하였던 당시 건설업계에서 금융의 경색을 자구적으로 타개하고자 추진된 제도이다.

비록 6·25 전까지 회원 18개사가 3,600만원을 융자받는 등 실적은 미미하였으나, 건설업체 스스로가 기존의 자금경색을 해소하고자 노력한 최초의 제도라는 점에서 그 의의를 찾을 수 있다. 회원 25명을 한 그룹으로 구성하여, 그룹당 5,000만원까지 제일은행이 융자해 주고 회원간 상호보증을 해주던 것이 '상호보증융자제도'의 골자이다. 하지만 이 제도는 6·25사변으로 인해 중단되었다.

(3) 건설보증을 위한 공제조합의 설립

건설산업에서 공제조합의 출발은 한국전쟁 이후 건설업체의 어려운 자금 사정을 타개하기 위한 노력에서 찾을 수 있다. 한국전쟁으로 파괴된 국토의 재건이 절실했던 당시 이러한 사업을 직접 수행한 건설업계는 심각한 자금조달의 애로를 겪었다. 당시 건설업계는 경영여건 악화를 개선하고자 관련 법 및 제도의 개선을 건의하였으나 무산되었다. 1954년 '한국건설업회'는 건설업계의 자금경색 완화와 건설업계가 안고 있는 당면문제의 해결을 위해 건설금융전담기관 설립을 제안하게 되었다. 하지만 건설업계의 지속적인 건설은행 또는 건설금고 형태의 건설금융전담기관 설립을 위한 노력에도 불구하고 정부 부처 간의 엇갈린 이해관계 등으로 인해 기관 설립은 결실을 보지 못했다.

건설업법 제정을 통해 설립된 건설협회는 1958년 3월 하자보수보증금 적립 제도에 대한 폐지와 20억원의 출자로 '건설금고 설치'를 건의했지만 국가의 취약한 재정과 금융기관의 반대로 무산되었다. 또한 건설업 자체의 '금융기관의 설립' 건의도 무산되었다. 건설업 은행 설립 요청은 1960년 4월에 「대한건설업회 공제사업 운영요강」을 승인받았으나 4.19 민주화혁명으로 무산되었다. 이후에도 건설 관련 금융기관의 설립 안건은 계속된 실패 속에서도 그 필요성을 지속적으로 제기함으로써 '건설금고의 설립을 위한 특별법' 제정이 추진되었다.

건설공제조합 법안이 재정경제위원회에 회부되어 1963년 7월 31일에 최종적으로 가결됨에 따라 「건설공제조합법」이 제정 및 공포가 되었다. 드디어 1963년 10월 21일 건설금융 전담기관인 건설공제조합을 설립하게 되었다. 건설공제조합의 자본금은 건설업자가 국가 또는 공공단체에 납입하고 있는 계약보증금 및 하자보수보증금 약 1억 8,000만원과 조합원이 될 자가 출자한 5,000만원을 기금으로 하여 설립되었다. 건설공제조합법은 건설공제조합의 역할과 관련한 내용을 다음과 같이 명시하고 있다. "영세한 건설업자의 자금난 확보를 용이하게 하기 위해서 조합원의 출자금 한도 내에서 조합원의 융자를 실시함으로써 건설자금 조달에 편의하도록 융자업무 취급을 허용한다."고 규정하였다. 따라서 건설업계의 경제적 어려움을 해소하고, 자금조달과 건설업 신용 공여의 일환으로 상호부조 성격의 공제조합이 설립된 것으로 볼 수 있다.

이후 1987년 전문건설공제조합이 설립되었고 1996년에는 다시 대한설비건설공제조합이 설립되어 건설전문 금융·보증 기관으로서 그 역할을 수행해 오고 있다.

(4) 건설보증을 위한 공제조합의 설립의 의의

「건설공제조합법」[4]은 당시 재무부가 다루어 오던 계약보증금 및 하자보수보증금 징수와 관리의 법적 근거인 「예산회계법에관한법령」의 규정을 배제할 수 있는 특별법이었다. 건설공제조합의 설립 의의는 당시 건설부의 법안 제안이유서(1963)에 잘 나타나 있다.

> 정부는 구정권시대에 난립하고 있던 불건전한 건설업체(1,400여업체)를 1962.5.17.을 기하여 563업체로 대폭 정비하고, 그 후 33업체를 추가 면허하여 1962.11.22.현재로 도급 596업체(576업자)가 되었는데, 이 현존하는 건설업체도 대개가 중소업체인 까닭에 영세성을 면치 못하고 있는 실정에 있으므로, 건전한 건설공사의 시공을 위해서는 이들 업체의 육성방안이 적극 강구되어야 할 것인 바, 현행제도상으로는 1개공사 도급시마다 도급금액의 10/100에 해당하는 계약보증금을 납부해야 할 뿐만 아니라, 준공시에는 1~3년간 하자보수보증금으로 도급공사금액의 2/100~5/100의 금액을 납부해야 하므로, 건설업자는 결국 운용자금조달에 급급하여 사채에 의존할 수밖에 없어, 경제적인 악 순환을 초래하고 급기야는 도산에 이르는 실정에 있으며, 또한 도산 직전에 있는 업자는 업체유지와 사채유인의 구실에 혈안이 되어 담합, 덤핑 등을 감행하는 까닭에 부실한 공사가 되어, 기업주인 국가 또는 공공단체에 해를 미치는 사례가 적지 않으므로, 이번 이 법에 의하여 **건설업자는 건설공제조합을 설치하여 공제조합으로 하여금 그들이 도급 받은 공사에 대한 계약보증 및 하자보수보증을 하게 하여 건설공사비 이외로 소요되는 금액의 부담을 경감시키고, 자금의 조달을 용이하게 하여 건설업자의 자금의 궁핍으로부터 오는 부작용을 제거함으로써 건전**

4) 현재는「건설산업기본법」에서 규정하고 있다.

한 건설업계를 육성하고자 하는 것이다. 〈자료: 건설공제조합 30년사〉

3) 건설관련 공제조합의 분화와 사업

건설공제조합은 1963년 설립된 이후 초기 사업은 조합법에 근거하여 국가 또는 공공단체에 납입한 계약보증금 및 하자보수보증금과 조합원의 출자금액으로 시작되었다. 사업범위는 계약보증과 하자보수보증 등의 보증사업, 자금의 융자 또는 융자 알선 등 크게 두 가지로 구분된다. 영세한 중소건설업체의 건설자금 조달에 편의를 제공하기 위해 조합원의 출자금 한도 내에서 조합원에 대한 융자가 가능하도록 융자업무 취급을 허용하였다.

1969년 1월 28일에 개정된 1차 조합법에 의하여 건설공제조합 사업이 일부 조정되었다. 첫째, 보증사업에서의 입찰보증입무 취급을 추가로 신설하였다. 둘째, '조합원의 건설공사용 기자재의 공급대행 그 알선 업무'는 법률 기재사항으로 신설하여 재정자금 차입을 제도화하였다. 1972년에는 조합의 건설금융 지원업무가 법률상 금융업으로 규정하는 영업세법 시행령을 개정하였다. 1975년에 운영자금 융자업무 근거를 마련하는 2차 조합법 개정이 이루어졌다. 이와 함께 선급금보증도 도입되었다. 1980년에는 3차 조합법이 개정되어 하도급 이행 보증이 추가로 실시되었으며, '기타 공사와 관련 있는 의무 이행에 필요한 보증'과 '조합원의 공사와 관련된 기술교육에 관한 사업'을 신설하였다. '어음할인'의 한도를 융자 한도에 포함하는 조항이 삽입된 것도 이 무렵이다. 1983년에 이루어진 4차 조합법 개정을 통해서는 보증종목의 확대가 이루어져 '기타보증의 종류와 범위 신설', 공제사업 신설이 이루어졌다. 끝으로 1984년과 1986년에 이루어진 5·6차 조합법 개정은 건설업 환경변화에 대응하여 '조합 기능의 다각화'를 염두에 두어 실시되었다. 개정된 내용은 '전문건설공제법 제정 및 조합 설립'에 관한 사항이다.

1987년 건설업 면허 개편으로 일반건설업과 전문건설업이 분리되어 전문건설업이 독자적인 영역으로 발전됨에 따라 1988년 건설공제조합에서 전문건설공제조합이 분리되었다. 1996년에는 전문건설공제조합에서 대한설비건설공제조합이 분리되어 현재의 3개 건설관련공제조합이 설립되어 영업활동을 하고 있다. 건설관련 공제조합은 개별법령 체제에서 건설산업기본법체제로 통합 운영되고 있다. 1994년, 종전의 건설업법을 승계 및 발전시킨 「건설산업기본법」의 제정으로 업역별 개별법에 의한 공제조합이 건설산업기본법 체제로 통합 운영됨으로써 개별 공제조합설치법은 폐지되었다.

1989년 면허개방으로 건설업체 수가 증가하고, 1996년에는 면허제에서 등록제로 전환되고 공제조합 출자의무화 규정이 폐지되고 임의화로 규제완화가 진행되었다. 임의화 이전에는 건설업 면허요건에 공사업종별로 공제조합 출자를 의무화하였으나, 임의화 이후에는 보증가능금액확인제가 도입되어 임의화에 따른 영향을 최소화하게 되었다. 공제조합의 주요 역할을 파악하기 위해서는 건설산업기본법 및 정관에서 정하는 공제조합의 업무내용을 참조해야 한다. 공제조합의 주 업무는 보증이며, 이에 부수되는 공제적 성격의 업무로는 융자 및 공제 등으로 구분되어 있다.

현재 정부에서는 협동조합의 활성화를 위한 정책을 추진 중에 있어서 많은 부문에서 협동조합의 설립신청이 증가하고 있는 추세이다. 공제조합의 경우 건설산업적 차원에서의 금융 공제형 협동조합의 성격을 가진다고 할 수 있다. 협동조합을 포함한 공제조합은 주식회사와 달리 지분액의 크기에 관계없이 1인 1표를 행사하는 시스템을 가지고 있는 종합건설업계의 상호부조조직으로서의 역할을 하고 있다. 이는 「건설산업기본법」 제56조에 규정되어 있으며, 건설공제조합의 사업범위는 각 조합의 정관에 구체화되어 있다. 주요 업무, 즉 보증, 융자, 공제를 중심으로 건설공제조합의 역할이 규정되어 있다. 아래와 같이 건설공제조합은 조합원을 위한 보증사업, 편익증진사업, 수익사업 등을 수행하고 있다.

〈표 4-6〉 건설관련공제조합의 사업내용

구 분		사 업 내 용
사업	조합원을 위한 금융사업	-조합원이 건설업을 영위함에 필요한 입찰보증·계약보증(공사이행보증을 포함)·손해배상보증·하자보수보증·선급금보증·하도급보증과 기타 대통령령이 정하는 보증 -조합원의 건설업영위에 필요한 자금의 융자 -민간투자사업법인을 위한 보증 및 융자 ·조합원이 건설공사대금으로 받은 어음의 할인 ·조합원의 공사용 기자재의 구매알선 ·조합원에 고용된 자의 복지향상과 업무상 재해로 인한 손실을 보상하는 공제사업 및 조합원이 영위하는 사업에 필요한 건설공사 손해공제사업 ·조합의 목적달성에 필요한 관련사업에의 투자
	조합원 편익증진사업	-건설업 경영 및 건설기술의 개선·향상과 관련한 연구 및 교육에 관한 사업 -건설관련 법안에의 출연 -조합원의 공동이용시설의 설치·운영 기타 조합원의 편익증진을 위한 사업 -조합원의 정보처리 및 컴퓨터운용과 관련한 서비스의 제공
	수익사업	-조합원이 「사회기반시설에 대한 민간투자법」에 따른 민간투자사업 등을 수행하고자 출연한 법인 등을 위한 보증 및 융자 -「부동산투자회사법」에 따른 부동산투자회사에 출자 또는 「체육시설의 설치·이용에 관한 법률」에 따른 「체육시설의 설치·경영, 부동산개발업의 관리 및 육성에 관한 법률」에 따른 부동산개발업, 「간접투자자산운용업법」에 따른 자산운용 회사 및 간접투자기구 등에 출자 또는 투자 등
	기타사업	-국가·지방자치단체 또는 정관이 정하는 공공단체가 위탁하는 사업 -상기의 사업에 부대되는 사업으로서 정관이 정하는 사업

3. 건설보증제도의 변화

외환위기 이후 2000년대 들어서면서 굵직한 건설보증 관련 정책변화가 있었다. 정부는 '공제조합 가입의 임의화'와 '이행보증의 도입', '보증가능금액 확인서 도입' 등 건설보증의 선진화를 위한 일련의 조치를 취해왔다. 관련 조합들의 강력한 반대로 무산되었지만, 「보험업법」의 개정(안)을 통해 공제조합에 대한 감독을 강화하려는 움직임까지 있었다.

1) 신용보증 제도로의 전환

1997년 외환위기 이후 국내 경기의 장기적 불황으로 기업과 개인의 파산이 급격히 증가하고 이로 인한 연쇄보증인의 연쇄부도가 사회적 문제로 대두되었다. 건설보증의 경우 건설공사규모가 큰 데다 채무자인 보험 계약자의 신용만으로 보증요구를 충족할 수 없는 경우가 대부분으로, 위험회피를 위해 연대보증인 제도를 이용하고 있었다. 하지만 연대보증인은 문제발생 시 결국 업체에게 과중한 부담이 되어 연쇄부도 등으로 이어지므로, 이러한 사태의 재발을 방지하기 위한 대책이 절실한 실정이었다.

이같이 연대보증인제도의 폐지는 불가피하지만, 공사중단, 공사지연이 발생할 경우 발주자가 선의의 피해를 입는 등의 부작용이 발생할 수도 있다. 이러한 문제점을 보완하고 신용중심의 보증으로의 전환이 특히 외환위기 이후 강력하게 제기되었다.

현재는 각 공제조합을 중심으로 기존의 약정연대보증인 제도가 단계적으로 폐지되어 신용보증제도로 전환되어 있다.[5] 그리고 국가계약법에서도 시공연대보증인 제도가 없는 계약보증과 공사이행보증의 제출을 요구하고 있다.

2) 공제조합 가입의 임의화

과거에는 건설업체들은 건설업 등록 시 공제조합에 반드시 가입하고 출자하도록 되어 있었다. 이로 인해 기존 공제조합의 신용평가나 보증한도 산정이 명확하지 않다거나 보증의 경쟁력이 취약하다는 등의 비판이 항상 제기되어 왔다. 규제개혁 차원에서 공제조합의 가입 의무화 규정을 없애고 보증시장의 경쟁력 제고가 필요하다는 주장이 꾸준히 제기되어 왔다. 결국 정부는 2000년 7월 건설공제조합의 가입을 임의화시켰고, 전문건설공제조합 및 대한설비건설공제조합도 2001년 7월부터 가입을 임의화시켰다.

당시 건설 관련 공제조합 가입의 의무화에서 임의화로 전환은 조합원의 대폭 감소

5) 건설공제조합은 이미 약정연대보증인 제도를 폐지하였다.

로 이어져 공제조합 운영에 상당한 손실을 줄 것으로 우려했었다.

3) 최저가 낙찰제도 및 공사이행보증제도의 도입

외환위기 이후 건설산업에서는 경쟁력이 없는 업체를 도태시키고 원활한 구조조정이 이루어지려면 입찰·계약방식의 개선이 필요하다는 인식이 팽배하였다. 이에 따라 우선 정부는 건설경기 하락에 따른 경영난을 해소하는 차원에서 선진화된 Global Standard의 최저가 입찰 방식을 도입하게 되었다. 적격심사의 최저 낙찰기준도 상향조정하였다. 아울러 최저가낙찰제도에서 생겨날 수 있는 저가 덤핑입찰과 부실공사 방지를 위해 공사이행보증제도를 도입하게 되었다. 1999년말 공청회를 거쳐 2000년 8월 정부는 이행보증제도의 수요기반 확충과 입찰제도 개선방안으로 1,000억 이상 공공공사에 대해 업체 선별 강화를 위한 이행보증증권 제출이 의무화되는 최저가 낙찰제를 우선 도입하고 향후 적용 대상을 단계적으로 확대한다고 발표하였다.

구체적인 내용은 다음과 같다. "2001년 1,000억 이상, 2002년 500억 이상, 2003년 100억 이상 공사로 확대해 이행보증 제출이 의무화된 최저가 낙찰제를 시행할 예정이다. 현행 PQ대상이 아닌 100억원 미만 공사에 대한 최저가 낙찰제 도입여부는 건설보증시장의 성숙도 등을 감안하여 2004년 이후에 검토하도록 한다. 이행보증증권제도의 원활한 이행을 위해 이행보증증권 제출이 의무화되지 않은 공사의 경우 이행보증증권방식을 우대토록 PQ·적격심사 시 보증방식에 따른 가점을 부여한다."

공사이행보증제도는 건설회사가 공사도중 부도 등으로 공사를 더 이상 수행할 수 없을 경우 보증기관이 책임지고 공사를 완공시켜 주겠다는 것을 보증하는 제도이다. 이는 과거 시공연대보증인이 수행하던 역무적 역할까지를 포함하는 보증인 셈이다. 그 전에는 공공건설공사의 계약보증은 연대보증인을 세우고 계약금액의 10%에 해당하는 보증서를 제출하는 방식으로 이루어져 왔고, 이는 외환위기 이후 연쇄도산의 주요 요인으로 작용하였다.

이행보증이 의무화된 최저가제도는 건설업체의 경영수주전략에 큰 영향을 미쳤을 뿐더러, 이후 건설보증 체계에도 많은 변화를 가져왔다. 이행보증의 도입은 보증기관의 위험부담이 가중되는 것이므로, 보증기관의 인수능력, 신용평가, 공사관리, 사고처리 등의 능력을 제고시키는 계기가 되었다.

그러나 당초 계획과는 달리 입찰제도 및 이행보증기반의 취약으로 2002년 500억이상 공사까지 대상을 확대 등 단계적 확대 계획은 상당시간 지연되었다. 현재는 300억 이상 종합심사제공사, 설계-시공 일괄입찰, 대안입찰, 기술제안형 입찰에서 이행보증증권의 제출이 의무화되어 있다.

4) 보증가능금액 확인서의 도입

건설업을 영위하려면 업종별로 1억~10억원의 자본금을 갖추어야 한다. 하지만 등록 後 개별업체에 대한 이의 충족여부를 확인할 수 없어, 실제 공사수행은 없이 입찰브로커의 역할만 하는 부실·부적격업체가 급증하였다. 특히 소규모공사에서 시공실적을 따지지 않는 등의 입찰방식으로 인해 수주만을 목적으로 하는 업체수가 급증하자, 정부는 건설업 등록신청 시 법정자본금 상당액의 보증가능금액확인서를 건설교통부장관이 지정하는 보증기관으로부터 발급 받아 관할관청에 제출하도록 하였다.[6]

보증가능금액 확인서 제도 도입 당시의 구체적 내용은 다음과 같다. 보증기관이 개별업체의 신용도, 재무상태, 담보제공상태, 자금예치상태 등을 종합적으로 평가하여 당해 업체에 대하여 보증서를 발급해 줄 수 있는 보증한도금액을 확인하도록 하는 제도이다. 신용도, 재무상태가 우량한 업체의 경우 최저한도의 담보제공 또는 자금예치만으로도 보증가능금액확인서를 발급하고 신용도, 재무상태 부실업체의 경우 법정자본금에 가까운 담보제공 또는 자금예치가 필요하도록 한다. 신용도나 재무상태가 부실한 업체의 경우 법정자본금에 가까운 담보나 자금을 예치해야 하므로, 부적격한 건설업체를 건설산업에서 걸러내는 자율적인 정화기능을 수행할 수 있다는 취지이다. 보증가능금액확인서 도입목적이 부실업체 퇴출을 통한 건설산업 구조조정에 있으므로, 발급기관의 책임성을 제고하기 위해 3개 공제조합과 서울보증보험(주)이 발행기관으로 지정되었다.

6) 기존 업체의 경우에도 매 1년마다 새로이 제출하여 확인하도록 하였고 발급기관이 관할관청에 발급내용을 서면 통보하는 경우 이에 갈음하였다.

이 제도는 미국의 면허보증에서 그 아이디어를 얻어 앞서 언급한 취지에 부합하게 제도화한 것이다. 건설 관련 공제조합은 조합 가입 임의화로 인한 조합원 이탈과 영업상의 애로를 우려했으나, 보증가능금액 확인서의 도입으로 이러한 문제는 불식되었다.

5) 보험업법(안)의 개정 시도

정부는 금융의 자율화·겸업화·세계화 추세 확대 및 소비자 권익 강조 등 보험환경이 급변함에 따라, 규제완화·계약자보호장치 강화·감독체계 선진화 등을 통해 보험제도를 Global Standard에 부합되게 정비할 필요가 있다고 판단하고 1977년 이후 25년만에 공제관련 규정을 포함한 「보험업법」의 전면개정을 추진하였다.

당시 정부가 생각한 개정배경 등 주요 내용은 다음과 같다. 정부는 우체국보험, 농협공제 등 유사보험이 보험시장에서 차지하는 비중이 크게 증가하고 있으며, 공제조합은 민영보험에 비해 감독이 미흡하여 계약자보호 등에 문제가 발생할 소지가 크다고 지적하였다. 공제조합 관련 주무부처(농림부, 정통부, 건교부 등)가 검사·감독하고 있으나, 감독기준이 민영보험사에 비해 완화되어 있는 등 감독 미흡하다는 문제의식을 가지고 있었다. 즉, 상대적으로 공제의 금융리스크가 크게 증가하고 있으나 건전성기준 및 예금자보호제도 미흡 등으로 부실화되었을 때 사회적인 문제로 비화될 우려가 있었다. 또 건전성 기준, 모집 방법, 공시 등에 있어 보험업법의 적용을 받지 않아 민영보험사와 불공정 경쟁 논란이 끊임없이 제기되고 있었다. IMF(Internation Money Fund), WB(World Bank) 등은 우리나라 공제의 감독미흡에 대해 지속적으로 문제를 제기하였다. 따라서 관계부처와 협의하여 일정요건에 해당하는 공제 등에 대하여는 보험업법 중 일부 규정을 적용하여 감독을 강화하는 방안을 확정하여 관련법에 반영하였다. 보험업법(안)이 원안대로 통과될 경우, 기존의 건설공제조합은 재정경제부와 금융감독원의 통제 하에 놓이게 되어 건설교통부와 재정경제부의 이원화된 감독을 받게 된다.

하지만 정부의 이러한 노력은 당시 관련 공제조합들의 이해관계 때문에 강력한 반대에 부딪쳐 무산되고, 개별법에 의한 관리 감독체제가 그대로 유지되게 되었다.

4. 건설보증시장의 구조

1) 건설보증시장 개관

(1) 건설보증시장의 경쟁구조

① 독점 시장 구조

건설공제조합은 1963년 설립 이후 건설산업에서 독점구조 하에 보증서비스를 공급해왔다. 모든 건설업체가 조합에 의무적으로 조합원으로 가입해야 했고, 조합은 조합원들에게 보증서를 발급해 주었다. 이후 1969년에 설립된 대한보증보험(주)이 있었지만, 공제조합 가입의무화로 건설업체들은 굳이 대한보증보험을 이용할 유인이 별로 없었다. 또한 보증보험회사 입장에서는 건설보증에 대해서는 리스크가 크다는 이유 때문에 건설보증에 대한 관심이 별반없는 상태였다.

② 시장분할적 독점시장 구조

건설공제조합의 독점은 건설산업 구조개편에 따라 자연스레 변화되었다. 1975년 단종면허 신설로 전문건설업종이 생겨나면서 1989년 전문건설공제조합이 설립되었고, 1996년 이로부터 분리된 대한설비건설공제조합이 설립되면서 자연스레 시장분할적인 독점구조가 형성되었다. 당시에는 전문건설업체는 전문건설공제조합에 가입을, 기계설비건설업체는 대한설비건설공제조합에 의무적으로 가입을 해야 했기 때문이다.

③ 독과점 경쟁시장구조

2000년 7월의 건설공제조합 가입 임의화를 시작으로 2001년에는 전문건설공제조합과 대한설비건설공제조합의 가입이 임의화되는 등 제도적으로는 경쟁체제에 돌입하였다. 게다가 이행보증시장을 놓고 서울보증보험(주)의 공격적인 보증 인수로 인해 경쟁이 본격화되었다.

2007년 건설산업의 구조개편의 일환으로 겸업제한이 철폐되었다. 이에 따라 건설업체들은 면허 요건만 갖추면 일반건설 이든 전문건설이든 기계설비건설이든 다양한 건설업을 영위할 수 있게 되었다. 이는 당연히 건설보증시장에도 영향을 미쳐 조합원 구성에 변화를 초래하였다. 따라서 공제조합은 시장 분할적 독점 체제가 붕괴되고 각자의 영역에서 독점력을 가지고 경쟁적으로 영업할 수 있게 되었다. 예상보다 조합원 구조의 변화는 미미하였지만, 과거의 독점력이 약화된 것으로 보인다.

④ 소수에 의한 독점적 경쟁시장 구조

이제 국토교통부가 2018년부터 추진 중인 건설생산 혁신에 따라 종합건설, 전문건설, 기계설비건설의 영업범위가 대폭 완화된다면 건설 관련 공제조합간의 경쟁은 더욱 가속화될 것으로 보인다. 이제는 업역의 구분이 모호해지므로 건설업체는 자유롭게 건설보증기관을 선택할 것이기 때문이다.

(2) 건설보증시장의 규모

① 전체 보증시장 규모

2019년 9월의 건설보증을 포함한 우리나라 전체 보증시장의 규모는 614조 9,546억원에 달하고 있으며, 주요 보증기관으로는 보증보험과 보증기금, 은행 및 공제조합 등을 들 수 있다. 보증기관 중 가장 높은 실적을 차지하고 있는 기관은 서울보증보험(54.30%)이며, 다음으로 공제조합(21.33%)과 보증기금(15.19%), 은행(9.18%)의 순이다. 이중 건설보증을 취급하는 전문보증기관으로는 건설 관련 공제조합과 서울보증보험을 들 수 있다.

〈표 4-7〉 보증시장 현황(2019.09.30. 기준)

(단위 : 억원)

(서울)보증보험		보증기금		은행		공제조합		총계	
보증잔액	%	보증잔액	%	보증잔액	%	보증잔액	%	보증잔액	%
3,339,000	54.30	934,000	15.19	564,546	9.18	1,312,000	21.33	6,149,546	100.0

자료 : 한국주택금융공사, 금융위원회 및 각 기관 통계연보.

서울보증보험[7]은 보험업법에 의해 손해보험기관으로 분류되고 있으며, 공제조합은 유사보험기관[8])으로 분류되고 있다. 유사보험이란 보험사업을 영위하면서도, 보험업법상 금융감독위원회의 허가를 받지 않고 개별법이나 민법 등에 의해 설치된 여타기관이 영위하는 보험을 말한다. 2000년대 초반 정부는 공제조합 등을 유사보험기관으로 규정하고 「보험업법」을 통한 단일화된 감독·통제 방안을 검토한 바 있으나 관련 공제조합의 반발 등으로 무산된 바 있다.

② 건설보증 시장 규모

건설산업에서 주요 보증기관인 3대 건설 관련 공제조합과 서울보증보험㈜의 보증실적은 전반적으로 건설경기변동과 밀접하게 연관되어 있다. 과거 외환위기 이후 감소하다가 다시 회복되는 추세를 보였고 특히 서울보증보험의 점유율이 높아졌었다. 이후 글로벌 금융위기때 위축되는 경향을 보이다 5~6년 전부터 주택경기 활황 등으로 지속적인 증가세를 보이다 최근 주춤하는 추이를 보이고 있다.

2018년 현재 기준으로 보면, 건설공제조합의 보증실적이 33조 8,620억원으로 41%, 그다음으로 전문건설공제조합이 14조 3,770억원으로 18%, 서울보증보험(주)이 13조 453억원으로 16%, 기계설비건설공제조합이 2조 5,611억원 3% 시장점유로 나타나고 있다. 그리고 엔지니어링공제조합이 9조 6,912억원으로 그 비중이 12%나 되는 것으로 나타나고, 주택도시보증공사도 8조 2,719억원으로 10%로 나타난다. 서울보증보험은 주로 보증한도가 초과된 건설업체에 대한 보증과 「건설산업기본법」에서 보증이 제한되는 부분에 대한 보증실적이 많은 것으로 알려져 있다.

눈에 띄는 것은 엔지니어링 공제조합의 보증실적인데, 이는 최근들어 엔지니어링공제조합의 공격적인 영업전략에 기인한 것으로 보인다. 서로 다른 개별법 즉, 「건설산업기본법」이 아니라 「엔지니어링진흥법」에 근거해서 영업활동을 하는 여건을 활용하여 적극적인 활동이 가능한 것으로 보인다.

7) 보증보험의 근거법은 보험업법 제4조에 의해 보증보험은 상법상 전형보험이 아닌 행정규제 법인 보험업법에 의하여 인정된 보험이고, 업종 분류상 손해보험회사에 포함되어 있어 일반적 규제와 감독은 타 손해보험회사와 동일하다.

8) 보험학에서는 ① 손해의 결합(Pooling of Losses), ② 우연한 손해(Fortuitous Losses), ③ 위험의 전가(Risk Transfer), ④ 손해보상(Indemnification)과 같은 보험의 4가지 기본특성중 한가지 이상을 결여한 경우, 보험유사시설로 규정하고 있다. 이론상으로 보험기술적 요건을 완전히 구비하지 못한 전근대적인 공제형태의 상보보험조직이 영위하는 보험을 유사보험이라고 말한다. 소규모 상호보험조합, 공제, 비합리적인 자기보험 등이 여기에 속하게 된다.

〈그림 4-2〉 2018년 건설보증기관별 보증실적

(단위 : 억원)

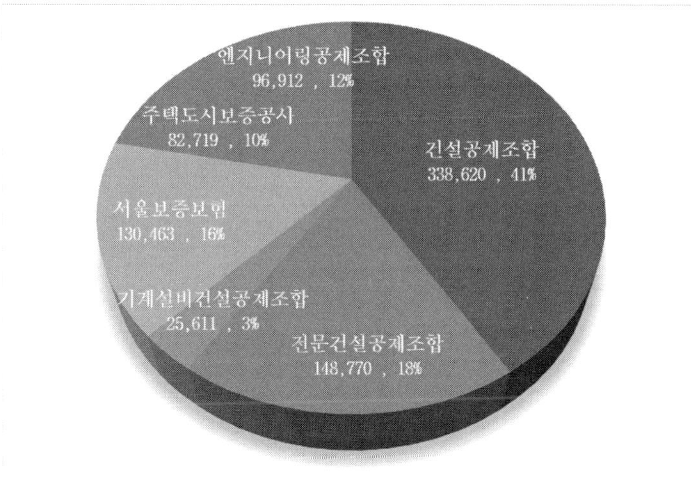

출처: 삼일회계법인(2020).

〈표 4-8〉 건설보증시장 현황(2018)

(단위 : 백만 원)

보증종류		건설공제조합	전문건설 공제조합	기계설비 건설공제조합	서울보증보험
공공공사	입찰보증	1,276,557	331,102	31,285	-
	계약보증	3,704,007	1,986,916	218,049	-
	공사이행보증	5,313,438	58,486	-5,351	-
	하자보수보증	1,541,532	442,753	47,532	-
	선급금보증	7,998,186	1,535,187	59,930	-
	하도급대금지급보증	5,698,013	9,771	-	-
	인허가보증	172,396	7,836	43	-
	임시전력수용예납보증	25,379	5,373	37	-
	건설기계대여보증	488,907	524,137	-	
	기타	3,255,761	349	-	-
	소 계	29,474,176	4,901,910	351,525	-
민간공사	입찰보증	1,055,583	541,973	177,717	-
	계약보증	1,876,739	5,370,132	1,180,789	-
	공사이행보증	-	-	-	-
	하자보수보증	854,491	2,211,953	630,647	-
	선급금보증	600,831	1,579,540	204,262	-

〈표 4-8〉 계속

보증종류		건설공제조합	전문건설 공제조합	기계설비 건설공제조합	서울보증보험
민간공사	하도급대금지급보증	-	93,301	6,054	-
	인허가보증	160	-	-	-
	임시전력수용예납보증	-	35	-	-
	건설기계대여보증	-	178,183	2,719	-
	기타	-	-	7,299	-
	소 계	4,387,804	9,975,116	2,209,487	-
합 계		33,861,980	14,877,026	2,561,012	1,304,630

출처: 각 기관별 통계연보

③ 공사이행보증 시장 규모

정부는 보증시장의 연대보증인 제도 등 인적 보증에 의한 보증시장을 신용보증으로 전환하는 등 보증시장의 선진화에 부응하기 위해 이행보증제도를 도입하였다. 2000년 8월 '건설산업 경쟁력 강화방안'을 통하여 1,000억원 이상의 P·Q 공사부터 적용하여 단계적으로 확대하되, 2001년부터는 공사이행보증서의 발급을 의무화한 최저가 낙찰제를 도입하였다. 이로 인해 이행보증시장에서 경쟁이 가시화되었고, 건설공제조합과 서울보증보험(주)의 경쟁이 본격화되었다.

시행 초기인 2002년 7월말 기준 계약이 이루어진 최저가 낙찰 대상공사의 이행보증실적을 보면, 총 57건의 공사중 건설공제조합이 24건, 서울보증보험(주)이 33건을 인수하였다. 서울보증보험(주)은 공사이행보증에 대한 수수료율을 대폭 인하하는 등 공격적으로 공사이행보증시장에 진출하였다.[9] 공제조합과 서울보증보험(주)는 보증대상에서부터 보증상품의 종류 등 경쟁조건에서 많은 차이점을 보이고 있어 동일한 시장에서 동일한 수요자를 대상으로 한 공정한 경쟁이 사실상 불가능한 실정이다.

2018년 현재 공사이행보증 총 인수실적은 5조 8,374억원으로 나타나고 있다. 2007년 300억 이상 최저가 낙찰 공공공사까지 공사이행보증 제출이 확대되면서 이행보증실적이 급격히 증가하여 2011년 9조 4,968억 원으로 최고치를 기록한 뒤, 매년 8조여 원의 규모가 2015년까지 지속적으로 유지되었다. 2016년부터는 감소하는 추세를

9) 서울보증보험(주)은 상대적으로 할인과 할증에 있어 그 폭과 융통성 및 재량권이 크다.

보이고 있다. 공사이행보증의 인수실적을 보면, 건설공제조합이 전체의 공사이행보증 인수실적의 80.2%를 차지하고 있으며, 서울보증보험이 16.33% 등 전체의 96.5%를 차지하여 공사이행보증시장을 양분하고 있다.[10]

〈표 4-9〉 공사이행보증 연도별 보증실적

(단위: 억원, %)

연도	합계	건설공제조합		서울보증보험		전문건설 공제조합		기계설비 건설공제조합	
		금액	점유율	금액	점유율	금액	점유율	금액	점유율
'07년 이전	73,786	73,786	100.00	-		-		-	-
2007년	80,201	65,900	82.20	14,204	17.70	97	0.10	-	-
2008년	79,892	65,401	81.90	13,771	17.20	720	0.90		-
2009년	114,969	92,497	80.50	22,240	19.30	207	0.20	25	0.02
2010년	64,472	49,911	77.40	14,457	22.40	83	0.10	21	0.03
2011년	94,968	73,323	77.20	21,359	22.50	125	0.10	161	0.17
2012년	87,842	67,511	76.90	19,262	21.90	886	1.00	183	0.21
2013년	84,748	69,420	81.90	14,742	17.40	509	0.60	77	0.09
2014년	83,513	68,742	82.30	14,134	16.90	467	0.60	170	0.20
2015년	82,194	67,281	81.90	14,432	17.60	288	0.40	193	0.23
2016년	70,444	53,806	76.38	11,926	16.93	485	0.69	4,227	6.00
2017년	75,618	67,814	89.68	6,379	8.44	566	0.75	859	1.14
2018년	58,374	53,134	91.02	4,708	8.07	585	1.00	-53	-0.09
'07-'18	1,051,021	868,526	82.64	171,614	16.33	5,018	0.48	5,863	0.56

출처: 건설공제조합 내부자료

2) 수요: 법규에 근거한 보증수요

(1) 국가계약법에 의한 보증수요

건설공사에서 보증수요는 특히 공공공사의 경우 보증서 제출이 의무화되어 있는 정부 규정에 의해 창출된다. 이는 미국의 경우도 마찬가지로 밀러법에 의해 이행보증 등의 제출이 의무화되어 있다.

10) 그 외 정보통신공제조합, 전기공사공제조합(공사이행보증), 엔지니어링공제조합(계약이행보증)에서도 유사하게 이행보증을 운용하고 있다.

정부입찰공사의 입찰 및 계약 단계에서는 보증금을 납부해야 한다. 「국가를 당사자로 하는 계약에 관한 법률(이하 국가계약법이라 함)」 제12조에서 계약상대자가 계약상의 의무를 이행하지 못하는 경우를 대비하여 계약보증금을 납부하도록 규정하고 있다. 국가계약법에서는 성실한 계약이행 담보를 위해 계약상대자로부터 계약체결시 계약보증금을 받도록 규정[11]하고 있다. 국가계약법에서는 다음의 2가지 계약보증금 납부 방법을 명시하고 있다. i) 계약금액의 15% 계약보증금 납부, ii) 공사이행보증서[12] 제출 중 하나를 선택하도록 하고 있다.

지난 수십년간 경제·사회적 여건 및 산업환경의 변화에 대응하여 정부계약제도를 지속적으로 개선하여 왔고, 이에 따라 보증관련 제도도 변화되어 왔다. 오랜 기간 동안 재정집행의 효율성과 건설산업 선진화와 관련하여 정부계약제도의 개선 필요성이 제기되어 왔다. 이에 따라 공공건설공사 낙찰제도는 경제여건이나 시장상황에 따라 최저가낙찰제도의 도입-보완-폐지를 반복하면서 부찰제,[13] 제한적 최저가낙찰제,[14] 적격심사제 등이 보완적으로 운영되어 왔다. 2016년부터는 최저가 낙찰제가 폐지되고 종합심사제가 도입되어 운영되고 왔다.

11) 부가적으로 각종 공사보험도 필요하다.
12) 여기서 공사이행보증(performance bond)은 계약상대자가 부도 등으로 공사를 수행하지 못할 경우 보증회사가 공사를 완료할 것을 보증한다.
13) 부찰제: 예정가격의 80% 또는 85% 이상 입찰한 자의 평균치에 근접한 입찰자를 낙찰자로 선정
14) 제한적 최저가낙찰제: 낙찰률 하한선 이상 입찰자 중 최저가 입찰자를 낙찰자로 선정

〈표 4-10〉 정부공사 낙찰제도 변천 연혁

기 간	낙 찰 제 도	비 고
1962.1.~1971.12	▸ 최저가 낙찰제	· 미군정 회계제도 및 일본 제정법 영향으로 최저가 낙찰제 도입
1972.1.~1975.12	▸ 부찰제	· 담합 등 입찰질서 문란, 1차 석유파동에 따른 건설경기 침체
1976.1.~1981.2	▸ 최저가 낙찰제	· 중동 건설시장 활황에 따른 건설경기 회복
1981.3.~1983.3	▸ 부찰제	· 2차 석유파동에 따른 건설경기 침체로 한시적 도입
1983.4.~1990.3	▸ 최저가 낙찰제+저가심의 ▸ 부찰제	· 덤핑 방지를 위해 저가심의 도입 · 소규모 공사는 부찰제 적용
1990.4.~1993.2	▸ 최저가 낙찰제+저가심의	· 부찰제 폐지 및 저가심의를 병행하는 최저가 낙찰제 전면시행
1993.2.~1995.7	▸ 최저가 낙찰제 ▸ 제한적 최저가 낙찰제	· 가심의 폐지 · 소규모 공사는 제한적 최저가 낙찰제 적용
1995.7.~1999.9	▸ 적격심사제 ▸ 제한적 최저가 낙찰제	· 정부조달협정 가입으로 기술위주 낙찰방법인 적격심사제 도입 · 소규모 공사는 제한적 최저가 낙찰제 적용
1999.9.~2000.12	▸ 적격심사제	· 제한적 최저가 낙찰제 폐지 및 적격심사 전면 시행
2001.1.~2003.12	▸ 최저가 낙찰제 ▸ 적격심사제	· 적격심사 변별력 저하, 건설산업 구조조정 등을 위해 1,000억원 이상 PQ공사에 최저가 낙찰제 도입
2003.12.~2006.5	▸ 최저가 낙찰제+저가심의 ▸ 적격심사제	· 덤핑입찰 방지를 위해 저가심의(객관적인 입찰가격 비교) 도입 · 최저가 낙찰제 적용 대상 확대(500억 원 이상 PQ공사)
2006.5.~현재	▸ 최저가 낙찰제+저가심의(2단계) ▸ 적격심사제	· 저가심의 실효성 강화를 위한 주관적 심사(절감사유 적정성 평가) 도입 · 최저가 낙찰제 적용 대상 확대(300억 원 이상 모든 공사)
2010.10.~현재	▸ 물량내역수정입찰 ▸ 순수내역입찰	· 2010년까지 1,000억 이상, 2011년까지 500억원 이상 · 2012년부터 300억원 이상 단계적 실시
2012.1.~	▸ 최저가 낙찰제 ▸ 적격심사제	· 최저가 낙찰제 적용 대상 확대(100억 원 이상 모든 공사)
2014.10.~	▸ 종합심사제+최저가 낙찰제 ▸ 적격심사제	· 종합심사제 시범사업 후 확대 적용 예정(300억 원 이상 공사)

자료: 감사원(2010) 일부 수정, 보완

특히 공사 이행보증과 관련해서 「국가를당사자로하는계약에관한법률」 시행령 제52조에서는 2010년 개정을 통해 계약상 의무이행을 보증하는 총공사 금액의 15%에 해당하는 계약보증금을 현금으로 또는 이에 상응하는 계약보증서를 납부토록 규정하고 있다. 혹은 40% 증거금률의 공사이행보증을 납부하도록 하고 있다. 구체적으로는 아래 표에서 보듯이, 300억원 이상 공사 즉 종합심사제 대상 공사 및 일괄·대안·기술제안 입찰 공사에서는 발주자에게 40% 이행보증을 납부해야 한다. 그 이하 규모 공사 즉 적격심사대상 공사에서는 15% 계약급보증 또는 40% 공사이행보증을 납부하면 된다.

〈표 4-11〉 현행 건설보증서 제출 의무

	현 행	비 고
·300억원 이상 공사 (종합심사제) ·기술제안입찰 등	40% 공사이행 보증서 의무납부	
·턴키·대안 입찰	40% 공사이행 보증서 의무납부	
·300억원 미만 공사	① 15% 계약보증금 ② 40% 공사이행보증서 제출 중 택일	연대보증인 없어짐

〈국가계약법 제52조 (공사계약에 있어서의 이행보증)〉

① 각 중앙관서의 장 또는 계약담당공무원은 공사계약을 체결하고자 하는 경우 계약상대자로 하여금 다음 각 호의 어느 하나에 해당하는 방법을 선택하여 계약이행의 보증을 하게 하여야 한다. 다만, 각 중앙관서의 장 또는 계약담당공무원은 공사계약의 특성상 필요하다고 인정되는 경우에는 계약이행보증의 방법을 제3호에 따른 방법으로 한정할 수 있으며, 제42조제4항제1호, 제6장 및 제8장에 따른 공사계약인 경우에는 반드시 제3호에 따른 방법으로 계약이행을 보증하게 하여야 한다. 〈개정 1999. 9. 9., 2000. 12. 27., 2006. 5. 25., 2010. 7. 21., 2018. 12. 4.〉

1. 삭제 〈2010. 7. 21.〉

2. 계약보증금을 계약금액의 100분의 15 이상 납부하는 방법

3. 제50조제1항 내지 제3항의 규정에 의한 계약보증금을 납부하지 아니하고 공사이행보증서[해당공사의 계약상의 의무를 이행할 것을 보증한 기관이 계약상대자를 대신하여 계약상의 의무를 이행하지 아니하는 경우에는 계약금액의 100분의 40(예정가격의 100분의 70미만으로 낙찰된 공사계약의 경우에는 100분의 50)이상을 납부할 것을 보증하는 것이어야 한다]를 제출하는 방법

② 각 중앙관서의 장 또는 계약담당공무원은 제1항 본문에 따라 계약이행을 보증한 경우로서 계약상대자가 계약이행보증방법의 변경을 요청하는 경우에는 1회에 한하여 변

경하게 할 수 있다. 〈신설 2006. 5. 25., 2010. 7. 21.〉

③ 삭제 〈2010. 7. 21.〉

④ 기획재정부장관은 제1항의 규정에 의한 공사이행보증서의 제출등에 관하여 필요한 사항을 정할 수 있다. 〈신설 1999. 9. 9., 2006. 5. 25., 2008. 2. 29.〉

⑤ 제1항 내지 제4항의 규정은 용역계약의 경우에 이를 준용할 수 있다. 〈신설 1996. 12. 31., 1999. 9. 9., 2006. 5. 25.〉

향후 건설보증에서 계약관련 보증은 이행보증이 대세를 이룰 것으로 전망된다. 공사이행보증서에 대하여 「국가계약법시행령」 제2조 4항에서는 '공사계약에 있어서 계약상대자가 계약상의 의무를 이행하지 못하는 경우 계약상대자를 대신하여 계약상의 의무를 이행할 것을 보증하되, 이를 보증한 기관이 의무를 이행하지 아니하는 경우에는 일정금액을 납부할 것을 보증하는 증서'로 정의하고 있다. 또한, 「국가계약법시행령」 제52조(공사계약에 있어서의 이행보증) 및 시행규칙 제66주에서 공사이행보증서의 발급 및 보증기관의 의무 이행에 대하여 명시하고 있다. 「국가계약법시행령」 제52조 제1항 제3호와 시행규칙 제66조에 의거하여 「정부 입찰·계약 집행기준」에서는 공사이행보증과 관련한 공사이행보증서의 발급 및 보증기관의 보증채무의 범위, 이행방법과 절차, 채권 소멸 등을 명시하고 있다.

(2) 건설공사 단계와 보증수요

건설공사의 경우 건설업체가 계약을 이행하지 못할 경우 발주자(건설수요자)는 막대한 손해를 볼 수 있기 때문에 건설업체에게 공사계약에 대한 담보책임을 부담시키고 있다. 이에 따라 공사 입찰, 계약, 준공 등 건설공사 단계별로 다양한 건설보증수요가 존재한다. 〈그림 4-3〉에서 보듯이 먼저 공사입찰단계에서는 공사입찰 참가시 예치하는 입찰보증금에 대한 입찰보증이 있다. 그 다음 낙찰자가 결정되면, 낙찰자와 도급공사계약 체결과정에서 계약을 위한 계약보증이 있다. 또 현재는 없어졌지만, 예정가격 85%미만으로 낙찰한 공사의 차액에 대한 차액보증이 있었다. 그리고 시공과정에서 발주자가 공사대금의 일부를 선급할 때 그 선급금에 대한 선급금지급보증이 있다. 그리고 공사 시공 중 발생한 제3자의 피해에 대한 손해배상보증이 있다. 그 외에도 공사 준공 시 예치하는 하자보수에 대한 하자보수보증이 있다.

하도급자와 관련된 담보책임으로 원수급인에게 하도급대금지급 보증서를 제출하도록 하고 있다. 원도급업자가 하도급을 줄 때에도 하도급공사에 대해 입찰보증, 계약보증, 하자보수보증 등을 요구한다.

〈그림 4-3〉 건설공사 단계별 보증

입찰공고

입 찰 — 입찰보증(입찰금액의 5% 이상)

계약체결 — 계약보증(계약금액의 15% 이상)

또는 공사이행보증서(계약금액의 40~50% 이상)

선금지급 — 선금급보증(선금액과 이자분) : 기성금 지급후 공사 실적 여부
하도금대금지급보증(하도급거래공정화법에 따라 대상 및 금액 결정)

준공검사

하자보수보증(공종별로 상이)

공사대금 지급

〈표 4-12〉 공사시공 관련 보증

보 증 종 류	보 증 내 용	보 호 대 상 자
입찰보증	낙찰자가 계약을 체결하지 않을 경우의 손실보증	발주자
계약보증	도급 공사의 계약 의무를 이행하지 못할 경우의 금전배상에 대한 보증	발주자, 원수급자, 하수급자
공사이행보증	도급받은 공사의 계약상 의무를 이행하지 못하는 경우 계약이행의무를 부담하거나 의무이행을 하지 아니할 경우 일정금액을 납부할 것을 보증	발주자, 원수급자, 하수급자
선급금보증	선급 수령자의 선금 반환채무 불이행에 대한 보증	선금 지급자 (발주자 등)
하자보증	시공자의 하자보수 불이행에 대한 보증	발주자, 원수급자, 하수급자
하도급대금 지급보증	원수급인이 대금 지급의무를 이행하지 않을 경우 하도급 대금지급 보장	하수급자, 재하수급자
포괄대금 지급보증	하도급대금, 자재 및 장비대금, 재하도급대금 및 이의 자재, 장비대금에 대한 지급	하수급자, 장비 및 자재 공급자, 재하수급자
기타보증	차액보증, 사업이행보증, 시공보증, 손해배상보증, 유보기성금보증, 지급보증의 보증, 대출보증, 리스보증, 인허가보증 등	

3) 공급: 공제조합 중심의 보증공급

(1) 건설보증 공급기관

국내 건설보증의 공급은 건설 관련 공제조합들과 서울보증보험에 의해 주로 이루어지고 있고, 건설업체의 요구 시 은행이 소규모의 지급보증 등을 시행하고 있다.

보증관련기관[15]으로는 공제조합이나 보증보험 같은 보증전문기관과 은행 같은 유사보증기관을 들 수 있으며, 각자의 특성에 따라 독점적 혹은 공통적 영역에서 다양한 보증업무를 영위하고 특정 시장에서 차별적 우위를 유지하고 있다. 신용보증기금을 비롯한 공공 보증기금은 중소기업 대출보증 시장에서, 은행은 대기업 대출보증 시장에서, 공제조합은 이행보증 시장에서, 보증보험은 사채보증 시장과 최근 이행보증시장 등에서 각각 주도적인 역할을 하고 있다.

건설보증 공급자로는 업종별 공제조합과 서울보증보험, 신용보증기금, 은행 등을 들 수 있다. 그러나 신용보증기금과 은행 등을 통한 건설보증의 공급은 그 실적이 아직 미미한 실정이며, 대한주택도시보증공사의 경우에는 주로 공동주택에 대한 보증에 전문화되어 있어, 건설보증시장의 주요 공급자라 함은 건설 관련 공제조합과 서울보증보험이라 할 수 있다.

건설보증기관 관련 법규는 건설산업기본법에 그 근거를 두고 있다. 「건설산업기본법」 제54조에서는 각종 보증과 자금융자 등을 위해 건설업자는 공제조합을 설립할 수 있다고 규정하고 있다. 이에 따라 각종 보증과 자금융자 등을 위해 종합건설업체는 건설공제조합을, 전문건설업체는 전문건설공제조합 또는 업종별공제조합을 설립할 수 있다. 아울러 「동법 시행령」 제56조에서 보증대상 및 내용 등에 관해 규정하고 제57조에는 보증한도에 대해 규정하고 있다. 한편 「건설산업기본법」 제58조에서는 공제사업에 관하여는 보험업법의 규정을 적용하지 아니한다고 규정하고 있다.

15) 보증만을 전문적으로 취급하는 기관을 보증전문기관으로, 보증을 부수적인 업무로 취급하는 기관은 유사보증기관으로 분류하였다.

(2) 건설 보증전문기관

건설공제조합, 전문건설공제조합, 대한설비건설공제조합 같은 업역별 공제조합과 서울보증보험(주), 신용보증기금, 대한주택도시보증공사 등은 전문적으로 보증(보험)업무를 취급하고 있으며, 부수적으로 대출 등의 업무를 수행하고 있다. 해외건설에 관련된 보증은 시중은행 및 해외건설협회의 협조 하에 이루어지고 있다.

보증전문기관중 건설보증 관련 주요기관으로는 공제조합과 서울보증보험(주)을 들 수 있다. 공제조합은 조합원이 건설업을 영위함에 필요한 입찰보증・계약보증(공사이행보증 포함)・손해배상보증・하자보수보증・선급금보증・하도급 보증 및 기타 대통령령이 정하는 보증을 수행(건설산업기본법 제56조)하고 있다. 또한 공제조합은 건설업체에 의해 출연되고, 조합원의 복지 향상과 업무상 재해로 인한 손실을 보상하는 공제사업을 시행(건설산업기본법 제56조 제1항 제5호)하고, 건설교통부장관의 감독을 받아야 한다. 반면에 서울보증의 근거법은 「보험업법」이며(제5조), 업종 분류상 손해보험회사에 포함되어 있어 일반적 규제와 감독은 타 손해보험회사와 동일하다.

(3) 유사보증기관

은행, 증권회사 같은 유사보증관들의 경우 부분적으로 자본거래에 따른 보증이나 일반 수출입거래에 따른 보증, 회사채 보증업무를 수행하고 있으며, 건설과 관련된 보증업무도 일부 수행하고 있다. 그러나 보증유사기관의 경우 최근 재무건전성 강화 측면에서 리스크가 높은 보증업무를 중단하거나 대폭 축소하고 있는 추세이다.

〈표 4-13〉 보증전문기관 현황

구 분	설립근거	설립일자	보 증 종 류
건설공제조합	건설공제조합법 (1997부터는 건설산업기본법 적용)	1963.10.21	입찰보증, 계약보증, 하자보수보증, 손해배상보증, 인허가보증, 자재구입보증, 부지매입보증, 임시전력수용예납보증, 선급금보증, 유보기성금보증, 대출보증, 분양보증, 리스보증, 할부판매보증, 지급보증의 보증, 하도급대금지급보증
전문건설공제조합	전문건설공제조합법 (1997부터는 건설산업기본법 적용)	1988.4.25	입찰보증, 계약보증, 공사이행보증, 차액보증, 손해배상보증, 하자보수보증, 선급금보증, 유보기성금지급보증, 지급보증의 보증, 대출보증, 리스보증, 하도급대금지급보증, 인허가보증, 임시전력수용예납보증
설비건설공제조합	전문건설공제조합법 (1997부터는 건설산업기본법 적용)	1996.7.1	입찰보증, 계약보증, 하자보수보증, 손해배상보증, 인허가보증, 자재구입보증, 임시전력수용예납보증, 선급금보증, 리스보증, 유보기성금지급보증, 어음보증, 하도급대금지급보증
서울보증보험㈜	보험업법	1998.11.25	이행(입찰)보증보험, 이행(계약)보증보험, 이행(차액)보증보험, 이행(선급금)보증보험, 이행(상품판매대금)보증보험, 이행(하자)보증보험, 이행(지급)보증보험
신용보증기금	신용보증기금법	1976.6	대출보증, 지급보증, 납세보증, 제2금융권보증, 시설대여보증, 이행보증, 무역어음인수담보보증, 사채보증, 어음보증
기술보증기금	기술보증기금법	1989.04.01	대출보증, 지급보증의보증, 비은행대출보증, 회사채보증, 어음보증, 이행보증, 사채인수보증, 상거래담보보증, 유동화회사보증, 전자상거래대출보증
주택도시보증공사	주택건설촉진법	1999.6	주택분양, 주택임대, 주택착공, 의무하자보수, 장기하자 보수, 손해배상, 대출, 리스, 지급, 인허가, 시공, 주택건설자재구입, 주택건설부지매입, 주택상환사채, 임시전력수용예납, 부지매입예약

〈표 4-14〉 유사보증기관 현황

구 분	보증 종류	
은 행	자본거래에 따른 보증	회사채 보증, 융자담보 보증, 차관도입 보증
	일반수출입거래에 따른 보증	수입신용장, 내국신용장, 수출신용장, 화물선취금, 운임지급신용장, 수출선수금환급, 현지금융담보, 입찰, 계약이행, 관세담보
	건설용역 및 플랜트수출에 따른 보증	입찰, 계약이행, 지급이행, 선수금환급, 하자, 현기금융담보, 관세담보, 유보금환급
종합금융	외환지급보증(국내외 외화차입 및 해외건설공사 수주시 필요한 지급 보증), 어음	
증 권	회사채 보증	

제5장

건설보증 공급기관

1. 공제조합의 개념과 특성
2. 건설보증기관
3. 건설 관련 공제조합의 의사결정구조
4. 공제조합의 한계

제 5 장

건설보증 공급기관

1. 공제조합의 개념과 특성

1) 공제조합의 개념

(1) 공제의 개념과 제도

공제는 이론적인 측면에서 보면 원시적인 형태의 보험이다. 일반적으로 공제라 하면 상부상조의 친목단체로서 가입자들의 각종 재난과 길흉사에 대해서 일정한 부조를 하는 제도를 말한다. 그 특징으로는 가입범위의 폐쇄성, 공평한 각출, 급부의 영세성 등을 들 수 있다.

우리나라의 공제는 순수한 의미의 공제가 아니고 특별법에 의해 설립된 각종 조합 또는 기타 단체(공제회)에서 영위하는 보험(보증)으로서, 조합원이나 회원들의 복리를 위한 비영리보험(보증)이라고 할 수 있다. 미국 등 대부분의 국가에서는 협동조합이나 공제조합을 막론하고 모든 보험사업에 대해 「보험법」상 일원화된 규제감독을 받도록 규정하고 있으나, 우리나라의 경우 「보험업법」의 적용이 배제되어 있다. 이는 우리나라의 「보험업법」이 제정되기 전인 1961년 7월에 농업협동조합이 「농협법」을 제정하여 공제사업을 개시했다는 역사적인 사실과 「보험업법」 내에서 보험 및 보험사업에 대한 정의를 명확히 하지 못한데 기인한다.

(2) 공제조합의 기원

공제조합은 조합원이 상부상조하기 위하여 자주적으로 만들어진 상호부조단체이다. 보통 같은 업종의 개인이나 기업들이 예측 불가능한 사고가 발생한 경우 자체의 위험을 회원 간에 분산시키고, 손실 발생을 보전하기 위하여, 일정금액을 납부하여 이에 대비하게 된다. 따라서 공제조합은 상호부조라는 취지 아래 다수의 조합원이 일정금액을 부담하여 저축과 손해보험 기능을 수행하는 것으로 정의된다.

공제조합의 기원은 17세기 중엽 이래 영국에서 발전한 우애조합(友愛組合: friendly society)에서 찾을 수 있다. 우애조합은 노동조합운동에서 자주적 공제(共濟) 전개에 큰 영향을 주었고, 조합원의 각출에 의한 상호공제 시스템은 영국의 사회보험 형성의 기반을 제공하였다. 중세시대에는 특정한 우발적 사건의 발생으로 인한 경제적 손해에 상부상조하기 위하여 지연(地緣)단체로 생성되어, 길드(Guild)제도로 운영되었다. 길드는 우발적 사고로 인한 경제적 손해를 상부상조하는 것 뿐만 아니라 계약에 의한 손해배상을 통해 공적인 보험혜택이 미치지 못하는 영역을 보완, 즉 보험적인 기능을 확장함으로써 위험에 대비하는 공제제도로 발전하게 되었다.

우리나라의 공제제도는 1919년 축산조합을 중심으로 한 축우공제, 1928년 소농을 대상으로 한 권농공제조합이 있었다. 하지만 근대적인 시초는 1961년 농업협동조합으로 볼 수 있다. 현재는 농업협동조합을 포함하여 수산업협동조합, 건설공제조합, 한국해운조합, 대한교원공제조합, 한국조선공업공제조합, 자동차 관련 육운공제조합 등 다양한 조합이 운영되고 있다.

2) 공제조합의 특성[1)]

공제조합의 조직적 특성은 다양한 형태로 접근할 수 있다. 여기서는 1970년 중반 이후 등장한 제3섹터 시각에서 파악해 보고자 한다. 제1섹터는 국가영역, 제2섹터는

1) 보다 자세한 내용은 국토연구원(2013) 참조.

시장영역으로 구분되고 제3섹터는 그 외의 다른 종류의 경제조직들을 총칭한다. 지역사회나 NGO 기반의 제3섹터는 새로운 일자리 창출과 지역기반 강화를 통해 자립적인 지역사회 건설을 도모한다.

조합은 4가지의 일반적 특성을 지닌다. 첫째, 정부·공기업·사(社)기업이 아닌 제3의 영역인 조합은 공공의 영역과도 완전히 분리되지 않으면서 각 영역으로부터 다양한 영향을 받거나 상호 경쟁한다. 둘째, 개방적이며 다원적인 성격을 지닌 조합은 지역, 국가, 역사·경제적 상황에 따라 협동조합, 공제조합, 자선단체, 시민단체, 협회 등 다양한 형태로 나타난다. 셋째, 조합은 일자리 창출, 사회서비스 제공 등의 부문을 담당한다. 넷째, 조합은 구성원들의 자발적 참여를 유도하고 지역과 사회의 요구에 맞춰 변화하는 조직형태를 가진다.

(1) 법률적 특성

조합조직은 법률상 제3섹터 영역에 포함되고, 각 조합별로 조직형태, 운영방식 등의 특성에 따라 구분된다. 일반적으로 조합은 사회경제적 부문과 비영리부문으로 크게 분류되는데, 사회적 경제부문에는 협동조합형, 상호공제조합형, 민간단체형이, 조합이외 비영리부문은 학교, 대학, 병원, 박물관, 도서관, 주간보호센터 등 사회 서비스 기관이 포함된다.

건설 관련 공제조합은 사회경제부문으로 분류되는데, 조직 구성원이 건설업체를 영위하는 조합원으로 구성되며 기능적으로는 협동조합 및 상호공제조합의 성격을 지니고 있다. 또한, 조직의 설립 및 구성원 측면에서는 상호공제형, 기능면에서는 협동조합형의 성격을 지닌다.

건설 관련 공제조합은 조합원 건설업자들의 공공공사 수행에 따른 리스크를 대비하기 위하여 설립되었다는 점에서 상호공제형 성격을 지닌다. 건설공제조합은 건설공사에 해당되는 보증상품에 대한 편의를 시장구조에 준하여 제공하고 있다. 「상법」, 「보험법」에 근거하여 조합원들을 상대로 금융 서비스를 제공하고 있다. 「건설산업기본법」 제68조에는 공제조합에 관해서 규정한 사항 이외의 것은 「민법」의 사단법인에 대한 규정과, 「상법」의 주식회사 계산에 관한 규정을 각각 준용한다고 명시되어 있다.

하지만 건설 관련 공제조합을 사회보장적 조합의 형태에 직접적으로 연관시키기는 다소 무리가 있다. 일반적으로 사회보장의 정의에 준거한 상호공제형태의 조합은 재해나 재난으로 인한 피해에 대비하기 위해 조직 구성원들이 밀접하게 상호협동하는 특성이 있지만, 건설 관련 공제조합의 경우 조합원들 간의 밀접한 상호협력은 상대적으로 약한 편이다.

건설 관련 공제조합은 협동조합이라고 명시할 수는 없으나, 그에 준하는 규칙이나 실천사항 등 나름대로의 정관을 두고 있다. 건설 관련 공제조합에 대한 제반사항이 명시되어 있는 「건설산업기본법」을 통해 법률적으로 정부의 직·간접적인 관리를 받을 수 있기 때문에 정부의 감독권한에도 민감한 편이다. 「건설산업기본법」 제54조 제2항에서는 "제1항의 규정에 의하여 설립한 공제조합은 법인으로 한다."라고 규정한다. 다만, 동법 제58조에서 공제조합 사업 중 제56조 제1항 제5호(조합원에 고용된 자의 복지향상과 업무상 재해로 인한 손실을 보상하는 공제사업)의 조항에 의한 공제사업에 관해서는 보험업법의 규정을 적용하지 아니한다고 규정하고 있다.

(2) 사회·경제적 특성

건설 관련 공제조합은 사회·경제적으로 건설보증사업, 융자사업, 공제사업으로 건설관련 금융기관의 역할을 담당한다. 보증사업에서는 건설보증 채무자에 대한 신용을 공여하고 채권자인 발주자에 대한 담보를 제공하고 있으며, 건설공사 수행에 필요한 다양한 보증상품을 통해 원활한 경제활동에 참여토록 하는 역할을 수행한다. 융자분야는 건설업체가 도급받은 건설공사를 원만히 수행하도록 자금을 지원하는 공급자로서의 역할을 수행한다. 공제계약을 체결한 조합원이 약정한 사고가 발생하여 손해를 입은 경우, 그 손해를 공제 약관에 따라 보상함으로써 공사 수행 중 발생가능한 모든 위험에 대비하여 건설 활동을 안정적으로 영위할 수 있도록 서비스를 제공하는 역할도 수행한다. 이외에도 건설인력 양성을 위한 교육시설 및 건설업 종사자들에게 다양한 부대 체육시설과 휴식공간을 제공하는 복지공간, 경영지원 서비스 등을 제공하는 역할도 함께 수행하고 있다.

건설업의 업종별 영업범위, 일괄하도급 금지, 부정당업자 제재, 영업정지 등 법령상

적법여부를 심사하여 보증업무를 처리함으로써 건설업의 건전한 법질서 유지에도 일익을 담당하고 있다. 보증가능금액확인제도 등을 통하여 건설업체의 자본금 유용 방지, 부실·부적격업체의 난립 방지에 주도적인 역할을 수행한다.

이처럼 조합은 재화나 서비스 생산 및 공급의 조직화 방식을 통해 사회·경제적 역할을 담당하고 있다. 영세업체 자금확보의 어려움 해소, 조합원들을 위한 보증상품 제공, 일정 지역에서 취약계층의 삶의 질 향상, 다양한 이해관계자들의 공동참여나 공동 노력이 요구되는 지역개발 프로젝트 이행 등을 통하여 사회전체 혹은 일정한 지역에 외부경제를 발생시키기도 한다. 사회적으로 각 개인의 이익을 대변하기보다는 조합원인 건설업체의 어려움을 대변하고, 기업들 간의 공생발전이 가능하도록 금융적인 접근방식을 통해서 서비스를 공급하고 있다. 따라서 출자자본의 경우에도 수익률 극대화보다는 지역사회 각 이해관계자들의 이익이 혼합된 가치 창출을 목표로 한다.

(3) 조직적 특성

건설 관련 공제조합은 조합 정관에 따라 건설업 면허·등록을 통해 조합에 가입한 조합원들이 대의원 지위를 가짐으로써 의사를 결정하는 구조로, 기업의 지배구조 형태와는 다른 특성을 가진다. 총회는 대의원으로 구성되어 운영위원회를 통해 상정된 사항 즉, 정관의 변경, 조합원의 제명, 예산의 결정 및 결산 승인, 이사장, 감사, 운영위원회의 선임과 해임 등에 관한 제반사항 등을 의결한다. 대의원의 구성은 선출직대의원과 당연직대의원으로 구성하며, 선출직대의원은 출자좌수에 비례하여 지점별로 선출된다. 조합 경영의 실질적인 경영권은 「건설산업기본법」에 의해 운영위원회에서 행사된다. 즉, 운영위원회는 조합의 사업계획, 예산안, 차입금에 관한 결정, 이사장 추천, 이사직 임명에 관한 사항을 심의·의결함으로써 조합의 업무진행을 감독하는 막대한 권한을 행사한다.

조합은 기업과는 달리 재산권 측면에서 제약이 있다. 이는 조합이 다양한 이해관계자들의 참여에 의한 지배구조를 가지고 있기 때문이다. 재화 또는 서비스의 생산 및 공급에 있어 투입요소 소유자들의 기여방식의 다양성, 조직성과 측정기준의 다원성, 자발적으로 절제된 소유권 등의 기본적인 특성으로 지배구조가 형성된다. 건설 관련 공제조합도 다른 조합과 마찬가지로 소유권의 제약이 따른다. 건설 관련 공제조합에 속한 조합원들은 자신이 소유한 기업의 자본금 일부를 조합에 출자함에 따라 출자한 자본에 대해서만 소유권의 제약이 따른다. 하지만 이는 조합원의 이익을 위한 것이므로, 출자한 자본은 금융형태의 다른 방식으로 조합원에게 환원된다고 볼 수 있다.

2. 건설보증기관

우리나라의 보증제도는 보증의 운영에 대해서 명문화된 규제조항이 없고 보증기관만이 보증사업을 영위하는 전업주의를 채택하고 있다. 전업주의란 보증을 하는 기관은 보증만 보험을 하는 기관은 보험 영업만 하도록 규정하는 것이다. 예를 들어 손해보험사는 손해보험만 서울보증보험은 보증만 하는 것이다.

현재 국내에서는 건설보증전문 공급자로는 국토교통부가 관리·감독하는 3대 공제조합(건설공제조합, 전문건설공제조합, 기계설비공제조합)과 금융감독원이 관리·감독하는 서울보증보험(주) 등이 있다. 그리고 최근 활동이 두드러지는 엔지니어링공제조합, 정보통신공제조합, 소방공제조합 등이 있다. 공제조합은 조합원이 건설업을 운영할 때 필요한 입찰보증·계약보증(공사이행보증을 포함)·손해배상보증·하자보수보증·선급금보증·하도급 보증 및 기타 대통령령이 정하는 보증업무를 수행한다(건설산업기본법 제56조). 공제조합은 건설 관련 법인에 의해 출연되고, 조합의 복지 향상과 업무상 재해로 인한 손실을 보상하는 공제사업을 시행(건설산업기본법 제56조 제1항 제5호)하고, 국토교통부장관의 감독을 받아야 한다.

1) 건설 관련 3대 공제조합

건설 관련 공제조합은 건설공제조합, 전문건설공제조합, 기계설비건설공제조합 등 3개 조합을 말한다. 먼저, 1963년에 설립된 건설공제조합은 입찰보증, 계약보증과 같은 보증업무와 건설업에 필요한 자금의 융자, 조합원의 공사용 기자재 구매알선 등의 사업을 행하고 있다. 설립 근거법은 건설공제조합법이고, 1997년부터는 건설산업기본법의 적용을 받고 있다.

〈건설공제조합 연혁 및 주요 사업〉

1963.03 건설공제조합(법률 제1382호)

1963.08 설립위원회 발족

1963.10 창립총회

1963.11 설립등기, 자본금 2,150억원(4,300좌)

1986.06 건설회관준공, 본부 사무소 이전

1988.04 전문건설공제조합 분리

1992.12 건설공제 조합개정(법률 제4530호), 자본금 4,650억원

1995.07 신용평가제도 도입

1996.12 건설공제 조합법을 대체하는 건설산업기본법 국회통과

1999.07 연대보증인제도 폐지, 신용거래 전면 실시

2000.08 전자보증제도 시행

2008.01 건설공사공제 사업 개시

2008.07 하자분쟁지원센터 설치, 영업배상책임공제상품 출시

2009.07 해외근로자재해공제 및 완성공사물공제상품 출시

2009.10 일괄하도급대급지급보증제도 국내 최초 시행

2012.04 공제사업운영방식 보유공제로 변경

2012.05 자재대금지급보증제도 시행

2013.06 건설기계대여대금지급보증제도 시행

2016.04 단체상해공제상품 출시

2018.09 임직원 책임종합공제 상품 출시

2018.11 화재종합공제상품 출시

- 입찰보증, 계약보증, 차액보증, 손해보상보증, 하자보수보증, 선급금보증, 유보기성금 보증, 하도급보증과 기타 대통령령이 정하는 보증

- 조합원이 건설업을 영위함에 필요한 각종 보증
- 조합원의 건설업영위에 필요한 자금의 융자
- 민간투자사업법인을 위한 보증 및 융자
- 조합원이 건설공사대금으로 받은 어음의 할인
- 조합원의 공사용 기자재 구매알선
- 조합원에 고용된 자의 복지향상과 업무상 재해로 인한 손실을 보상하는 공제사업 및 조합원이 영위하는 사업에 필요한 건설공사 손해공제사업
- 건설업 경영 및 건설기술의 개선·향상과 관련한 연구 및 교육에 관한 사업
- 조합원의 공동이용시설의 설치·운영 기타 조합원의 편익증진을 위한 사업
- 조합원의 정보처리 및 컴퓨터 운용과 관련한 서비스에 관한 사업

전문건설공제조합은 1988년에 「전문건설공제조합법」에 근거를 두고 설립되었고, 1997년부터 건설산업기본법의 적용을 받고 있다. 보증업무 외에 조합원이 건설공사대금으로 받은 어음의 할인이나, 건설 관련 법인에 대한 출연 등과 같은 사업을 수행하고 있다.

〈전문건설공제조합 연혁 및 주요 사업〉

1987.10 전문건설공제조합법 제정(법률 제3935호)

1988. 3 전문건설공제조합 창립

1988. 5 업무개시

1996. 7 설비업종조합원을 설비조합으로 이관

1996.12 전문건설공제조합법이 폐지되고 건설산업기본법으로 대체

1997.03 신용평가제도 시행

2005.07 신용거래 전면실시

2006.08 근로자재해공제사업 실시

2012.08 실손보상 시행

2015.01 누적보증실적 200조원 달성

2018.08 보유공제사업 전환

- 조합원이 건설업을 영위함에 필요한 입찰보증, 계약보증(공사이행보증 포함), 손해배상보증, 하자보수보증, 선금급보증, 하도급보증과 기타 대통령령이 정하는 보증
- 조합원이 건설업을 영위하는 과정에서 부담하는 의무 또는 채무를 이행하지 아니하는 경우 조합이 각종 보증을 통해 그 의무 또는 채무의 이행을 부담
- 조합원의 출자금과 조합의 수익금을 재원으로 하여 조합원이 도급 받은 공사의 원만한 시공과 기업운영에 필요한 자금 지원
- 건설공사 수행 중 자연재해, 근로자의 안전사고 등으로 인한 손실 및 배상책임을 보상함으로써 조합원(건설사)의 안정적인 사업수행을 지원함은 물론 조합원사에 재직 중인 임직원의 복지향상을 위한 공제 상품 운영
- 조합원 연대보증 없이 조합원의 재무상태 및 경영능력 등 자기신용에 의하여 조합과의 보증/융자업무거래를 하는 제도로써 신용사회 정착 및 건설산업의 건전한 발전을 도모
- 우수 건설기능인력 양성건설분야 기술력 향상 및 선진화 도모

기계설비건설공제조합은 1996년 설립위원회가 발족되면서 당해연도부터 업무를 시작하였다. 1999년 기존의 설비공사공제조합에서 대한설비건설공제조합으로 명칭이 변경되었고, 2016년에 이르러 현재의 기계설비건설공제조합으로 상호가 변경되었다. 다양한 분야의 보증업무를 수행하고 있으며, 조합원의 기자재 구매 및 교육분야의 서비스 사업도 수행하고 있다.

〈기계설비건설공제조합 연혁 및 주요 사업〉

1996. 2 설립위원회 발족

1996. 4 설립인가(건설교통부장관: 건설산업기본법 제54조에 근거)

1996. 5 창립총회 및 설립등기

1996. 7 업무개시

1996.12 건설산업기본법 전문 개정 공포

1999.12 설비공사공제조합에서 대한설비건설공제조합으로 명칭변경

1999. 9 현재 사옥구입 이전

2000.01 보증가능금액 확인서 발급기관 지정(건설교통부)

2006.01 민간공사 전자보증 시행 (B2B)

2016.01 상호변경: "대한설비건설공제조합"을 "기계설비건설공제조합"으로 변경

2016.07 대표자 개인 자격 연대보증인 폐지

- 보증업무(입찰보증, 계약보증, 손해배상보증, 하자보수보증, 선급금보증, 하도급대금지급보증 등 기타 대통령령이 정하는 보증)
- 조합원의 건설업 영위에 필요한 자금의 융자
- 조합원이 건설공사대금으로 받은 어음의 할인
- 조합원에 고용된 자의 복지향상과 업무상 재해로 인한 손실을 보상하는 공제사업
- 건설업 경영 및 건설기술의 개선 향상과 관련된 연구 및 교육에 관한 사업
- 조합원 공동이용 시설의 설치, 운영 기타 조합원의 편익증진을 위한 사업
- 조합원의 목적달성에 필요한 관련사업의 투자
- 건설 관련 법인에의 출연
- 국가, 지방자체 단체 또는 건설산업기본법, 기타 법령에 의하여 설립된 공동단체가 위탁하는 사업
- 조합원의 공사용 기자재의 구매알선
- 조합원의 정보처리 및 컴퓨터 운용과 관련 서비스의 제공
- 기타 조합원에 대한 각종 교육, 연수 등의 지원사업 등

(1) 출자 등 관련 규정

건설 관련 공제조합의 출자는 「건설산업기본법」에서 포괄적인 내용으로 규정되어 있고, 출자방식 및 운영에 대해서는 「민법」, 「상법」에서 규정되어 있다. 건설산업기본법은 출자에 관한 사항에 대하여 건설업 등록, 운영, 출자금 활용 및 사업 범위 등을 규정하고 있다. 「민법」은 사단법인 차원에 준하여 출자에 관한 사항을 명시하고 있으

며, 「상법」은 주식회사의 계산에 관한 사항에 따라 출자에 관한 사항을 명시하고 있다. 또한 건설산업기본법은 제7장(제54조~제68조의3)의 규정에서 세부 사항은 '건설공제조합 정관'에 위임하고 있다. 정관은 공제조합의 가입, 조합원의 성격, 출자 및 융자에 관한 사항, 운영에 관한 사항을 명시하고 있다.

〈표 5-1〉 건설 관련 공제조합에 대한 규정

관련 법규	주요 내용
건설산업기본법	제9조 (건설업 등록 등)
	제10조 (건설업의 등록기준)
	제56조 (공제조합의 사업)
	제56조 (공제 규정)
	제59조 (지분의 양도 등)
	제60조 (공제조합의 지분 취득 등)
	제61조 (신용에 의한 보증 등)
	제65조의2 (공제조합 등 건설보증기관의 재무건전성 유지 등)
동법 시행령	제67조 (공제조합의책임)
	제50조 (정관의기재사항)
	제54조 (등기)
	제57조 (보증한도)
	제53조 (공제조합설립시동의를얻어야하는건설업자의수)
	제55조 (출자및조합원의책임)
국토교통부 고시 (보증가능금액확인서의 발급 및 해지에 관한 기준)	제 4 조 (담보제공및현금예치기준)
	제 5 조 (확인서의 발급)
	제 9 조 (조합원의 자격)
국토교통부 고시 (건설관련 공제조합 감독기준)	제 2 조 (자기자본의 범위)
	제13조 (대위변제준비금 적립기준 등)
	제14조 (비상위험준비금 적립기준 등)
건설공제조합 정관	제10조 (조합가입)
	제11조 (조합원의 권리 · 의무)
	제12조 (조합원의 책임)
	제13조 (조합원의 탈퇴)

출처 : 국가법령정보센터

「건설산업기본법」 시행령과 시행규칙은 법률의 사항 등을 좀더 구체적으로 규정하고, 고시를 통해 세부적인 운용 기준을 제시하여 제도적 기반을 구현하고 있다. 동법 시행령은 정관의 기재사항, 출자 및 조합원의 책임, 공제조합의 보증대상 및 내용, 수익사업, 출자증권 등의 관련 사항 세부적으로 규정하고 있다. 시행규칙은 출자금의 사업 범위 내용을 규정하였으며, 출자에 관한 국토교통부 고시는 「보증가능금액확인서의 발급 및 해지에 관한 기준」으로 보증가능금액확인서에 대한 구체적인 사항이 규정되어 있다.

(2) 건설업 등록제도

건설 관련 공제조합의 출자는 건설업 등록 제도와 밀접한 연관이 있다. 건설업을 영위하기 위해서 건설업체는 해당업종에 등록을 하여야 하며(건설산업기본법 제9조), 이때 등록 기준을 만족하여야 한다.(동법 제10조) 한편 건설업 등록을 하려면 금융기관이 발급하는 보증가능금액확인서를 제출하여야 한다. (동법 시행령 제13조 제1의2항)

건설업체가 금융기관(건설 관련 공제조합)에 보증가능금액확인서를 발급받는 과정은 건설 관련 공제조합에 가입하는 절차를 따라야 한다. 이를 통해 조합원으로서의 지위를 가진다. 금융기관 등은 건설업체로 하여금 보증가능금액확인서에 '자본금 기준금액 이상의 금액에 대한 보증 의무를 부담한다는 내용'을 기재하도록 하고 있다.(동법 시행령 제13조 제1의2항) 각 공제조합은 정관에 따라 해당 면허를 등록한 건설업체에게만 조합원의 지위를 부여한다.

다시 말해, 건설 관련 공제조합원으로의 가입 조건은 건설산업기본법에 의하여 건설업면허를 등록하고, 조합에 출자하여야 한다. 조합의 총 출자금은 조합원이 출자한 액면 총액으로 하며, 출자 1좌 이상의 금액을 납입해야 한다.

〈건설산업기본법〉

제9조(조합원의 자격)조합원은 법에 의하여 종합공사를 시공하는 업종을 등록한 자이어야 한다.(1999.11.10., 2000.11.24., 2006.11.03. 변경, 2008.03.25.))

제10조①조합에 가입하고자 하는 자는 제9조에서 정한 요건을 갖춘 자로서 출자 1좌 이상의 금액을 납입하여야 하며, 가입신청서에 다음 각호의 서류를 첨부, 조합에 제출하여 이사장

의 승인을 받아야 한다. (1999.11.10., 2000.11.24., 2006.11.03. 변경)

- 정관
- 법인등기부등본
- 건설업등록증 사본 (1999.11.10. 변경)
- 출자를 증명하는 서류 또는 출자증권 명의개서청구서
- 인감증명서
- 기타 조합이 요구하는 서류

② 신청인이 개인일 경우에는 제1항제1호 및 제2호의 서류에 갈음하여 사업자 등록증사본을 첨부하여야 한다.

제15조(자본금과 출자 등)

①조합의 총출자금(자본금)은 조합원이 출자한 총 출자좌의 액면총액으로 한다.

②출자 1좌의 금액은 37만5천원으로 한다.

③조합원의 출자는 전액 현금으로 납입하여야 하며, 그 납입금은 조합에 대한 채권과 상계하지 못한다.

④조합은 출자금이 납입된 때에는 지체없이 출자한 조합원에게 출자증권을 발행하여 교부하여야 한다.

(3) 보증가능금액확인서 제도

보증가능금액확인서는 미국 캘리포니아주의 인・허가보증(License Bond)에서 유래되었다. 국토교통부 고시 제1조에서는 본 제도의 도입 목적을 '재무상태, 신용상태 등의 평가 및 담보제공, 현금예치 등 보증가능금액확인서의 발급 및 해지에 관한 기준'을 정하기 위해서라고 명시하고 있다. 보증가능금액확인서는 등록한 이후에도 확인서를 유지해야 하며, 건설업체는 1년마다 주기적으로 신고해야 한다. 발급기관은 건설공제조합, 전문건설공제조합, 기계설비건설공제조합 및 서울보증보험이다.

제도 운영의 법적 근거는 「건설산업기본법 시행령」 제13조①항 제1호의2, 제12조의2, 건설업관리규정(국토교통부예규 제85호, 2014.9.29.), 「보증가능금액확인서 발급 및 해지에 관한 기준」(국토교통부 고시 제2013-197호)이다. 보증가능금액확인서의 담보제공 및 현금예치 기준은 재무・신용평가 후 자사 자본금의 20~50% 정도를 조합에 예치하도록 규정하고 있다.

〈국토교통부 고시: 보증가능금액확인서 발급 및 해지에 관한 기준〉

제4조(담보제공 및 현금예치 기준)

① 발급기관은 제3조의 평가결과에 따라 신청인으로부터 영 별표 2에 따른 업종별 자본금의 100분의 20 내지 100분의 50의 범위안에서 현금을 예치받거나 예치금에 상당하는 담보를 제공 받아야 한다. 이 경우 발급기관은 평가결과에 따른 현금예치 또는 담보제공의 범위를 국토교통부장관의 승인을 받아 공시하여야 한다.

② 중략

③ 발급기관은 건설산업기본법(이하 “법”이라 한다) 제9조에 따라 새로 건설업 등록을 한 자에 대하여는 제1항의 현금예치 또는 담보제공을 받은 때로부터 2년이 경과하는 날까지는 이를 담보로 융자를 할 수 없고, 2년이 경과한 경우에도 그 현금 또는 담보가액의 100분의 60을 초과하여 융자를 할 수 없다.

④ 조합에 가입하고자 하는 자는 제9조에서 정한 요건을 갖춘 자로서 출자 1좌 이상의 금액을 납입하여야 하며, 가입신청서에 다음 각호의 서류를 첨부, 조합에 제출하여 이사장의 승인을 받아야 한다.

본 제도는 면허제에서 등록제로 전환된 건설면허 개방 이후, 페이퍼 컴퍼니 등 부실업체가 난립하고 부실시공으로 발주자에게 피해는 물론 사회적 손실도 발생하면서 부적격 건설업체 선별을 위한 기본적인 장치로 도입되었다. 다만 건설산업기본법 시행령 개정을 통해 2001. 9. 25 한시적으로 도입하고 3년간 운영하다 폐지(2004. 09. 25)하는 일몰제 형태였다.

하지만 이후 등록 요건인 자본금의 가장납입 및 유용 방지와 등록말소 및 부적격 건설업체 건설시장 진입의 스크린 기능 등 긍정적인 정책효과를 인정하여 2005년 6월에 건설산업기본법 시행령 개정을 통해 일몰제가 아닌 일반 형태로 재도입되었다.

2) 건설 관련 3대 공제조합의 사업내용

(1) 법적 근거

건설 관련 공제조합의 사업에 대해서는 「건설산업기본법」 제56조와 동법 시행령 제56조에 규정되어 있다. 법 제54조의 ‘건설업자 상호간의 협동조직을 통하여 자율적인 경제활동을 도모하고 건설업 운영에 필요한 각종 보증과 자금 융자 등을 위하여 건설업자는 공제조합을 설립할 수 있다'의 목적에 입각하여 관련 사업을 수행하고 있다. 건설산업기본법에서는 열거주의(Positive System)에 입각해 건설 관련 공제조합이 할 수 있는 사업을 열거하고 있다.

동법 시행령 제56조는 '공제조합의 보증대상 및 내용'에서 법 제56조에서 규정한 보증의 상세 내용과 '그 밖에 대통령령으로 정하는 보증'을 구체적으로 제시하였으며, 공제조합의 수익사업 내용을 규정하고 있다.

〈건설산업기본법 시행령〉

제56조(공제조합의 사업)

① 공제조합은 다음 각 호의 사업을 한다.

1. 조합원이 건설업을 운영할 때 필요한 입찰보증, 계약보증(공사이행보증을 포함한다), 손해배상보증, 하자보수보증, 선급금보증, 하도급보증과 그 밖에 대통령령으로 정하는 보증
2. 조합원이 건설업을 운영할 때 필요한 자금의 융자
3. 조합원이 건설공사대금으로 받은 어음의 할인
4. 조합원에 대한 공사용 기자재의 구매 알선
5. 조합원에 고용된 사람의 복지 향상과 업무상 재해로 인한 손실을 보상하는 공제사업 및 조합원이 운영하는 사업에 필요한 건설공사 손해공제사업
6. 건설업 경영 및 건설기술의 개선·향상과 관련한 연구 및 교육에 관한 사업
7. 건설 관련 법인에의 출연
8. 조합원이 공동이용하는 시설의 설치, 운영, 그 밖에 조합원의 편익 증진을 위한 사업
9. 조합원의 정보 처리 및 컴퓨터 운용과 관련한 서비스의 제공
10. 조합의 목적 달성에 필요한 관련 사업에의 투자
11. 국가, 지방자치단체 또는 정관으로 정하는 공공단체가 위탁하는 사업
12. 제1호부터 제11호까지의 사업의 부대사업으로서 정관으로 정하는 사업

② 공제조합은 다음 각 호의 사업을 할 수 있다. 〈개정 2014. 5. 14.〉

1. 조합원이 「사회기반시설에 대한 민간투자법」에 따른 민간투자사업 등을 수행하기 위하여 출연한 법인 등에 대한 보증 및 융자
2. 「부동산투자회사법」에 따른 부동산투자회사에의 출자 및 융자 또는 「체육시설의 설치·이용에 관한 법률」에 따른 체육시설의 설치·경영 등 대통령령으로 정하는 수익사업

③ 공제조합은 공제조합 상호간 또는 다른 법률에 따른 공제조합과의 상호협력과 이해 증진을 위하여 정보 교환 등 공동사업을 시행할 수 있다.

[전문개정 2011.5.24.]

(2) 건설공제조합의 정관

건설 관련 3대 공제조합은 모두 정관을 가지고 있다. 조합원들의 사업적인 특성에 따라 약간의 차이가 있지만, 그 근간은 거의 같다고 볼 수 있다. 여기서는 지면 관계로 건설공제조합의 정관만 소개하고자 한다. 정관에서는 법 제56조와 동법 시행령 제56조, 제56조의2에 규정된 사업내용을 종합하여 보증, 융자, 공제 등의 구체적 조항을 규정하고 있다. 건설공제조합의 주 업무는 보증과 융자이며, 조합원들을 위한 보험적 성격의 공제, 기타 수익사업을 부수적 업무로 수행하고 있다.

〈건설공제조합 정관〉

제53조(사업) (2005.11.01. 변경)

① 조합은 다음 각 호의 사업을 행한다. (2005.11.01. 변경)

1. 조합원이 영 제56조제1항 각 호의 사업을 영위함에 필요한 법 제56조제1항제1호, 제2항제1호 및 영 제56조제3항제1호 내지 제8호에 의한 제보증 (2007.03.02. 2008.11.14. 2012.12.03. 변경)
2. 조합원의 건설업영위에 필요한 자금의 융자
3. 민간투자사업법인을 위한 보증 및 융자 (2005.11.01. 변경)
4. 조합원이 건설공사대금으로 받은 어음의 할인
5. 조합원의 공사용 기자재의 구매알선
6. 조합원에 고용된 자의 복지향상과 업무상 재해로 인한 손실을 보상하는 공제사업 및 조합원이 영위하는 사업에 필요한 건설공사 손해공제사업(2017.11.01. 변경)
7. 건설업 경영 및 건설기술의 개선·향상과 관련한 연구 및 교육에 관한 사업
8. 건설 관련 법인에의 출연
9. 조합원 공동이용시설의 설치·운영 기타 조합원의 편익증진을 위한 사업
10. 조합원의 정보처리 및 컴퓨터 운용과 관련한 서비스의 제공
11. 조합의 목적달성에 필요한 관련 사업에의 투자
12. 국가·지방자치단체 또는 법 제50조의 규정에 의한 건설협회 및 건설근로자의고용개선 등에 관한 법률 제9조에 의한 건설근로자공제회가 위탁하는 사업 (2004.11.02 변경)
13. 「부동산투자회사법」에 따른 부동산투자회사에 출자 (2007.11.01. 신설, 2008.11.14. 변경)
14. 「체육시설의 설치·이용에 관한 법률」에 따른 체육시설의 설치·경영 (2007.11.01. 신설, 2008.11.14. 변경)

15. 「부동산개발업의 관리 및 육성에 관한 법률」에 따른 부동산 개발업(2008.11.14. 신설)
16. 「자본시장과 금융투자업에 관한 법률」에 따른 집합투자업자 및 집합투자기구 등에 출자 또는 투자(2008.11.14. 신설)
17. 전 각 호에 부대되는 다음의 사업(2005.11.01., 2007.11.01., 2014.04.2. 5번경)
가. 조합재산 및 기타 부대시설의 임대 등 운영관리
나. 조합이 투자한 법인에 대한 조합자금 또는 재산의 대여 및 출자법인을 위한 보증
다. 「건설산업기본법시행규칙」에 의하여 조합원이 건설기계대여업자에게 요구할 수 있는 건설기계 대여계약이행보증(2014.04.24. 변경)
라. 기타 조합의 목적달성에 필요한 사업

② 제1항제7호, 제9호, 제10호 및 제17호의 규정에 의한 시설 등은 조합원의 이용에 지장이 없는 범위안에서 조합원이 아닌 자에게 이를 이용하게 할 수 있다.(2005.11.01., 2007.11.01., 2008.11.14. 변경)

(3) 사업내용

① 보증사업

건설 관련 공제조합의 사업 중 보증업무는 공제조합의 가장 핵심사업이다. 이를 통해 조합원인 건설업체가 건설업을 영위하면서 부담하는 의무 혹은 책무에 대해 보증을 통해 정상적인 영업이 가능하도록 지원하고 있다. 건설공제조합에서 제공하는 보증사업은 타 기관보다 저렴한 수수료율을 기반으로 관련 상품을 조합원들에게 지원하여 금전적인 혜택을 주고 있다.

건설 관련 공제조합의 보증사업은 「건설산업기본법 시행령」 제56조에 근거하고 있다. 상품으로는 입찰보증, 계약보증, 공사이행보증, 손해배상보증, 하자보수보증, 선급금보증, 하도급보증으로 구성되어 있다. 대통령령으로 정하는 보증은 인·허가보증, 자재구입보증, 내출보증, 납세보증, 하도급대금지급보증, 건설기계 대여대금 지급보증, 그 밖에 조합원이 경영하는 건설업과 관련하여 그가 부담하게 되는 재산상의 의무이행을 보증하는 것으로서 정관으로 정하는 보증이다. 부지매입보증, 인시전력수용예납보증, 어음보증, 분양보증, 리스보증, 할부판매보증, 이행지급보증, 자액보증, 유보시성금보증, 사업이행보증, 시공보증 등이 있다.

〈표 5-2〉 건설 관련 공제조합 보증상품

구 분	설립근거	설립일자	보 증 종 류
건 설 공제조합	건설공제조합법 (1997부터는 건설 산업기본법 적용)	1963.10.21	입찰보증, 계약보증, 차액보증, 손해배상보증, 하자보수보증, 선급금보증, 유보기성금보증, 공사이행보증, 사업이행보증, 시공보증, 인·허가보증, 자재구입보증, 부지매입보증, 임시전력수용예납보증, 대출보증, 분양보증, 리스보증, 할부판매보증, 하도급대금지급보증, 지급보증의 보증, 협약체결보증, 협약이행보증, 성능보증, 부담금지급보증, 채무이행보증, 건설기계대여대금지급보증, 포괄대금지급보증, 하도급보증, 해외입찰보증, 해외계약보증, 해외하자보수보증, 해외선급금보증, 해외유보기성금보증, 해외하도급대금지급보증, 해외지급보증의 보증 (35)
전문건설 공제조합	전문건설공제조합법 (1997부터는 건설 산업기본법 적용)	1988.4.25	입찰보증, 계약보증, 공사이행보증, 하자보수보증, 선급금보증, 유보기성금보증, 지급보증의 보증, 하도급대금지급보증, 인허가 보증, 임시전력수용예납보증, 납품보증, 건설기계대여대금지급보증 (12)
기계설비 건설 공제조합	전문건설공제조합법 (1997부터는 건설 산업기본법 적용)	1996.7.1	입찰보증, 계약보증, 공사이행보증, 하자보수보증, 선급금보증, 유보기성금지급보증, 어음보증, 하도급대금지급보증, 건설기계대여대금지급보증, 손해배상보증, 인·허가보증, 자재구입보증, 임시전력수용예납보증, 리스보증 (14)

출처 : 건설공제조합, 전문건설공제조합, 기계설비건설공제조합 홈페이지

건설 관련 공제조합은 건설보증사업의 한도소진에 대한 위험에 대비하기 위해서 보증한도를 설정하고 있다. 총 보증한도는 「건설산업기본법 시행령」 제57조에 근거하여 출자금과 준비금을 합산한 금액의 35배 이내로 설정된다. 건설 관련 공제조합은 출자지분한도, 기업능력한도, 신용운영자금 미이용 한도를 합산하여 조합원별 보증한도를 부여하여 운영, 금융성 보증 한도는 조합원별 보증한도의 일정비율(건설공제조합의 경우 40%) 이내로 규정한다.

보증수수료는 보증상품별로 차등적인 기본 요율을 설정하고 있으며, 신용등급, 담보여부 등을 감안하여 할인·할증하여 운영하고 있다.

② 융자사업

건설 관련 공제조합은 「건설산업기본법」 제56조 제2항에 근거하여 조합원이 출자한 금액의 한도 내에서 해당 조합원에게 대출해 주는 융자사업을 운용하고 있다. 융자한도는 총 가용자금의 범위 내로 하고 있다. 조합원의 자금 수요 충족을 위하여 융자용 대기성자금을 보유함으로써 자금의 안전운용이 가능하도록 하고, 융자는 모든

조합원에게 균점되도록 하고 있다. 조합의 융자이자는 조합원의 금융비용 부담을 덜어주기 위하여 은행 등 일반제도권 금융기관보다도 낮은 이자율로 제공하고 있다.

통상적으로 융자 종류별 한도는 운영위원회의 승인을 거쳐 결정한다. 건설공제조합의 경우 총 융자한도는 출자금에 따라 기본 융자한도와 일반담보 융자한도, 공사대확정채권의 융자한도, 어음할인 개별한도로 구별하여 운영 중이다. 그리고 융자대상 공사는 건설공제조합의 경우, 예정가격의 72% 이상으로 낙찰된 공사로 규정하여 적용 중이다. 특히 계약공사를 착공한 공사에 한하여 적용하고 있다. 또한 '계약서에 공사기간 중 1회 이상의 기성금 지급이 명시되어 있는 공사'의 항목이 추가로 적용되고 있다.

③ 공제사업

건설 관련 공제조합의 공제사업은 조합과 공제계약을 체결한 조합원이 공제기간 내에 미리 약정한 사고의 발생에 대하여 손해를 입은 경우, 그 손해에 대해서 공제약관에 따라 공제금을 지급하는 사업이다. 건설산업기본법 상 고용된 자의 복지 향상과 업무상 재해로 인한 손실을 보상하는 공제사업 및 건설공사 손해공제사업이 가능하다.

④ 수익 사업

건설 관련 공제조합은 건설산업기본법 시행령 제56조의2에 대통령령으로 정하는 수익사업으로 기타 수익사업을 운영하고 있다.

3) 서울보증보험

보승보험은 1969년 설립된 대한보증보험(주)과 1989년 설립된 한국보증보험(주)의 이원체제 유지하다가, 과다한 경쟁과 경기불황의 장기화에 따른 보험사고 급증으로 지급불능사태로 인한 도산 위험에 직면하게 되면서, 1998년 11월 구소소성 차원에서 서울보증보험(주)으로 통합되었다.

공적자금이 지원되기 전까지는 실질적 지배주주가 없는 상태였으며, 1999년 6월 유동성 확보를 위한 공적 자금이 지원되면서 예금보험공사가 93.9%의 지분으로 최대

주주가 되었다.

〈서울보증보험의 연혁 및 주요 사업〉

1969.02 대한보증보험(주) 설립

1974.06 국제신용보험 및 보증보험 협회(ICISA) 가입

1989.11 한국보증보험(주) 설립

1998.11 서울보증보험(주) 출범(대한보증보험 및 한국보증보험 합병)

2004.03 CIC(신용정보회사)설립: 에스지신용정보(주)

2004.04 CB(Credit Bureau) 컨소시엄 참여

2005.10 S&P 신용평가 A^-등급 획득

2006.04 Fitch 신용평가 A등급 획득

2007.11 한국신용평가 신용등급 AAA등급 획득

2007.12 업계 최초 차세대 전산시스템(ISIS) 구축

2010.10 ERM 구축 완료

2011.01 Fitch 신용평가 A^+등급 상향

2012.09 S&P 신용평가 A등급 상향

2013.02 New CI(SGI서울보증) 선포

2013.03 Fitch 신용평가 AA^-등급 상향

2015.10 한국기업평가 신용평가 AAA획득

2017.06 S&P 신용평가 A^+등급 상향

2018.06 Global Top3 달성(국제신용·보증보험협회 회원사 기준)

- 보증보험, 신용보험 및 재보험의 계약체결
- 보험료의 징수 및 보험금의 지급을 위한 자산운용
- 부동산 및 사무용기계장비 임대
- 보증업무에 관한 경영 및 자문

〈표 5-3〉 보증보험사의 소유구조 변화

구 분	자 본 금	주 주 구 성
대한보증보험	50억	보험감독원(24.0%), 대한재보험(24.0%), 동부화재(24.0%), 10개손보사 (24.0%), 우리사주 (4%)
한국보증보험	1,031억원	대한보증(15.6%), 삼성생명 (11.4%), 대한재보험(7.0%), 기타손생보사(66.0%)
서울보증보험 (자금지원전)	50억원	금융감독원(10.1%), 대한재보험(14.8%), 동부화재(10.8%), 우리사주(3.5%), 기타손생보사(60.8%)
서울보증보험 (자금지원후)	13,319억원	예금보험공사(93.9%), 생명보험회사(4.8%), 손해보험회사 (1.3%)
서울보증보험 (2019년 현재)	1,745억	예금보험공사 (93.85%), 삼성생명 (3.56%)

(1) 법적 근거

서울보증보험의 사업범위 법적 근거는 「보험업법」 제4조 제2항 제4호의 '손해보험상품'에 관련된 규정에 의거한다.

〈보험업법〉

제4조(보험업의 허가) ① 보험업을 경영하려는 자는 다음 각 호에서 정하는 보험종목별로 금융위원회의 허가를 받아야 한다.

1. 생명보험업의 보험종목
가. 생명보험
나. 연금보험(퇴직보험을 포함한다)
다. 그 밖에 대통령령으로 정하는 보험종목
2. 손해보험업의 보험종목
가. 화재보험
나. 해상보험(항공·운송보험을 포함한다)
다. 자동차보험
라. 보증보험
마. 재보험(再保險)
바. 그 밖에 대통령령으로 정하는 보험종목
3. 제3보험업의 보험종목
가. 상해보험
나. 질병보험
다. 간병보험

라. 그 밖에 대통령령으로 정하는 보험종목

② 제1항에 따른 허가를 받은 자는 해당 보험종목의 재보험에 대한 허가를 받은 것으로 본다.

③ 생명보험업이나 손해보험업에 해당하는 보험종목의 전부(제1항제2호라목에 따른 보증보험 및 같은 호 마목에 따른 재보험은 제외한다)에 관하여 제1항에 따른 허가를 받은 자는 제3보험업에 해당하는 보험종목에 대한 허가를 받은 것으로 본다.

④ 생명보험업 또는 손해보험업에 해당하는 보험종목의 전부(제1항제2호라목에 따른 보증보험 및 같은 호 마목에 따른 재보험은 제외한다)에 관하여 제1항에 따른 허가를 받은 자는 경제질서의 건전성을 해친 사실이 없으면 해당 생명보험업 또는 손해보험업의 종목으로 신설되는 보험종목에 대한 허가를 받은 것으로 본다.

⑤ 제3보험업에 관하여 제1항에 따른 허가를 받은 자는 제10조제3호에 따른 보험종목을 취급할 수 있다.

⑥ 보험업의 허가를 받을 수 있는 자는 주식회사, 상호회사 및 외국보험회사로 제한하며, 제1항에 따라 허가를 받은 외국보험회사의 국내지점(이하 "외국보험회사국내지점"이라 한다)은 이 법에 따른 보험회사로 본다.

⑦ 금융위원회는 제1항에 따른 허가에 조건을 붙일 수 있다.

[전문개정 2010. 7. 23.]

(2) 사업내용

서울보증보험은 크게 신용보험과 보증보험을 분류하여 상품을 취급한다. 유형별로는 취업 및 교육훈련, 계약상 채무(의무)이행, 법령상 채무(의무)이행, 개인의 경제활동 지원, 기업의 경제활동 지원, 전자상거래 피해 보호로 구분하고 있다. 관련 사업의 내용은 아래 표와 같으며, 건설공제조합의 보증사업과 유사한 측면이 있는 '보증보험' 사업만을 발췌하여 정리하였다.

〈표 5-4〉 서울보증보험 운용상품 현황

구 분		상 품 종 류	비고
보증보험	취업 및 교육훈련	신원신용보험(FCI), 신원보증보험, 신원보증인보증보험, 교육훈련비보증보험, 생활안정자금, 주택관리사보험	6개
	계약상 채무(의무)이행	이행보증보험(입찰, 계약, 차액, 하자, 선금급, 상품, 지급), 가맹사업보증보험, 공매보증보험, 공사이행보증보험, 분양보증보험, 설계감리보증보험, 성능보증보험, 시공보증보험	10개
	법령상 채무(의무)이행	경매보증보험, 공탁보증보험, 납세보증보험, 보석보증보험, 선원보증보험(유기구제비용담보용), 선원보증보험(체불임금담보용), 인허가보증보험, 임대주택보증보험, 프랜차이즈보증보험	10개
	개인의 경제활동 지원	개인주택자금보증보험, 생활안정자금보증보험, 소액대출보증보험, 전세금보장신용보험(개인용)	4개
	기업의 경제활동 지원	ABS보증보험, e-Biz보증보험, 리스보증보험, 부품성능보증보험, 전세금보장신용보험(법인용), 할부판매보증보험	6개
	전자상거래 피해보호	전자상거래(결제수단)보증보험, 전자상거래(쇼핑몰)보증보험	2개
신 용 보 험		사잇돌 중금리대출, 개인금융신용보험, 모기지보험, Mortgage Credit Insurance(MCI), 할부신용보험, 매출채권신용보험, 상업신용보험, 신용카드신용보험, 전세금보장신용보험	9개

출처 : 서울보증보험(주) 홈페이지

4) 그 외 건설보증기관

(1) 엔지니어링공제조합

엔지니어링공제조합은 1989년 (사)기술용역공제조합이란 이름으로 설립되었다. 보증업무, 융자업무, 리스크 관리 및 자산운용 업무를 하고 있다. 최근에는 공격적인 영업을 하고 있어 건설 관련 공제조합과 경쟁관계를 유지하고 있다.

〈엔지니어링공제조합 연혁 및 주요 사업〉

1989.11 (사)기술용역공제조합 창립

1990.03 과학기술처 장관 설립인가

1993.05 보증업무 개시

1993.05 특수법인 엔지니어링공제조합 출범

2002.02 설계 및 감리 손해배상공제사업 개시

2008.03 부처 이관(지식경제부)

2010.11 수출보증사업 개시

2011.04 엔지니어링손해배상공제사업 개시

2011.11 제1차 5개년 EFC발전계획 수립

2011.12 ESCO보증사업 개시

2012.12 신용평가제도 도입

2013.01 신용평가등급 AAA획득(나이스디앤비)

2014.01 신재생에너지 보증·공제사업 개시

2015.04 자산 5천억원 달성

2015.06 제2차 5개년 EGI발전계획 수립

2015.12 무디스 해외신용평가등급 A3획득

2016.01 보증언더라이팅제도 시행

2016.11 베트남 공동보증 MOU체결

2018.09 태양광발전소 종합공제사업 개시

2018.12 자산 1조원 달성

2019.11 제3차 5개년 EGI발전계획 수립

- 보증업무
- 융자업무
- 리스크관리 및 자산운용

① 법적근거

엔지니어링공제조합의 설립 및 사업범위는 「엔지니어링산업 진흥법」에서 규정하고 있으며, 세부적인 사항은 시행령에 명시되어 있다. 동법 제34조에서는 설립목적을 "자주적인 경제활동과 경제적 지위 향상을 도모하는데 필요한 보증과 융자 등을 원활히 하기 위하여 산업통상부장관의 인가를 받아 공제조합을 설립할 수 있다."고 규정하고 있다.

〈엔지니어링진흥법〉

제34조(공제조합의 설립 등)

① 엔지니어링사업자는 자주적인 경제활동과 경제적 지위 향상을 도모하는 데에 필요한 보증과 융자(融資) 등을 원활히 하기 위하여 산업통상자원부장관의 인가를 받아 공제조합을 설립할 수 있다. 〈개정 2013. 3. 23.〉

② 공제조합은 다음 각 호의 사업을 수행한다. 〈개정 2011. 7. 25., 2012. 1. 26.〉

1. 조합원의 엔지니어링활동(엔지니어링활동에 수반되는 구매·조달·제작 및 설치 등의 일괄수주사업을 포함한다)에 따른 의무 이행에 필요한 보증·공제 및 융자
2. 조합원의 엔지니어링기술 수출에 따른 주거래은행의 설정에 관한 보증
3. 조합원이 엔지니어링활동의 대가로 받은 어음의 할인
4. 조합원의 엔지니어링활동에 필요한 기자재의 구매 알선
5. 조합원의 기술 향상과 기술훈련에 관한 지원
6. 조합원을 위한 공동이용시설의 설치 및 운영
7. 조합원의 도산 방지를 위한 공제 및 조합원에게 고용된 자의 복지 향상을 위한 공제
8. 공제조합의 설립목적 달성에 필요한 관련 사업에의 투자
9. 제17조에 따라 설립된 엔지니어링집합투자기구에 대한 출자(조합의 임직원이 「자본시장과 금융투자업에 관한 법률」 제84조에 따른 이해관계인에 해당하지 아니하는 경우에 한한다)
10. 조합원의 정보처리 및 컴퓨터 운용과 관련한 서비스의 제공
11. 엔지니어링활동과 연관된 산업 분야의 지원을 위하여 다른 법률에서 정하는 보증·공제·융자 등의 사업
12. 정부 또는 지방자치단체 등이 위탁하는 사업
13. 제1호부터 제12호까지의 사업에 부대되는 사업으로서 정관으로 정하는 사업

③ 공제조합은 제2항에 따른 사업(같은 항 제9호의 사업을 제외한다)을 위하여 필요한 경우에는 「한국자산관리공사 설립 등에 관한 법률」 제2조제1호에 따른 금융회사등으로부터 필요한 자금을 차입할 수 있다. 〈개정 2011. 5. 19., 2019. 11. 26.〉

엔지니어링 공제조합의 사업부문은 보증, 공제, 융자, ENG 복합단지, 조합원복지서비스 사업 등으로 구성되어 있다. 보증 및 공제 대상 등은 「엔지니어링산업 진흥법 시행령」 48조에서 규정하고 있다. 여기서는 '엔지니어링 활동에 속하는 것으로서 조합의 정관에서 정하는 사업'으로 대상을 규정하고 있다. 시행령48조의 3에서도 공제의 대상을 '법 제42조에 따른 엔지니어링사업자의 손해배상공제사업'과 '그 밖에 조합원의 도산방지 및 조합원에게 고용된 자의 복지향상을 위해 조합의 정관에서 정하는

공제사업'으로 규정하고 있다. 이처럼 보증대상 사업을 포괄적으로 규정한다는 점이 건설산업기본법의 규정과 확연히 차별된다.

동법34조에서는 공사를 수행하는 업체의 '의무이행'에 필요한 보증·공제·융자하도록 규정하고 있다는 점도 눈에 띈다. 엔지니어링공제조합의 주요사업은 건설공제조합과 큰 차이는 없으나, 사업 특성상 규모에서 차이가 난다.

〈엔지니어링진흥법 시행령〉

제48조(보증 및 공제의 대상 등)

① 법 제34조제2항제1호에 따른 보증·공제의 대상은 다음 각 호와 같다. 〈개정 2012. 6. 29.〉

1. 엔지니어링사업(엔지니어링활동에 수반되는 구매·조달·제작 및 설치 등의 일괄수주사업을 포함한다)
2. 그 밖에 엔지니어링활동에 속하는 것으로서 조합의 정관에서 정하는 사업

② 법 제34조제2항제2호에 따른 주거래은행의 설정에 관한 보증의 대상은 엔지니어링기술을 외국에 수출하려는 자로 하며, 조합은 보증서를 발급하기 위하여 「금융산업의 구조개선에 관한 법률」 제2조제1호에 따른 금융기관과 협약을 체결하여야 한다.

③ 법 제34조제2항제7호에 따른 공제의 대상은 다음 각 호와 같다.

1. 제42조에 따른 엔지니어링사업자의 손해배상공제사업
2. 그 밖에 조합원의 도산 방지 및 조합원에게 고용된 자의 복지 향상을 위해 조합의 정관에서 정하는 공제사업

② 사업(상품)내용

보증상품 운용의 법적근거는 「엔지니어링산업진흥법」 제34조에서의 규정이며, 「건설기술진흥법」, 「에너지이용합리화법」제27조의 2, 「신에너지 및 재생에너지 개발·이용·보급 촉진법」제30조의 2, 「산지관리법」, 「엔지니어링 또는 에너지 관련 법령」에서 정한 사업에 기초한다. 보증상품은 입찰보증, 계약보증, 계약이행보증, 선급금보증, 하자보증, 인·허가보증 등이 있다.

융자사업의 법적근거도 「엔지니어링산업진흥법」 제34조에서 규정되어 있다. 대출이자율은 연 2%, 연체 이자율은 연 7~10% 정도로 알려져 있다. 조합원이 조합에 출자 후 사업자금의 융자, 운영자금의 융자, 기타 사업대금으로 수령한 어음의 할인 등

을 위해 융자서비스를 받고자 하는 경우 심사를 거쳐 서비스가 제공된다.

공제사업의 법적근거로는 「엔지니어링산업진흥법」제31조, 동법 시행령 제42조, 「건설기술진흥법」제34조에 따른 실시설계 및 건설사업관리 등에 규정되어 있다. 세부적인 상품으로 엔지니어링손해배상공제, 설계·감리 등 용역손해배상공제, EPC 종합공제, 신재생 에너지손해배상공제, 근로자재해공제 등이 운용되고 있다.

〈표 5-5〉 엔지니어링공제조합의 보증, 융자, 공제사업

구 분	내 용
보증사업	입찰보증, 계약보증, 계약이행보증(기술용역이행보증), 하자보수보증, 인·허가보증, 수출보증, 선급금보증
융자사업	사업 자금, 운영자금, 어음할인
공제사업	엔지니어링손해배상 공제, 설계·감리 등 용역손해 배상공제, EPC 종합공제, 신재생에너지손해배상공제, 근로자재해공제

출처 : 엔지니어링공제조합 홈페이지

(2) 정보통신공제조합

정보통신공제 1988년 설립하여 보증, 융자, 공제 사업 등을 영위하고 있다. 그 외에도 기자재 구매알선, 광고, 부동산 개발, 노인복지시설, 관광 등 광범위한 사업을 수행하고 있다.

〈정보통신공제조합 연혁 및 주요 사업〉

1988.03 조합설립 발기인회 및 설립등기

1889.08 한국전기통신공사협회와 업무위탁 계약체결

2004.07 자본금확인서 발급기관 시성

2006.11 특별융자 실시

2007.11 근로자재해공제 시행

2008.02 수관부처 변경(방송통신위원회)

2008.11 영업배상책임공제 시행

2010.08 상해공제 시행

2013.06 신원보증공제 도입

2013.10 업무위탁이행보증, 임시전력수용예납보증, 시운전성능이행보증 신설

2013.10 기업신용등급 AAA획득(나이스디앤비)

2014.01 신용평가제도, 지급보증의 보증 시행

2016.11 기업신용등급 AAA획득(나이스디앤비)

2017.07 기업신용등급 E-1(AAA) 획득

2018.06 기업신용등급 E-1(AAA) 획득

2018.12 자산 5천억원 달성(당기순이익 100억원 달성)

2019.07 기업신용등급 E-1(AAA) 획득

- 정보통신공제조합 사업
- 보증, 융자, 공제 등의 사업
- 출자, 어음의 할인, 기자재 구매알선 및 정보제공, 장비대여, 임대 등 운영관리
- 광고, 부동산개발, 체육시설 설치/경영, 선불식 할부거래
- 노인복지시설, 통신판매 관련 사업
- 관광, 법인 및 연구기관에 출연
- 기타 위탁하는 사업

① 법적 근거

정보통신공제조합의 관련사업은 「정보통신공사업법」에서 규정하고 있고, 세부사항은 시행령, 정관에서 규정하고 있다. 동법 제45조에 나타난 설립 목적은 “공사업자 간의 협동조직을 통하여 자율적인 경제활동을 도모하고, 공사업의 경영에 필요한 각종 보증과 자금융자 등을 하기 위하여 과학기술정보통신부장관의 인가를 받아 정보통신공제조합을 설립할 수 있다”고 규정하고 있다. 주요 사업은 이러한 설립 목적에 입각하여 수행하도록 하고 있다.

〈정보통신공사업법〉

제45조(정보통신공제조합의 설립)

① 공사업자는 공사업자 간의 협동조직을 통하여 자율적인 경제활동을 도모하고, 공사업의 경영에 필요한 각종 보증과 자금융자 등을 하기 위하여 미래창조과학부장관의 인가를 받아

정보통신 공제조합(이하 "조합"이라 한다)을 설립할 수 있다. 〈개정 2013.3.23.〉

② 조합은 법인으로 한다.

③ 조합의 설립 및 감독 등에 필요한 사항은 대통령령으로 정한다.

동법 제46조에서 보증 및 융제 등 사업 내용 등을 포함한 모든 사업을 통틀어 포괄적으로 규정하고 있다. 구체적으로는 법 제46조에서는 정보통신공제조합의 사업을 '조합의 정관에서 정하는 사업'으로 규정하며, 보증은 동법 시행령 제44조의 '보증범위'에서 규정하고, 보증범위 이외 사업 범위에 대해서는 제한없이 규정하고 있다. 이는 건설 관련 공제조합의 사업범위 내용 규정과는 뚜렷하게 차별된다.

〈정보통신공사업법〉

제46조(조합의 사업) 조합의 사업은 정관으로 정한다.

〈정보통신공사업법 시행령〉

제44조(보증의범위) 법 제45조제1항에 따른 조합의 보증범위는 조합원이 다음 각호의 공사 등을 수행하는 과정에서 부담하는 의무 또는 채무로 한다. 〈개정 2011.3.29.〉

1. 제2조에 따른 공사와 그 공사에 관한 용역
2. 「건설산업기본법」에 따른 건설공사
3. 「해외건설촉진법」에 따른 해외건설공사
4. 「전기공사업법」에 따른 전기공사
5. 「소방시설공사업법」에 따른 소방시설공사
6. 「문화재수리 등에 관한 법률」에 따른 문화재수리공사

② 사업(상품)내용

보증사업은 「정보통신공사업」제46조 동법 시행령 제44조에서 정한 사업으로, 보증 상품은 입찰보증, 계약보증, 계약이행보증, 선급금보증, 하자보증, 인·허가보증, 차액보증으로 구성되어 있다.

융자사업은 「정보통신공사업법」제46조에서 규정하고 있으며, 대출이자율 연 2.48%, 연체 이자율은 연 7%로 명시되어 있다. 조합원이 조합에 출자 후 운영자금의 융자, 기타 사업대금으로 수령한 어음의 할인 등의 사유로 융자를 받고자 하는 경우, 심사 없이 제공한다.

공제사업은 「정보통신공사업법」제46조, 「중소기업협동조합법」제115조(노란우산공제)에 근거하고 있으며, 운용중인 상품은 영업배상책임공제, 상해공제, 노란우산공제, 신원보증공제, 근로자재해공제 등이 있다.

〈표 5-6〉 정보통신공제조합의 보증, 융자, 공제사업

구 분	내 용
보증사업	입찰보증, 계약보증, 공사이행보증, 하자보수보증, 차액보증, 인·허가보증, 정보통신기자재구입보증, 임대차보증, 납세보증, 업무위탁이행보증, 선급금보증, 유보기성금지급보증, 하도급대금지급보증, 시운전성능이행지급보증, 지급보증의 보증
융자사업	운영자금, 어음할인
공제사업	영업배상책임공제, 상해공제, 노란우산공제, 신원보증공제, 근로자재해공제

출처 : 정보통신공제조합 홈페이지.

(3) 기타

① 주택도시보증공사

「주택건설촉진법」에 의거 '93년 설립된 주택사업공제조합이 1999년 6월초 주식회사로 전환되어 대한주택보증(주)이 되었다. 설립 목적은 주택사업에 필요한 각종 보증과 자금의 융자를 통한 주택사업의 편익증진 및 주택의 안정적 공급보장으로 입주자를 보호하기 위해 설립되었다. 주요 사업으로 분양보증, 하자보수보증 등의 각종 보증과 주택사업자금 등의 융자, 또는 택지의 개발, 공급업무 등을 수행하고 있다. 주택도시보증공사는 개인이나 기업을 출자 조합원으로 운영하는 것이 아니라 정부가 자본금의 68.3%를 출자하여 기관이 운영되고 있다. 「주택도시기금법」 제31조(감독)에 의거해 국토교통부장관은 주택도시보증공사의 업무를 감독하며, 동법 제32조(보고·검사 등)에 따라 공사 경영건전성 유지에 필요한 검사는 금융감독위원회에서 실시할 수 있다.

〈주택도시보증공사 연혁 및 주요 사업〉

1992.12 주택건설촉진법 개정 공포

1992.12 주택사업공제조합 설립준비위원회 구성

1993.2 주택건설촉진법 시행령개정

1993.4 주택사업공제조합정관 인가
1993.4 설립등기
1993.4 업무개시
1999.6 (주)대한주택보증으로 전환
2008.12 환매조건부 미분양아파트 매입사업 실시
2011.04 준주택건설자금 국민주택기금보증 출시
2012.01 정비사업자금대출보증, 주택구입자금보증 출시
2012.06 PF대출유동화보증, 분양대금채권유동화보증 출시
2013.12 임대관리이행보증 출시
2014.08 오피스텔분양보증, 단독주택보증 출시
2015.01 주택도시기금법 공포 및 제정 (주택도시기금 전담 운용 기관지정)
2015.07 주택도시보증공사 출범(주택도시기금법)
- 분양보증, 하자보수보증 등 각종보증
- 주택사업에 필요한 운영자금 등의 융자
- 택지의 개발, 공급등

② 일반금융기관

산업은행, 수출입은행 등 시중 금융기관에서 각 건설업체들의 요구에 따라 지급보증, 선급금보증 등 건설 보증상품을 취급하고 있다.

5) 건설보증기관 특징 비교

건설 관련 공제조합이 운영하고 있는 보증, 융자, 공제사업 등은 서울보증보험을 포함한 여타 보증기관과 비교해 보면 제공하는 운용상품이 유사하거나 동일하다. 먼저 보증상품의 경우 서울보증보험을 비롯한 여타 기관들과 거의 유사한데, 특히 입찰보증, 계약보증, 공사이행보증, 손해배상보증, 선급금지급보증, 하도급대금지급보증, 하자보수보증 등은 동일하다고 볼 수 있다. 융자서비스의 경우에도 운영자금과 어음할

인을 공통적으로 운용하고 있다. 마지막으로, 공제상품의 경우도 근로자재해공제, 손해공제 등이 동일하다.

하지만 근원적인 차이점도 존재한다. 가장 기본적이며 중요한 차이는 건설 관련 공제조합과 서울보증보험을 비롯한 여타 보증기관은 관리·감독을 받는 법체계가 다르다는 점이다. 건설 관련 공제조합은 건설산업기본법의 감독을 받지만, 서울보증보험은 보험업법의 규제를 받는다. 여타 보증기관도 각각의 관련 개별법의 규제를 받고 있다. 이에 따라 새로운 상품개발, 인·허가권 소유 여부 등에서 차이가 발생한다. 건설 관련 공제조합은 새로운 상품개발에 대한 대응이 매우 어려운 구조를 가지고 있다. 이에 반해, 서울보증보험 및 여타 보증기관은 유연한 체계를 가지고 있다. 건설 관련 공제조합은 새로운 상품에 대해서 개별 건별로 감독부처에게 인·허가를 받아야 하는 제약이 있지만, 서울보증보험 및 여타 보증기관은 사업 인·허가권의 자율성이 상당히 보장되는 체계를 가지고 있다.

사업 범위에도 큰 차이가 있다. 건설 관련 공제조합의 보증사업 중 7개 상품만 법에서 규정되어 있으나, 서울보증보험 및 여타 보증기관은 보증상품을 탄력적으로 운용할 수 있다. 특히 여타 보증기관의 경우 사업범위는 법령에서 종류를 제한하지 않으며, 사업 내용이 포괄적으로 규정되어 있다. 예를 들어 엔지니어링공제조합의 경우 법에서는 보증을 포괄적으로 규정하고, 시행령에서 구체적으로 규정하거나 정관에 위임하고 있다. 정보통신공제조합은 보증, 융자, 공제, 기타 사업까지 모든 사업에 대하여 정관에 위임하는 형태를 가지고 있다.

서울보증보험은 보증상품 운용 외에 재보험 사업을 적극적으로 확대하고 있다. 건설공사보험을 비롯한 손해보험 계약을 재보험으로 인수하고 있는 등 국내 및 해외 보험사들과의 재보험 업무를 활발히 수행하고 있다. 보험업 상 상품규정 체계가 열거주의 형식을 띠고 있으나, 규정된 상품은 '손해보험'으로 매우 포괄적인 의미를 내포하여 신상품 개발에 유연한 구조를 가지고 있다.

〈표 5-7〉 유관기관의 사업범위 비교

구 분	설립연도	주무 관청	근거법령	개정 연도	보증규정 체계	공개규정 체계	수익 사업	제한 여부
건설 공제조합	1963.07	국토 교통부	건설산업 기본법	건산법 제정 (1996.12) 사업범위	법령에 근거	피고용인복지 향상, 조합원 손해배상 공제는 건설공사 공제로 한정	법령에 근거	○
전문건설 공제조합	1983.03							
기계설비 건설공제조합	1996.05							
서울보증보험	1962.01	금융 위원회	보험업법	2008.02 '보험업의 허가' 개정으로 유지	손해보험 상품 허용	해당사항 없음		x (보증)
엔지니어링 공제조합	1992.11	산업 통상 자원부	엔지니어링산업진흥법	제정된 이후 변화된 사항 없음	제한 없음	피고용인복지 향상, 조합원 손해배상공제는 제한하지 않음	-	x
정보통신 공제조합	1988.02 / 조합사업: 열거식 규정	과학 기술 정보통신부	정보통신 공사업법	2008.02 '조합사업'정관에 위임	사업범위 제한 없음 (조합사업은 정관사항으로 위임)			x

출처: 삼일회계법인(2020) 일부내용 수정.

3. 건설 관련 공제조합의 의사결정구조

1) 법적 근거

「건설산업기본법」은 제7장 건설 관련 공제조합 및 건설보증에서 '공제조합의 설립'(제54조) 및 '운영위원회(제55조의2)'을 규정하고 있다. 세부적인 사항은 시행령에서 규정하고 있다. 시행령에서는 제7장 건설 관련 공제조합에서 정관의 기재사항(제50조), 운영위원회(제51조) 등을 규정하고 정관에 일임하고 있다. 정관에서는 총회, 운영위원회, 이사회, 감사, 조직 등을 규정하고 있는데, 세부사항은 종합, 전문, 기계설비 등 건설업 등록업종별 공제조합에 따라 다소 내용이 상이하다. 아래에서는 각 조합별로 의사결정구조를 살펴보고자 한다.

2) 건설공제조합

건설공제조합은 조합 정관에 따라 건설업 면허·등록을 하고 출자를 통해 조합에 가입한 조합원들이 대의원 지위를 가지고 의사결정을 하고 있다.

대표적인 의사결정기구로 총회, 운영위원회, 이사회가 있다. 총회와 운영위원회는 의사결정 통제기능을 수행하고, 이사회는 의사결정 관리기능을 수행하는 2중 지배구조 형태이다. 총회는 조합의 최고의사결정 기구이며, 운영위원회는 조합사업의 최고 심의·의결 및 업무집행 감독기구이며 통제기능 또한 겸하고 있다. 이사회는 이사장 권한에 속하는 중요사항을 결정하고 총회와 운영위원회 의결사항을 집행하는 경영기능을 수행한다.

총회는 조합원 전원 총회로 운영되다가 2002년부터 총회운영의 효율화, 의사진행의 안정성 및 상정안건의 밀도 있는 심의 등을 위하여 대의원제 총회로 바뀌어 운영되고 있다. 대의원 총회는 1좌 1의결권에 따라 의사결정되며 선출직 대의원과 당연직 대의원으로 구성되어 있다. 선출직 대의원은 총 출자좌수에 비례하여 지점별로 선출되고, 당연직 대의원은 총회의 다양한 의견을 수렴하기 위해 조합 또는 건설분야에서 중추적 지위에 있는 자로 별도의 절차 없이 선임된다. 선출직대의원은 다시 지점 당 다수출자 조합원으로 구성되는 일반대의원과 각 지점의 대의원추천위원회에서 추천 위임되는 추천대의원으로 나누어진다.

정기총회는 이사장이 소집하여 매년 3월 이내에 개최되며, 임시총회는 이사장이 필요하다고 인정하는 경우나 운영위원회의 요구, 총 출자좌수 1/5이상 조합원 서면요구 또는 감사요구에 따라 이사장이 소집하는 경우 개최된다. 전무이사를 포함한 임원진은 각 지역을 방문하여 총회 안건에 대한 내용 및 기대효과를 공유하고 의견을 수렴한다. 조합원은 출자 1좌마다 1의결권을 보유하며 대의원에게 의결권을 위임한다. 의결정족수는 총 출자좌수 과반수의 대의원이 출석하여 그 의결권의 과반수가 찬성하는 경우 만족된다. 총회는 결산승인이 이루어지는 3월 정기총회와 10월 임시총회로 연 2회 개최되고 있으며 대의원 간담회를 통해 의결사항에 대한 정보공유가 대의원 대상으로는 이루어진다.

총회의 의결사항은 다음과 같다.

- 정관의 변경
- 조합원의 제명
- 예산의 결정 및 결산의 승인
- 이사장, 감사, 운영위원회 위원의 선임과 해임에 관한 사항
- 기타 법과 정관에 의하여 그 권한에 속하는 사항

운영위원회는 「건설산업기본법」에 근거한 공제조합 내 실질적 최고 의사결정 기구라 할 수 있는데, 공제조합사업에 대한 심의·의결 및 업무집행 감독을 수행한다. 운영위원회는 건설산업기본법(55조의2)과 동법 시행령(51조)에 따라 30인 이내로 구성되어야 한다. 현재 위원장 1명, 부위원장 1명 외 28인 이내의 위원으로 구성되어 있고 임기는 3년이며 연임이 가능하다. 당연직 위원 2명은 건설협회회장과 공제조합 이사장으로 구성되며, 2명의 정부위원은 국토교통부장관 및 기획재정부장관이 그 소속 공무원 중에서 지명한다. 13명의 조합원 위원은 총회에서 조합원 중 선임되며, 13명의 전문가 위원은 운영위원회에서 위촉예정인원의 2배수를 추천하여 국토교통부장관이 위촉하게 되어 있다.

운영위원회는 필요에 따라 위원장이 소집하는 일반소집과 위원 3인 이상 소집요구 또는 감사소집 요구에 따라 위원장이 소집하는 특별소집으로 나뉘며, 회의사항 및 소집이유를 기재한 서면 소집에 의해 소집이 이루어진다. 운영위원의 의결권은 평등하며 위원 정수의 과반수 출석, 출석위원 과반수 찬성에 따라 의결이 이루어진다. 2006년 영업·업무 관련 규정(7개)을 이사회에 위임하고 중요 사항만 운영위원회에서 의결하도록 운영위원회 규정이 변경되었다. 운영위원회는 비상근 의결기관으로 공제조합의 운영이나 의결사항의 집행에는 참여하지 않으므로 공제조합 운영에 대한 책임은 없다. 운영위원회 이외에도 다양한 분야의 경영과 관련한 의사결정의 전문성을 확보

하고자 리스크관리위원회, 상각채권심사위원회 공제분쟁조정위원회와 세부사업관련 위원회를 두어 운영 중에 있다.

운영위원회의 의결사항과 관련된 근거 및 구체적인 내용은 다음과 같다.

〈건설산업기본법〉

제51조 제6항 ⑥ 운영위원회는 다음 사항을 심의 및 의결하며 공제조합의 업무집행을 감독할 수 있다. 〈개정 1999.8.6.〉

1. 사업계획 기타 업무 운영 및 관리에 관한 기본방침
2. 예산안에 관한 사항
3. 차입금에 관한 사항
4. 임원의 임명에 관한 사항
5. 기타 정관이 정하는 사항

〈건설공제조합 정관〉

제67조 제1항(규정의 제정)

① 다음 사항 중 정관으로 정하는 것을 제외하고는 운영위원회의 의결을 거쳐 규정으로 정한다.

1. 총회 및 운영위원회에 관한 사항
2. 업무운영의 기본방침과 관련한 중요사항 (2006.11.03. 변경)
3. 조합원 및 민간투자사업법인의 권리·의무에 관한 사항 (2005.11.01. 변경)
4. 임원 및 직원의 복무 및 보수 등에 관한 사항
5. 기구 및 조직에 관한 사항
6. 기타 정관의 시행에 관하여 필요한 중요사항

〈운영위원회 규정 제5조(의결사항)〉

① 위원회는 다음 사항을 의결한다.

1. 조합의 사업계획 그 밖의 업무운영 및 관리에 관한 기본방침에 관한 사항(2014.08.26. 개정)
2. 예산안에 관한 사항
3. 결산에 관한 사항
4. 차입금에 관한 사항
5. 예산의 각항간 전용에 관한 사항
6. 예비비 지출승인에 관한 사항

7. 채무부담행위에 관한 사항
8. 업무감사에 관한 사항
9. 이사장·상임감사의 추천 및 전무이사·이사의 임면·인준에 관한 사항 (2004.11.10. 개정)
10. 지점·보상센터의 설치에 관한 사항 (2006.11.24. 개정)
11. 이사장이 발의한 정관변경안에 관한 사항
12. 증자 및 감자에 관한 사항
13. 총회소집에 관한 사항
14. 이사장 직무대행 지명에 관한 사항
15. 임원의 대표권에 관한 사항
16. 보증등급별 보증한도 배수 및 보증종류별 한도제한에 관한 사항 (2006.11.24. 신설)
17. 보증수수료 중 보증종류별 기본요율에 관한 사항 (2006.11.24. 신설)
18. 보증수수료 중 운용요율 범위에 관한 사항 (2006.11.24. 신설)
19. 융자(어음할인 포함) 한도액의 결정에 관한 사항
20. 융자금이자율 및 어음할인요율에 관한 사항 (2006.11.24. 신설)
21. 공제약관, 공제료 및 책임준비금의 산출방법과 관련된 기본방침에 관한 사항 (2006.11.24. 신설)
22. 재보험, 단체보험 등 위험분산방법에 관한 사항 (2006.11.24. 신설)
23. 구매알선 건설자재의 종류 및 수량결정에 관한 사항 (2006.11.24. 신설)
24. 신용등급체계에 관한 사항 (2006.11.24. 신설)
25. 신용정보의 수집·이용 및 교환과 관련된 기본방침에 관한 사항 (2006.11.24. 신설)
26. 프로젝트파이낸싱 적용대상과 총한도 결정에 관한 사항 (2006.11.24. 신설)
27. 지분계산의 대상재산, 계산기준 및 방법에 관한 사항 (2006.11.24. 신설)
28. 공사에 관련한 기술의 개선·향상 및 교육에 관한 사항
29. 공동이용시설의 설치·운용 및 관리에 관한 사항
30. 조합이 목적달성에 필요한 관련사업에의 투자에 관한 사항
31. 국가·지방자치단체 또는 정관 제53조 제1항 제11호의 규정에 의한 공공단체가 위탁하는 사업에 관한 사항(2004.11.10. 개정)
32. 업무위탁에 관한 사항
33. 업무대행에 관한 사항
34. 임원의 타직업 종사 승인에 관한 사항
35. 총회가 건의한 사항
36. 별표에서 정하는 제규정의 제정 및 개폐에 관한 사항(199.01.01, 2001.12.05., 2002.10.23., 2003.02.12., 2003.04.04., 2006.02.07, 2006.11.24., 2007.04.23. 개정)
37. 부대사업에 관한 사항
38. 그 밖에 법과 정관에 따라 그 권한에 속하는 사항(2014.08.26. 개정)

② 제1항 제36호에 의한 규정 중 기본적인 중요사항 이외의 사항 및 그 밖의 업무처리에 관한 사항에 대하여는 이사회의 의결을 거쳐 정하되 이를 운영위원회에 보고하여야 한다. (2006.11.24., 2014.08.26. 개정)

이사회는 운영위원회의 의결사항을 집행하고, 이사장의 권한에 속하는 중요사항을 의결하고 및 제반 사업을 진행하는 기구이다. 이사회는 이사장, 전무이사 각 한명과 정관상 5명 이내의 이사로 구성되며 임기는 3년이고 최대 3년까지 연임이 가능하다. 이사장은 운영위원회 추천을 받아 총회에서 선임되며 조합원을 대표하고 법·정관에 의해 운영위원회가 결정한 기본방침에 따라 조합업무를 총괄하며 총회의 의장직을 수행한다. 전무이사와 이사는 이사장이 임명하되 운영위원회 인준을 받아야 한다. 전무이사는 이사장을 보좌하고 이사는 이사장과 전무이사를 보좌하며, 전무이사와 이사 모두 필요시 이사장이 정하는 바에 따라 조합업무를 분장한다. 이사회는 매주 월요일 정례회의를 이사장이 소집하며 필요에 따라 수시소집과 서면결의 절차를 가진다. 구성원의 2/3 이상 출석하고 출석위원의 2/3 이상이 찬성하는 경우 의결정족수가 만족되며, 감사는 의결권이 없이 이사회에 출석 및 발언하는 것이 가능하다. 이사회는 법·령·정관에 위반한 행위를 하거나 그 임무를 게을리하여 조합원에 손해를 끼친 경우 연대하여 손해배상을 할 책임이 있다. 이사장 또는 이사장의 직무를 대행하는 전무이사의 이해가 조합의 이해와 상반되는 경우 대표권을 제한받을 수 있다. 이 경우 감사가 조합을 대표한다.

이사회의 의결사항은 다음과 같다.

- 운영위원회에 부의할 사항
- 이사장의 권한에 속하는 중요한 사항
- 업무 수행 상 필요한 규정 및 방침에 관한 사항
- 기타 이사장이 필요하다고 인정하는 사람

3) 전문건설공제조합

전문건설공제조합의 지배구조는 의사결정기구인 총회와 운영위원회, 그리고 집행기구인 이사회의 2중 지배구조 형태로 건설공제조합과 거의 유사하다.

총회는 정관상 존재하는 최고 의사결정 기구로서, 정관의 변경, 조합원의 제명, 예산의 결정 및 결산의 승인, 이사장·감사 및 조합원 운영위원회의 선임과 해임을 결정하는 역할을 수행한다. 총회의 의장은 전문건설공제조합의 이사장이며, 100명~200명 이내의 대의원으로 구성된다. 대의원은 다수출자 대의원, 소액출자 대의원으로 구성된 선출직대의원과 당연직대의원으로 구분된다.

운영위원회는 실질적인 최고 의사결정 기구로서, 조합의 사업계획 및 기타 업무 운영 및 관리에 관한 기본 방침, 예산안 및 차입금에 관한 사항, 이사장과 감사의 추천 및 전무이사와 이사의 임면 인준에 관한 사항을 의결한다. 위원장은 운영위원 중에서 호선하여 선임된다. 전문건설협회 회장, 공제조합 이사장, 기획재정부와 국토교통부 소속 공무원 각 1명 등 당연직 4명, 총회의 선임을 통해 조합원 중 운영위원회 참여가 결정된 조합원 10명, 운영위원회가 추천하고 국토교통부 장관이 위촉하는 공인회계사, 변호사, 금융전문가 등의 전문가 9명, 총 23명으로 구성되어 있다.

이사회는 일정 사항에 대한 의결을 담당한다. 운영위원회에 부의할 사항, 업무 수행상 필요한 규정 및 방침에 관한 사항 등을 의결한다. 이사장은 운영위원회의 추천을 거쳐 총회에서 선임된다. 전무이사와 이사 등 5인 이내의 상임이사는 이사장이 임명하고 운영위원회가 인준하도록 되어있다.

4) 기계설비건설공제조합

기계설비건설공제조합도 건설산업기본법에 근거하므로, 기본적인 의사결정구조의 골격은 건설공제조합과 거의 유사하다. 다만, 그 규모와 세부적인 규정에서 다소 차이가 난다.

총회는 100인 이상 200인 이내의 대의원으로 구성되며, 정기총회와 임시총회로 구분된다. 이사장이 총회를 소집하고 의장이 된다. 정기총회는 연 1회의 이사장 소집으로 이루어지며, 임시총회는 건설공제조합의 운영방식과 동일하다. 의결권은 조합원에게 출자 1좌마다 하나의 의결권을 부여한다. 대의원의 선출방식은 조합 가입 후 1년 이상 경과된 조합원으로 선정하고, 일정한 좌수마다 1인의 비율로 출자좌수에 따라 선출한다. 대의원은 다수출자조합원을 우선적으로 선정하고, 일정한 출자좌수 이상을 보유한 조합원의 경우에는 당연직으로 임명한다. 이에 따른 임기는 3년으로 정해져 있다. 총회의 의결사항은 건설공제조합과 동일하다.

운영위원회는 여타 건설 관련 공제조합과 마찬가지로 조합에서 실질적인 최고 의사결정기구의 지위를 가지고 있다. 공제조합 관련 중요사항 등의 심의·의결, 조합의 업무진행 등을 감독한다. 운영위원은 19인으로 구성되어 있다. 조합원 운영위원은 대의원 중에서 선임하고, 운영위원의 임기는 3년이며, 연임도 가능하다. 운영위원회는 위원 정수의 3분의 2이상의 출석으로 성립하고 위원 정수의 과반수의 찬성으로 의결한다. 운영위원회의 의결사항은 정관에 주요 의결사항 등을 규정하고, '운영위원회 규정'에서 더 구체적으로 제시되어 있다. 주요 의결사항은 다른 건설 관련 공제조합의 의결사항과 거의 동일하다.

이사회는 이사장과 이사로 구성되며, 이사장이 의장이 되는 구조이다. 이사회는 구성원의 2/3 이상의 출석과 출석이사 2/3 이상의 찬성으로 의결한다. 이사회는 이사장이 소집하며 매주 월요일에 정례적으로 개최하고 필요에 따라 수시로 소집이 가능하다. 이사장은 조합을 대표하며 총회의 의장이 되고, 법과 정관이 정하는 바에 의하여 운영위원회가 결정한 기본방침에 따라 조합의 업무를 총괄하는 직분을 담당한다.

4. 공제조합의 한계

1) 상호회사 형태의 한계

공제조합은 기본적으로 금융기관으로서의 성격과 상호회사(mutual company)로서의 성격을 가지고 있다. 상호회사란 소유구조 상의 특징을 의미한다. 따라서 조합의 경영 목표는 조합 이용에 대한 조합원간의 형평성이 확보된 가운데 조합원의 권익을 극대화하는데 두어야 하므로 조합원 출자 지분가치의 유지 및 증대가 필수적이다. 여기서 형평성이란 모든 조합원을 동등하게 취급하여야 한다는 것이 아니라 신용도가 동일한 조합원은 동등하게 취급하고 신용도가 다른 조합원은 신용도에 따라 차별적으로 취급한다는 것을 의미한다. 경영에 있어서도 주식회사와는 달리 기존의 출자금에 근거한 자본금에 의존하여야 하는 한계를 지니고 있다. 따라서 조합경영의 안정성이 더욱 중요하게 대두된다. 나아가 근본적인 문제점은 공제조합 경영에 있어 목표가 이윤극대화와 정확히 일치하지 않는다는 점이다.

건설공사이행에 관한 보증을 실제로 담당하는 기관이 건설 관련 공제조합으로 한정되어 있고, 각 공제조합들은 상호회사적인 특성으로 인해 운영방식이 신축적이지 못함으로써 상당한 비효율이 초래되고 있다. 최근 들어서는 운영위원회의 운영방식을 개선하는 등 자구책을 강구하고 있으나, 조합으로서 갖는 근본적인 속성을 극복하는 데는 한계를 드러내고 있다.

인위적인 보증업무영역 구분이나 진입제한은 해당기업을 보호하기보다 업체의 창의적인 활동을 억제하는 방향으로 작용하여 왔다. 사업 영업상 독·과점 구조에서는 보증기관 간의 경쟁에 의한 경영혁신의 유인이 없었으나 공제조합 가입이 임의화되는 것을 계기로 각 공제조합들은 신용보증 모형을 개발하고 경영혁신 방안을 모색해 왔다.

공제조합은 보증업무와 대출·어음할인 등의 금융업무를 통해 금융기관적 성격을 지니고 있다. 보증금기관의 경영에서 유념해야할 중요한 사항은 피보증인의 채무 불이행에 대한 위험을 담보하여 원활한 보증 업무가 가능하도록 지불능력(solvency)을 확보하는 것이다. 이는 보증기관의 공신력을 유지하는 데 필수적이기 때문이다. 공제조합은 보증기관으로서의 역할을 수행하고 있으므로 반드시 유의해야 할 측면이다. 그리고 지불능력 유지의 문제는 관리·감독의 문제와도 연관된다.

(1) 출자금에 의존한 운영

건설 관련 공제조합의 출자금은 조합원이 임의로 처분할 수 있는 예금이 아니라 조합으로부터 저렴한 가격으로 보증을 받기 위해 조합에 기탁한 담보적 예치금이라 볼 수 있다. 신용의 부여와 위험의 인수는 균형을 이루어야 하고, 이를 위해서 보증한도는 조합원의 신용도와 지불능력 그리고 채무이행능력 등에 따라 부여하는 것이 합리적이다. 하지만 현행의 보증한도는 출자규모를 주요 기준으로 하고 있다. 따라서 조합원 스스로 보증한도를 결정할 수 있게 되어 있고 이 점 때문에 역선택의 가능성이 높게 나타나고 있다. 또한 기업의 신용도와는 무관한 출자좌수에 따른 보증한도 부여는 보증한도가 꼭 필요한 업체에게는 적은 한도를 부여하고 상대적으로 덜 필요한 업체에게는 더 많은 한도를 부여하게 되어 보증서비스 배분의 비효율을 초래할 수 있다.

조합원에 대한 출자금은 보증납입에 대한 준비금으로서 보증에 대한 담보적 성격을 갖는다. 공제조합의 특성상 조합의 출자금은 보증 채권자에 대한 보증의무 이행을 위해 우선적으로 사용되어야 한다. 출자금은 조합원이 임의로 처분할 수 있는 예금이 아니라 조합으로부터 저렴한 수수료를 지급하고 보증을 받기 위해 조합에 기탁한 擔保적 예치금이기 때문이다. 출자금의 성격에 부합되는 조합업무의 합리적인 운용이 이루어질 때 조합원은 출자금의 가치를 최대화할 수 있으며 이에 따라 보증업무를 통한 혜택을 증진시킬 수 있다.

기존의 출자금 운용현황을 보면 건설업체 급증에 따른 신규조합원의 가입 증가로 총자산 및 자본금 규모는 외형적 성장을 보이고 있다. 그리고 이 같은 외형적 성장은 공제조합들의 구조적인 문제점을 직시하지 못하게 하는 방향으로 작용하기도 했다. 과거 공제조합은 보증납입금의 급증으로 여유자금이 고갈되고 은행으로부터 자금을 차입하는 등 극심한 유동성 부족 현상을 경험한 바 있다. 보증금납입의무 이행을 위한 여유자금의 부족으로 긴급히 당좌차입을 해야만 했던 것은 마치 은행이 지불준비금이 부족하여 중앙은행으로부터 긴급히 자금지원을 받는 것과 동일한 상황으로 볼 수 있다. 따라서 보증기관으로서의 공신력이 훼손당할 수 있는 상황에 처하게 됐음을 의미하는 것이다.

출자금 운용에 있어 이와 같은 유동성 부족 현상을 겪게 된 이유는 출자금의 대부분이 조합원에게 융자되고 있어 보증 납입에 대한 준비금으로서, 즉 보증에 대한 담보적 성격으로서의 출자금의 역할이 매우 제한되어 보증납입에 대한 지불능력을 안정적으로 유지하기가 어렵게 되었기 때문이다.

출자금 운용 문제의 핵심은 과도한 대출에 있으며 이는 다시 대출업무 운용의 비효율로부터 기인하는 것으로 볼 수 있다. 대출업무 상의 문제점으로는 첫째, 대출자산이 준고정 자산화하고 있다는 점이다. 융자를 받은 조합원이 만기 시 대출연장을 요구하는 경우가 많으며 이에 대해 조합 특성상 거의 자동적으로 연장되고 있다. 이에 따라 유동자산인 대출금의 유동성이 실제로는 매우 낮은 실정이다. 둘째, 조합의 주업무가 보증영업임을 감안할 때 타 금융기관에 비해 대출금리가 낮아 건설보증 영업환경 변화에 효율적으로 대처하는 데 지장을 주고 있다.

출자금 운용 그 중에서도 융자 업무가 보증한도제도에 비하여 갖는 또 다른 문제점은 도덕적 해이이다. 면허제가 등록제로 전환되면서 고의부도 등의 도덕적 해이가 나타날 수도 있다. 물론 이는 출자금 운용의 문제만은 아니며 지급보증과 면허제의 등록제 전환이라는 요인이 같이 작용하고 있기는 하나 근본적으로는 출자금 운용, 즉 융자업무의 문제점이라고 볼 수 있다.

(2) 출자금에 근거한 보증한도 부여

현행의 조합원에 대한 보증한도부여 방식은 출자규모에 의하고 있다. 신용의 부여와 위험의 인수는 균형을 이루어야 하고, 이를 위해서 보증한도는 조합원의 신용도와 지불능력 그리고 채무이행능력 등에 따라 부여하는 것이 바람직하다. 하지만 현행의 개별보증한도는 출자규모를 기준으로 하고 있다. 따라서 조합원 스스로 보증한도를 결정할 수 있게 되어 있고 이 점 때문에 역선택의 가능성이 높다. 출자금을 기회비용치인을 넘어서 매몰비용(sunk cost)으로 인식하게 되면 역선택의 가능성이 발생한다. 조합의 보증한도는 과다하게 부과되고 있어 조합원은 항상 보증한도에 여유가 있고 특정 지급보증에 대한 한도가 부족하더라도 일정규모의 대출금을 상환하거나 출자증권을 매입하여 조합과의 한도거래 약정을 갱신하는 절차를 거치면 보증한도의 부족상태를 해결할 수 있기 때문에 항상 역선택의 가능성이 존재한다.

(3) 수익구조

공제조합은 출자금을 재원으로 한 자산운용수익에 주로 의존하는 수익구조를 보여

주고 있다. 2018년 기준 출자금을 운용한 자산운용수입인 융자금이자 수익이 4.7%~9.5%, 예금이자수익이 25.9%~48.4%에 달하고 있으며, 보증수수료 수입은 기관별로 26.2%~47.6%로 나타나고 있다. 반면에 서울보증보험의 보증수수료 수입은 전체 수익구조의 77.9%를 차지하고 있다. 이는 2001년도의 건설 관련 공제조합의 융자금이자 수익이 33%~36.1%, 예금이자수익이 33.2%~36.3%, 보증수수료 수입 21%~26.6%, 서울보증보험의 보증수수료 수입은 93.8%에 비해 많은 변화가 있었음을 알 수 있다. 특히 건설공제조합은 본연의 보증업무를 통해 수익을 내는 구조로 변화했음을 알 수 있다.

다만 향후 보증시장 개방으로 인해 보증시장내 경쟁이 가속화될 경우, 조합원은 보증을 위한 출자 유인이 줄어들게 될 것이며, 따라서 출자금을 통한 자산운용 수익에 의존하는 현재의 조합 운영방식은 더욱 한계를 가지게 될 것이다.

〈표 5-8〉 수익구조 비교(2018)

(단위 : %)

구 분	건설공제조합	전문건설공제조합	기계설비건설공제조합	서울보증보험(주)
영업수익	74.1	51.9	51.6	99.2
보증수수료	47.6	26.2	30.0	77.9
융자금이자	9.5	-	4.7	-
기타	17.0	-	16.9	21.3
영업외수익	25.9	48.1	48.4	0.8
이자수익	9.4	-	45.2	-
기타	16.5	-	3.2	-

출처 : 각 조합별 통계연보, 삼일회계법인(2020) 자료 보완.

2) 감독규정의 경직성

건설보증시장의 독과점적 구조로 공제조합 및 서울보증보험이 건설보증의 대부분을 인수하고 있다. 하지만 건설 관련 공제조합은 조합원의 출자로 형성된 공제기관이라는 점에서 상품개발과 수수료 운용, 보증한도 지정 등 조합의 효율적 운영에 제약요인이 있으며, 조합의 의사결정에 있어서도 공제조합은 경쟁에 적합하지 못한 의사결정 구조를 가지고 있다.

현재 공제제도를 규정하고 있는 「건설산업기본법」에는 일부 공제조합의 경쟁력을 저해하는 비효율적인 규정이 있다. 「건설산업기본법」의 규정에 따르면 공제조합의 사업(제56조)을 조합원이 건설업을 영위함에 필요한 입찰보증·계약보증·손해배상보증·하자보수보증·선급금보증·하도급보증과 기타 대통령령이 정하는 보증 및 조합원의 건설업 영위에 필요한 자금의 융자 등으로 규정하고 있어 '건설업'을 사업대상으로 규정하고 있다. 반면에 동법 시행령에서는 조합의 보증대상(제56조)을 '건설산업'으로 규정하고 있어 동일법 내에서 상호 모순되는 조항을 가지고 있는 등 보증의 대상에 대한 논란의 여지가 있다.[2)]

또한 「건설산업기본법」의 시행령에는 공제조합이 취급할 수 있는 보증업역을 건설산업, 해외건설업, 전기공사업, 정보통신공사업, 소방설비공사업, 문화재 수리업 등으로 한정하고 있으며, 조합이 취급할 수 있는 보증상품도 일일이 규정하고 나열된 보증과 범위에 한해서만 취급을 허용하고 있다. 따라서 공제조합이 상품을 개발하고자 할 경우 법 또는 시행령을 개정하여야만 가능하게 되어 있다.[3)]

현대의 건설산업은 건설기술의 발전과 복잡성 등으로 인해 과거 단순방식의 발주에서 턴키(Turn-Key)와 CM 등 건설업과 건설용역업이 복합적으로 발주되고 있어 과거와 같이 '건설업'만을 대상으로 한 보증사업에는 어려움이 있는 실정이다. 또한 조합은 설립목적과 법령상 조합원에 한하여 보증이 가능하도록 규정하고 있으나 턴키방식, 공동이행방식 등 공사발주방식의 다양화, SOC사업 등 사업시행방식의 다양화로 비조합원이 공사를 수주하는 사례가 빈번히 발생하고 있다. 대부분 조합원과 불가분적인 관계로 공사를 수주한 비조합원에게도 보증을 제공해야 하는 상황이 발생하고 있는 것이다.

이러한 한정된 법규정은 자칫 공제조합의 사업영역을 제한하고 시대변화에 대한 능동적인 대처를 어렵게 하여 공제조합의 경쟁력을 제한하는 결과를 가져오게 된다.

---

2) '건설산업'이라 함은 '건설업'과 '건설용역업'을 말한다. 이중 '건설업'이란 건설공사를 수행하는 업을 말하며, '건설용역업'이란 건설공사에 관한 조사·설계·감리·사업관리·유지관리 등 건설공사와 관련된 용역을 수행하는 업을 말한다.

3) 서울보증보험의 경우 자율적인 상품개발후 반기마다 금융감독원에 보고하게 되어 있음을 감안할 때 이러한 규정은 공제조합의 경쟁을 제한하게 된다.

(1) 서로 다른 주관 부처

건설 관련 공제조합이 국토교통부의 관리·감독을 받는데 반해 서울보증보험은 금융위원회와 기획재정부 등의 관리·감독을 받고 있다. 즉 공제조합은 건설산업기본법의 감독을 받고 있는데 반해, 서울보증보험은 보험업법의 규제를 받고 여타 보증기관은 각각 개별법에 의해 관리를 받고 있다.

앞서 언급했듯이 공제조합은 기본적으로 금융기관으로서의 성격과 조합원의 출자에 따른 상호회사로서의 성격을 동시에 갖고 있어, 운영방식에 비효율이 초래되고 있다. 즉, 공제조합은 조합원의 출자로 형성된 공제기관이라는 점에서 수수료 운용, 보증한도 지정 등 조합의 운영에 제약을 받고 있다.[4] 여기다 감독부처가 달라 서로 다른 법의 규제를 받아 금융·보험기관과 동등한 대접[5]을 받지 못하고 있고, 사업영역과 상품개발 등에 있어 경쟁력을 확보하기 힘든 실정이다.

(2) 보증대상 및 보증종목의 제한

기업은 소비자의 다양한 욕구를 수용할 수 있는 상품을 구비하고 있을 때 경쟁력을 가지게 된다. 그러나 공제조합의 상품은 법령이나 정관 등에 의해 영업행위를 할 수 있는 범위가 정해져 있으며, 새로운 상품을 개발하여 시판하기 위해서는 반드시 까다로운 법령과 정관의 개정 절차가 요구된다. 공제조합은 이러한 법령상의 제한으로 건설업 영위에 필요한 다양한 조합원의 욕구를 수용하는데 어려움이 있는데 반해, 보험업법에 의해 규제를 받는 서울보증보험은 상대적으로 보증대상이나 보증상품 개발에 있어 자유로운 실정이다.

건설 관련 공제조합은 조합원의 출자금액을 기반으로 운영되기 때문에 조합원을 주 보증대상으로 하고 있는데 반해, 서울보증보험은 보증대상에 제한이 없다. 또한 서울보증보험은 기업의 경제활동을 지원하는 보증 외에도 다양한 기능의 보증업무를 자율적으로 취급하고 있으나, 공제조합들은 건설산업기본법에 의해 업무영역에 제한

4) 최근 들어서는 운영위원회의 운영방식을 개선하는 등 자구책을 강구하고 있으나, 조합으로서 갖는 근본적인 속성을 극복하는 데는 한계를 드러내고 있다.

5) 공제조합은 일반기업으로 취급받고 있어 대손충당금의 설정과 각종 세제 혜택에 있어 불이익을 받고 있다.

을 가지고 있다.

「건설산업기본법」 제56조의 '공제조합의 사업'은 원칙적으로 금지·제한하고 예외적으로 허용되는 행위만을 규정하여, 규정 사항에 대한 업무 범위 또는 행위요건을 한정한다. 예시된 행위는 아래의 다음과 같다.

- 건산법 제56조 1항의 1에서의 '조합원이 건설업을 운영할 때 필요한 입찰보증, 계약보증(공사이행보증을 포함), 손해배상보증, 하자보수보증, 선급금보증, 하도급보증과 그 밖에 대통령령으로 정하는 보증'의 내용
- 건산법 제56조 1항의 2의 '조합원이 건설업을 운영할 때 필요한 자금의 융자'의 내용
- 건산법 제56조 1항의 5의 '조합원에 고용된 사람의 복지향상과 업무상 재해로 인한 손실을 보장하는 공제사업 및 조합원이 운영하는 사업에 필요한 건설공사 손해공제사업'의 규정 사항

이는 허용할 수 있는 행위만을 제시한 열거주의식 방식으로, 변경, 조정 등 개정 사항에 대해 유연한 대처가 서울보증보험을 포함한 여타 보증기관보다 어려운 실정이다. 사업범위의 개선이 필요하면 주무관청의 재량에 의존해야 한다. 새로운 상품 및 시장 진입이 필요한 경우, 행정상 법 개정에 필요한 과정 등을 추가적으로 추진해야 한다. 따라서 상당한 행정비용과 시간이 소요될 수 있다. 이러한 방식으로는 건설업자의 다양한 요구에 부응하는 신상품 또는 신규 사업 진출을 통한 성장성 확보 등에 한계가 있을 수밖에 없다는 지적이다.

(3) 위험관리에 한계

수익의 원천이 특정 사업에 집중되어 있을 경우 해당 사업의 위기는 결국 기업의 위기와 같게 되므로 수익 구조상 집중된 위험은 사업의 다각화 또는 상품의 다양화 등에 의해 그 위험을 분산해야 한다.

공제조합의 경우 조합은 조합원으로 한정된 고객과 건설공사로 보증대상이 제한되어 있다. 이로 인해 위험의 분산이 어렵고 조합과 조합원이라는 출자제도의 한계로 인해, 보증인수 요건을 충족할 경우 보증대상에 문제가 있어도 보증을 인수해야 하는

등 향후 경쟁이 본격화될 경우 상대적으로 위험관리에 어려움이 있다. 반면에 서울보증보험의 보증대상과 상품에는 거의 제한이 없으며, 보증인수에도 융통성이 있어 상대적으로 위험관리가 용이한 실정이다.

서울보증보험은 보증업무를 보험의 형태로 운영하기 때문에 재보험을 통한 위험의 분산이 가능하여 담보력을 극대화할 수 있고 신용공여의 폭이 넓다. 이에 반해, 공제조합은 위험의 분산기능이 부족하기 때문에 보유위험에 대한 부담이 커 보증수요자의 제한적 신용범위 내 또는 담보 위주의 보증업무를 수행하고 있어 보증기관으로서의 역할이 제한적이다.

제6장

건설보증의 운용실태

1. 건설 관련 3대 공제조합의 출자좌수, 자본금
2. 건설보증 실적
3. 그 외 사업
4. 수익구조 및 자금운용
5. 리스크 관리 체계

제 6 장

건설보증의 운용실태

1. 건설 관련 3대 공제조합의 출자좌수, 자본금

1) 조합원 및 출자좌수

건설 관련 공제조합이 건설업체의 자주적인 경제활동과 경제적 지위향상을 지원해 주기 위한 전제조건은 건설업체가 조합원으로 참여하여 조합에 출자를 하여야 한다는 것이다. 공제조합의 성격상 조합원의 지위를 가져야 건설관련 보증서를 발급과 자금융자 등을 받을 수 있고 각종 지원을 받을 수 있다. 따라서 건설공제조합의 역할을 진단하는데 있어서 건설공제조합의 가입과 출자 현황 파악이 우선되어야 한다. 건설 관련 공제조합은 건설산업기본법에 근거하여 출자를 기반으로 사업을 영위하고 있다. 따라서 출자좌수는 공제조합의 영업에 기초가 되는 요소라 할 수 있다.

과거에는 건설업 면허를 취득하면, 면허와 관련된 공제조합에 반드시 가입하도록 의무화되어 있었다. 하지만 시장자율화의 흐름 속에 정부는 2000년 「건설산업기본법」을 개정하여 건설업체가 건설 관련 공제조합 가입여부를 자율적으로 결정하게 하는 임의화로 바뀌게 되었다. 당시 조합원의 이탈에 대한 우려가 많았지만, 큰 변화는 없었다.

이후 건설업 면허에 대한 신뢰성을 확보하고 부실시공 등으로 인한 피해를 최소화시키기 위해 미국 캘리포니아주의 인허가보증(License Bond) 개념을 응용하여 2001년부터 건설업 등록 시 보증가능금액확인서 제출을 의무화하였다. 「건설산업기본법」 시행령 제13조(건설업의 등록기준) 제1항 제1의2호는 국토교통부장관이 지정하는 금융기관 등이 발급하는 보증가능금액확인서를 제출하도록 규정하고 있다. 건설업체들은 종합 및 전문건설업 등록을 위하여 보증가능금액확인서를 발급받기 위해 건설 관련 공제조합에 가입하여 출자를 해야 한다. 즉 조합원이 되어 출자를 하면 보증가능금액확인서를 발급받을 수 있는 것이다. 따라서 건설 관련 공제조합은 공제조합 가입임의화로 조합가입은 자율적으로 되었지만, 즉시 보증가능금액확인서 제도가 도입되어 과거 조합가입 의무화 시절과 큰 차이가 없는 조합원 확보가 가능하게 되었다.

2007년에는 일반건설업과 전문건설업 등 건설업역에 대한 칸막이 규제가 철폐되었다. 이전에는 일반건설업체는 일반건설업 면허만, 전문건설업체는 전문건설업 면허만을 등록할 수 있게 규제하고 있었다. 2007년 우리나라 건설업의 해묵은 규제였던 일반건설업체와 전문건설업체간 겸업제한을 폐지하여 전문건설체도 전문 건설영역은 물론 일반건설공사에도 참여할 수 있게 되었다. 즉 법규에서 정한 등록요건을 충족할 경우 일반건설업체가 전문건설업을 전문건설업체가 일반건설업을 영위할 수 있게 된 것이다. 건설관련 공제조합들은 겸업제한 철폐에 따른 조합원의 이동을 우려하였다. 특히 전문건설공제조합의 경우 일반건설업 면허를 취득한 전문건설업체의 건설공제조합으로의 이동으로 조합원 수가 감소하지 않을까 염려하였다. 하지만 제도 개선 이후 새롭게 겸업을 하는 건설업체 수가 예상만큼 많지 않았고 기존 조합에서의 출자를 빼낸다는 것이 기업경영에 부담으로 작용하여 큰 변화는 없었다. 이는 건설산업계에서 필요한 경우 이미 제도개선 이전에도 다른 명의로 필요한 건설면허를 등록하여 보유해 왔음을 의미하며, 보증서 발급을 위해 기존의 출자금을 빼서 새로운 면허에 맞는 조합으로 굳이 이동할 필요가 없었다는 것이다.

공제조합의 다양한 사업 및 수익으로 이어지는 주요 지표인 조합원수의 경우 건설공제조합은 글로벌 금융위기 영향으로 감소 후 완만한 회복세를 보이고 있다. 이에 반해 전문건설공제조합과 기계설비건설공제조합은 꾸준한 증가세를 보이며 기관의 역대 최대 조합원을 기록하고 있다. 특히 전문건설공제조합의 경우 조합원의 꾸준한 증가세가 두드러진다.

건설공제조합은 보증가능금액확인서 제도가 처음 도입된 2001년 직후인 2002년 두 배 정도의 조합원 수가 급증했다. 이후 미세한 증가세를 보이다 2007년에는 겸업제도가 폐지되면서 조합원수가 최대치를 기록하였다. 글로벌 금융위기로 2008년부터는 건설경기 하락으로 인해 2013년까지 감소하다 최근 다시 완만한 회복세를 보이고 있다. 전문건설공제조합과 기계설비건설공제조합 모두 보증가능금액확인서 제출 의무화 이후 조합원수가 지속적으로 꾸준히 증가하는 추세를 보이고 있다. 전문건설공제조합의 경우 2001년 28,899개사에서 2018년에는 52,444개사로 증가하였고, 기계설비건설공제조합은 2001년 4,276개사에서 2018년 7,521개사로 각각 설립된 이래 최대 조합원수를 기록하고 있다.

〈그림 6-1〉 조합원 수 변화 추이

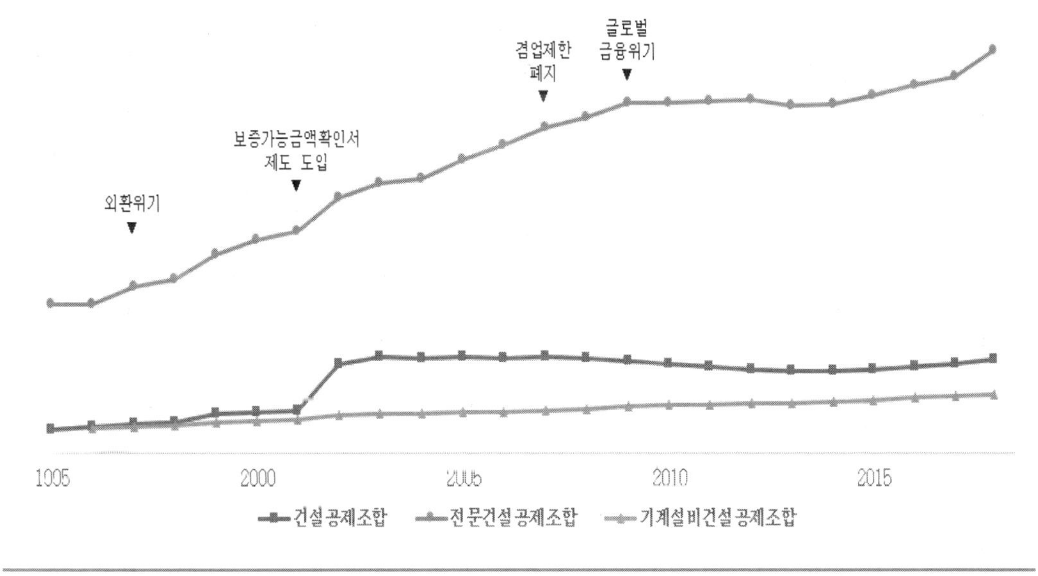

〈표 6-1〉 조합원 수 변화 추이

(단위 : 개사, %)

연도	건설공제조합		전문건설공제조합		기계설비건설공제조합	
	조합원 수	증감률	조합원 수	증감률	조합원 수	증감률
1995	2,934	-	19,260	-	-	-
1996	3,434	17.0	19,368	0.6	3,235	-
1997	3,716	8.2	21,538	11.2	3,438	6.3
1998	4,021	8.2	22,664	5.2	3,520	2.4
1999	4,988	24.0	25,769	13.7	3,929	11.6
2000	5,185	3.9	27,680	7.4	4,104	4.5
2001	5,454	5.2	28,899	4.4	4,276	4.2
2002	11,490	110.7	33,215	14.9	4,964	16.1
2003	12,483	8.6	35,149	5.8	5,109	2.9
2004	12,390	-0.7	35,678	1.5	5,067	-0.8
2005	12,417	0.2	38,152	6.9	5,189	2.4
2006	12,334	-0.7	39,996	4.8	5,325	2.6
2007	12,507	1.4	42,346	5.9	5,438	2.1
2008	12,250	-2.1	43,727	3.3	5,691	4.7
2009	11,862	-3.2	45,599	4.3	6,100	7.2
2010	11,478	-3.2	45,527	-0.2	6,187	1.4
2011	11,077	-3.5	45,692	0.4	6,279	1.5
2012	10,850	-2.0	45,890	0.4	6,318	0.6
2013	10,517	-3.1	45,254	-1.4	6,437	1.9
2014	10,524	0.1	45,427	0.4	6,593	2.4
2015	10,803	2.7	46,474	2.3	6,808	3.3
2016	11,131	3.0	47,766	2.8	7,115	4.5
2017	11,572	4.0	49,073	2.7	7,270	2.2
2018	12,160	5.1	52,444	6.9	7,521	3.5

자료 : 각 기관별 통계연보.

건설 관련 공제조합에 가입하려면 건설업체는 출자를 반드시 해야만 한다. 출자는 조합가입 규정에 따라서 이루어지고, 출자는 공제조합의 자본금 규모를 결정하게 된다. 출자규모에 따라서 보증한도액이 정해지기 때문에 건설공사 수주규모가 많은 건설업체의 경우 출자좌수가 기준 출자좌수보다 월등하게 많은 것으로 나타난다. 각 공제조합의 출자좌수는 조합원수가 증가함에 따라 점차 증가하는 추이를 보이고 있다.

건설공제조합의 경우를 구체적으로 살펴보면 다음과 같다. 1995년 건설시장 개방

이후 건설업 면허가 증가하면서 조합원도 늘어나는 추세를 보였으나, 건설공제조합의 가입이 임의화되고 조합가입에 필요한 출자좌수도 하향 조정됨에 따라 출자좌수가 크게 증가하지는 않았다. 하지만 1997년 외환위기 이후 신규 건설업체가 급증하는 가운데 2002년부터 보증가능금액확인서 제도가 시행되면서 조합에 가입하는 건설업체의 수가 증가함에 따라 출자좌수가 단기적으로 엄청나게 증가하였다. 이처럼 출자좌수의 변동원인은 건설공제조합의 자체적인 문제에 의한 것이 아니라 건설경기와 건설시장 그리고 건설산업의 구조적인 문제에 의한 것으로 볼 수 있다. 건설공제조합은 2009년에 391만좌로 전년대비 1.3% 증가한 이후 2017년까지 변동 없이 유지하다가 최근에 396만좌로 증가하였다. 전문건설공제조합은 출자좌수가 2009년 435만좌까지 꾸준히 증가하였으며, 2010년부터 5년 동안 451만좌를 유지하다가 최근 2018년에는 499만좌까지 증가하였다. 기계설비건설공제조합의 출자좌수는 꾸준히 증가하였으며, 2018년에는 전년대비 3% 증가한 754만좌를 달성하였다.

〈그림 6-2〉 출자좌 수 변화 추이

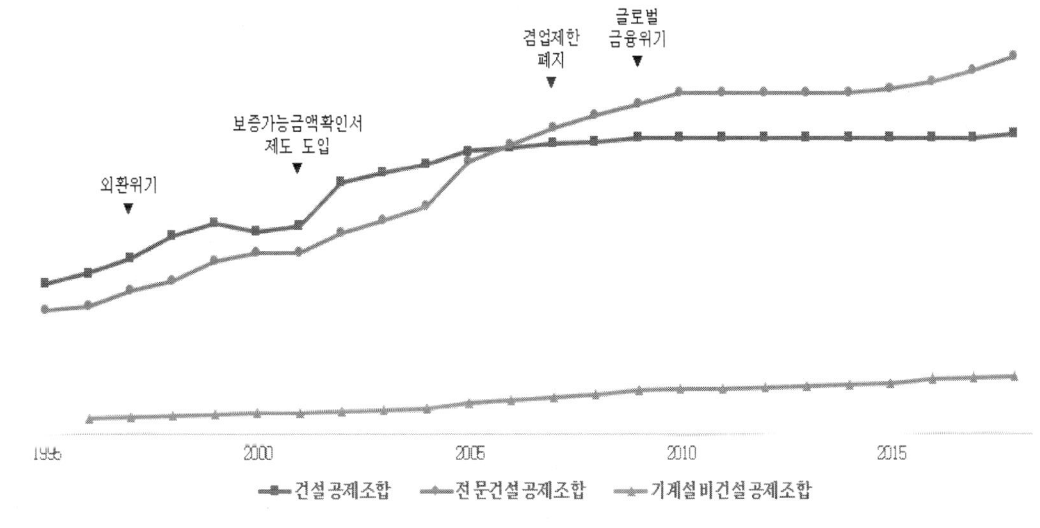

〈표 6-2〉 출자 좌수 변화 추이

(단위 : 천좌, %)

연도	건설공제조합		전문건설공제조합		기계설비건설공제조합	
	출자좌수	증감률	출자좌수	증감률	출자좌수	증감률
1995	1,988	-	1,625	-	-	-
1996	2,122	6.7	1,686	3.8	211	-
1997	2,322	9.4	1,890	12.1	227	7.6
1998	2,619	12.8	2,025	7.1	241	6.2
1999	2,776	6.0	2,283	12.7	265	10.0
2000	2,675	-3.6	2,392	4.8	273	3.0
2001	2,736	2.3	2,392	-	274	0.4
2002	3,314	21.1	2,658	11.1	299	9.1
2003	3,440	3.8	2,812	5.8	311	4.0
2004	3,556	3.4	3,002	6.8	341	9.6
2005	3,736	5.1	3,591	19.6	409	19.9
2006	3,787	1.4	3,826	6.5	449	9.8
2007	3,837	1.3	4,049	5.8	489	8.9
2008	3,859	0.6	4,215	4.1	524	7.2
2009	3,910	1.3	4,352	3.3	571	9.0
2010	3,910	-	4,514	3.7	589	3.2
2011	3,910	-	4,514	-	593	0.7
2012	3,910	-	4,514	-	606	2.2
2013	3,910	-	4,514	-	624	3.0
2014	3,910	-	4,514	-	643	3.0
2015	3,910	-	4,564	1.1	667	3.7
2016	3,910	-	4,656	2.0	716	7.3
2017	3,910	-	4,794	3.0	735	2.7
2018	3,968	1.5	4,988	4.0	754	2.6

자료 : 각 기관별 통계연보.

특이한 점은 경기가 급속히 위축되었던 외환위기 및 글로벌 금융위기 이후 조합원 수는 오히려 증가했다는 것이다. 이는 건설산업의 구조적 특성과 관련된 문제로 불경기에 퇴직자 등이 건설업 면허를 등록하고 건설업을 새롭게 시작하는 경우가 많았던 것으로 볼 수 있다. 그리고 겸업제한 폐지 이후에는 조합원 수의 변화가 많을 것이란 예상과는 달리 큰 변화가 없었다. 이는 겸업제한 폐지에 관계없이 이미 여러 가지 형태로 겸업을 하고 있었고, 굳이 출자금을 빼서 다른 조합으로 옮겨갈 유인이 별로 없었던 것으로 풀이된다. 다만 전문건설공제조합의 경우 겸업제한폐지 이후 조합원 수가 11.1% 증가하여 다른 조합의 조합원 수 증가보다 큰 폭을 기록하고 있다.

2) 자본금

① 자본금

건설 관련 공제조합의 자본금은 각 공제조합이 고유의 기능과 역할을 수행하는데 중요한 기반이 된다. 이 자본금은 조합원의 출자좌수와 1좌당 지분액에 의해서 결정된다. 건설업체는 공제조합에 출자함으로써 조합원의 자격을 얻고, 공제조합은 조합원이 출자한 재산을 재원으로 운영하여 각종 금융서비스를 지원한다. 공제조합은 조합원의 출자금 이외에 자본잉여금, 이익잉여금 등을 자본금으로 운영한다. 1좌당 지분액은 자본금과 조합원의 총 출자좌수에 의해 결정된다.

건설 관련 공제조합은 최근 10년간 조합원 수의 지속적인 증가로 인해 자본금도 약간의 차이는 있지만 증가 추세를 보이고 있다. 각 공제조합별로 나누어 살펴보면 다음과 같다. 먼저, 건설공제조합은 2009년 5조 1,495억 원에서 2018년 5조 8,795억 원으로 연 평균 1.5% 성장률을 기록하였다. 건설공제조합의 경우 외환위기 이후 건설업체수가 급증하면서 조합원 수가 급증하였으며 이에 따라서 자본금 규모도 크게 증가하였다. 1995년 자본금 규모는 24,482억 원이었다. 그 후 외환위기를 겪는 과정에서도 조합원 수의 증가로 인해서 출자액은 지속으로 증가하는 양상을 보였으며 이와 병행하여 자본금 규모도 증가하였다. 2000년 소폭이 감소세를 보인 이후 2001년 이후부터 지속적인 증가세를 보이고 있다. 자본금은 외환위기가 발생한 직후인 1998년에는 30,328억 원이었으며 전년도에 비해 자본금이 소폭 감소하였던 2000년에는 31,377억 원, 2005년에는 47,766억 원, 2010년에는 52,040억 원, 2018년에는 58,795억 원으로 증가하였다.

건설공제조합의 자본금 증가는 조합원에 대한 융자를 제외하고도 법정 준비금을 훨씬 초과하는 유동성 확보에도 크게 기여하였다. 그리고 자본금 증가로 건설공제조합의 건설보증한도도 크게 증가하여 건설보증기관으로서의 역할을 증대시킬 수 있었다. 그러나 자본금의 증가가 건설업체의 증가 특히 외환위기 이후 신규건설업체의 증가에 의한 것이어서 이로 인해 건설공제조합이 건설보증기관으로서의 역할을 하는데 다소 어려움을 초래하기도 하였다. 즉 유동성보유의 증가는 영업외수익인 이자소득을 증가시켜서 그 비중이 점차 커지는 결과를 가져왔고 이는 조합원들의 건설보증수수료 인하 압력으로 이어졌다.

전문건설공제조합은 최근 10년간 조합원 수가 꾸준히 증가함에 따라 자본금도 2009년 3조 8,340억 원에서 2018년 4조 4,957억 원으로 증가하였고, 연 평균 1.8% 성장률을 기록하였다. 기계설비건설공제조합도 최근 10년간 조합원 수가 지속적으로 증가함에 따라 자본금도 2009년 5,313억 원에서 2018년 7,342억 원까지 증가하였고, 연 평균 3.7% 성장률을 기록하였다.

〈그림 6-3〉 건설 관련 공제조합의 자본금 변동 추이

(단위 : 천원)

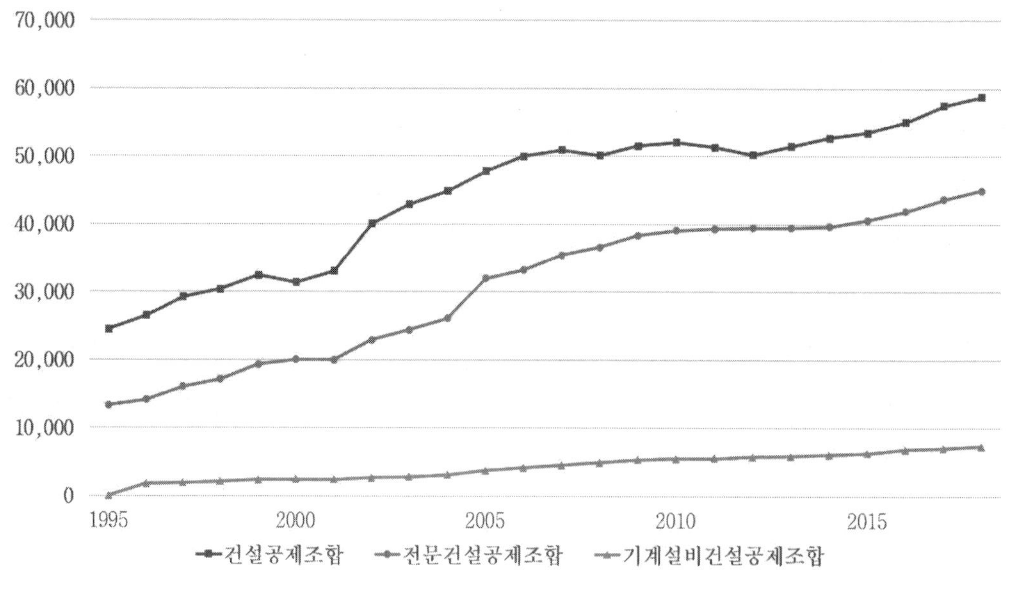

② 1좌당 지분액

건설공제조합의 경우 좌당 지분액은 1995년 1,231천원이었다. 그 후 외환위기로 1998년 좌당 지분액이 1,158천원으로 하락하였으나 그 후 회복하여 1999년부터 지속

적인 상승세를 보이고 있다. 1999년 1,166천원에서 2000년 1,173천원, 2005년에는 1,279천원, 2010년에는 1,331천원, 2018년에는 1,482천원으로 꾸준히 증가하였다.

전문건설공제조합의 경우 좌당 지분액은 1995년 816천원이었다. 그 후 외환위기로 1998년 좌당 지분액이 845천원으로 하락하였으나 그 후 회복하여 1999년부터 지속적인 상승세를 보이고 있다. 1999년 847천원에서 2000년 839천원, 2005년에는 869천원, 2010년에는 865천원으로 등락을 거듭하다 2018년에는 901천원으로 증가하였다.

기계설비공제조합의 경우 좌당 지분액은 외환위기로 1998년 좌당 지분액이 868천원, 1999년 881천원, 2000년 881천원, 2005년에는 909천원, 2010년에는 931천원, 2018년에는 974천원으로 꾸준히 증가하는 추세를 보이고 있다.

〈그림 6-4〉 건설 관련 공제조합의 1좌당 지분액 변동

(단위 : 천원)

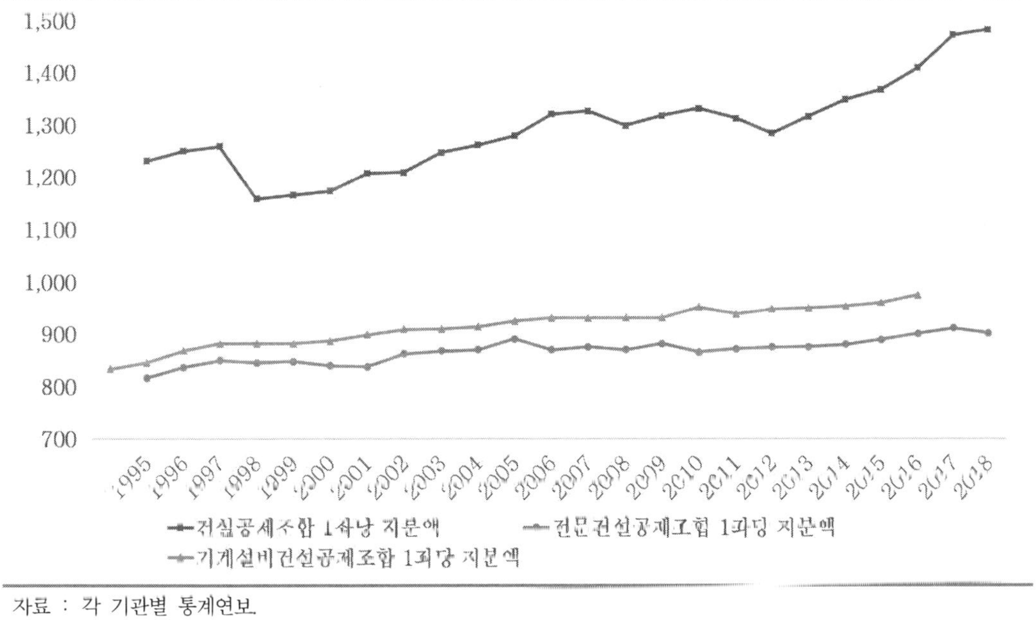

자료 : 각 기관별 통계연보.

〈표 6-3〉 건설 관련 공제조합의 자본금, 출자좌수, 1좌당 지분액 변동

(단위 : 억원, 천좌, 천원)

연도	건설공제조합			전문건설공제조합			기계설비건설공제조합		
	자본금	출자좌수	1좌당 지분액	자본금	출자좌수	1좌당 지분액	자본금	출자좌수	1좌액 지분액
1995	24,482	1,988	1,231	13,257	1,625	816	-	-	-
1996	26,518	2,122	1,250	14,091	1,686	836	1,758	211	833
1997	29,227	2,322	1,259	16,038	1,890	849	1,918	227	845
1998	30,328	2,619	1,158	17,120	2,025	845	2,093	241	868
1999	32,381	2,776	1,166	19,328	2,283	847	2,335	265	881
2000	31,377	2,675	1,173	20,067	2,392	839	2,406	273	881
2001	33,018	2,736	1,207	20,018	2,392	837	2,414	274	881
2002	40,074	3,314	1,209	22,916	2,658	862	2,649	299	886
2003	42,906	3,440	1,247	24,392	2,812	867	2,792	311	898
2004	44,855	3,556	1,261	26,102	3,002	869	3,096	341	908
2005	47,766	3,736	1,279	31,943	3,591	890	3,718	409	909
2006	49,976	3,787	1,320	33,246	3,826	869	4,099	449	913
2007	50,886	3,837	1,326	35,426	4,049	875	4,518	489	924
2008	50,078	3,859	1,298	36,610	4,215	869	4,873	524	930
2009	51,495	3,910	1,317	38,340	4,352	881	5,313	571	930
2010	52,040	3,910	1,331	39,055	4,514	865	5,481	589	931
2011	51,315	3,910	1,312	39,338	4,514	871	5,522	593	931
2012	50,205	3,910	1,284	39,466	4,514	874	5,764	606	951
2013	51,468	3,910	1,316	39,492	4,514	875	5,852	624	938
2014	52,690	3,910	1,348	39,656	4,514	879	6,088	643	947
2015	53,450	3,910	1,367	40,590	4,564	889	6,328	667	949
2016	55,070	3,910	1,408	41,910	4,656	900	6,821	716	953
2017	57,534	3,910	1,471	43,650	4,794	911	7,055	735	960
2018	58,795	3,968	1,482	44,957	4,988	901	7,342	754	974

자료 : 각 기관별 통계연보.

2. 건설보증 실적

1) 보증사업 실적 개관

건설보증서를 발급하는 주요 건설보증기관은 건설산업기본법에 설립근거를 두고 있는 건설 관련 공제조합과 보험업법에 근거한 서울보증보험이라 할 수 있다. 하지만 여기서는 통계자료 구득의 한계 때문에 주로 공제조합을 중심으로 그 실적을 분석하고자 한다.

건설 관련 공제조합들의 보증실적 추이는 전반적으로 건설경기변동과 밀접하게 연관되어 있다. 보증실적은 잔액 기준으로 볼 때 건설공제조합은 글로벌 금융위기 여파로 2009년 이후 계속 감소한 뒤, 2015년 이후 꾸준히 증가하다 2016년과 2018년에 약간 감소하는 추세를 보이고 있다. 서울보증보험도 비슷한 패턴을 보이고 있다. 반면, 전문건설공제조합은 2014년 이후 전반적으로 증가하는 추세를 보이고 있다. 마지막으로 기계설비건설공제조합은 2014년 이후 증가하여 2016년 대폭 증가했으나, 2017년부터 약간 감소하는 추세를 보이고 있다. 건설보증시장에서 차지하는 비중은 건설공제조합이 상대적으로 가장 높은 것으로 나타나며, 서울보증보험의 비중은 약간 감소한 것으로 나타나고 있다.

〈그림 6-5〉 보증기관별 보증실적 추이

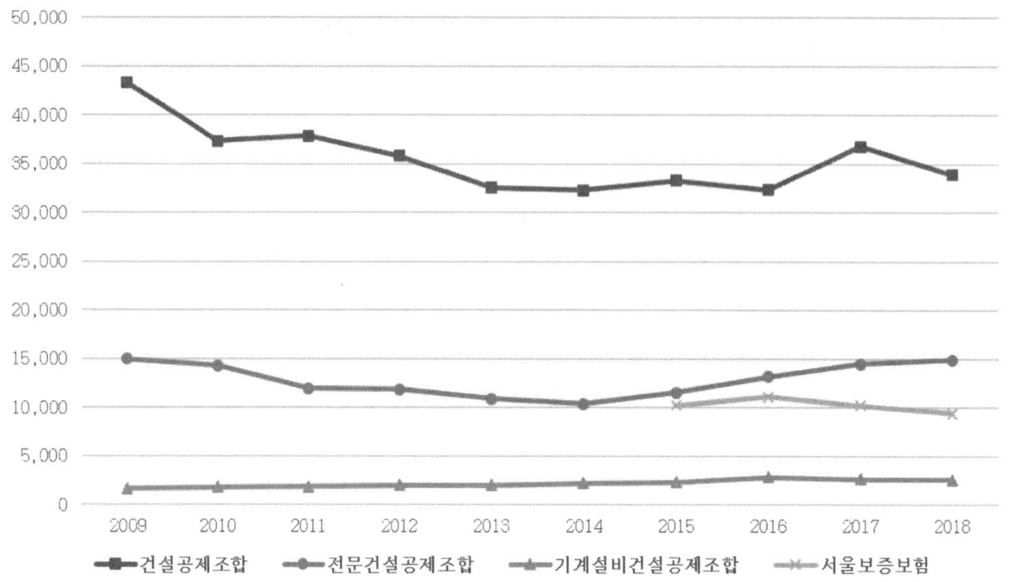

자료 : 각 기관별 통계연보.

〈표 6-4〉 보증실적 추이

(단위 : 십억원)

구 분	2009	2010	2011	2012	2013	2014	2015	2016	2017	2018
건설공제조합	43,238	37,326	37,853	35,770	32,511	32,235	33,250	32,320	36,796	33,862
증가율		-13.7%	1.4%	-5.5%	-9.1%	-0.8%	3.1%	-2.8%	13.8%	-8.0%
전문건설공제조합	14,960	14,258	11,943	11,842	10,906	10,370	11,513	13,167	14,458	14,877
증가율		-4.7%	-16.2%	-0.8%	-7.9%	-4.9%	11.0%	14.4%	9.8%	2.9%
대한설비건설 공제조합	1,600	1,769	1,807	1,978	1,963	2,200	2,284	2,839	2,604	2,561
증가율		10.6%	2.1%	9.5%	-0.8%	12.1%	3.8%	24.3%	-8.3%	-1.7%
서울보증보험							10,200	11,100	10,200	9,400
증가율								8.8%	-8.1%	7.8%

자료 : 각 기관별 통계연보.

보증실적 자료는 건설보증기관으로서 건설 관련 공제조합의 역할을 파악할 수 있는 중요한 지표 중 하나이다. 건설공제조합은 건설공사 계약규모 축소로 보증실적이 감소 추세를 보이다가 2017년 36.8조 원으로 전년대비 13.8%로 크게 증가했으나,

2018년 33.9조 원으로 다시 8%가 감소하였다.[1)]

보증잔액은 보증기간이 끝나지 않은 각 연도의 보증실적이 누적된 값으로, 건설 관련 공제조합의 금융서비스 이용 실태를 파악할 수 있는 지표이다. 수요자 입장에서 관련 서비스 활용도와 조합의 자금운용 실태를 판단할 수 있는 기준이 된다.

건설공제조합의 최근 10년간 보증잔액 추이변화를 보면, 2009년 88.1조원에서 2013년 105.2조원으로 정점을 찍은 뒤 조금씩 하락하여 2018년 101.3조원으로 감소하였다. 보증잔액의 감소는 건설업체의 건설공사 수주 규모 감소와 관련이 깊다고 볼 수 있다.

〈그림 6-6〉 건설공제조합 보증실적 및 잔액 추이

(단위 : 조원, 건수)

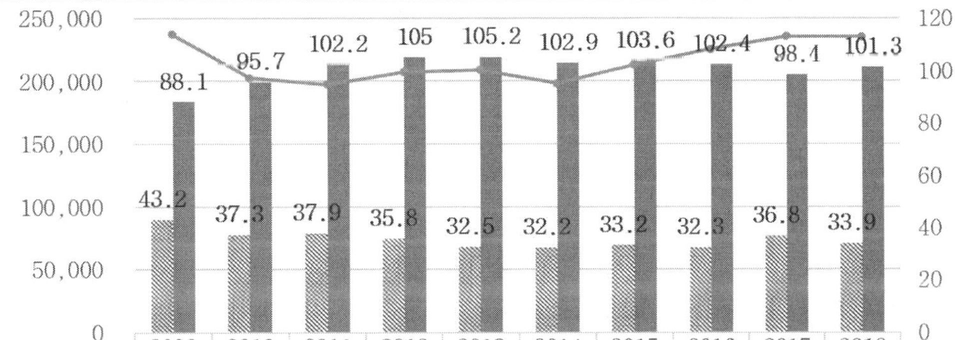

	2009	2010	2011	2012	2013	2014	2015	2016	2017	2018
보증실적	43.2	37.3	37.9	35.8	32.5	32.2	33.2	32.3	36.8	33.9
보증잔액	88.1	95.7	102.2	105	105.2	102.9	103.6	102.4	98.4	101.3
보증건수	237,15	202,58	197,26	207,30	208,90	198,28	212,72	225,23	235,54	235,22

보증실적 보증잔액 보증건수

자료 : 건설공제조합 업무통계연보.

전문건설공제조합의 보증실적은 2011년 이후 건설공사 계약규모 확대로 인해 증가 추세를 보여 최근 2018년에 14.9조원으로 전년대비 2.9% 증가하였다.[2)]

전문건설공제조합의 최근 10년간 보증잔액 추이변화를 보면, 2009년 21.4조원에서 감소하다, 이후 2013년 17.9조원, 2018년 24.8조원으로 지속적으로 증가하는 추세를 보이고 있다. 보증잔액의 증가는 건설공사 계약 증가로 인하여 보증가능 한도 내에서

1) 건설공제조합, 2017 영업 업무매뉴얼.
2) 박광배, 조합원에 고용된 자의 복지향상을 위한 공제사업 연구, 대한건설정책연구원, 2017.11.

조합원들의 보증 이용 및 활용도가 높았음을 의미한다.

〈그림 6-7〉 전문건설공제조합 보증실적 및 잔액 추이

(단위 : 조원, 건수)

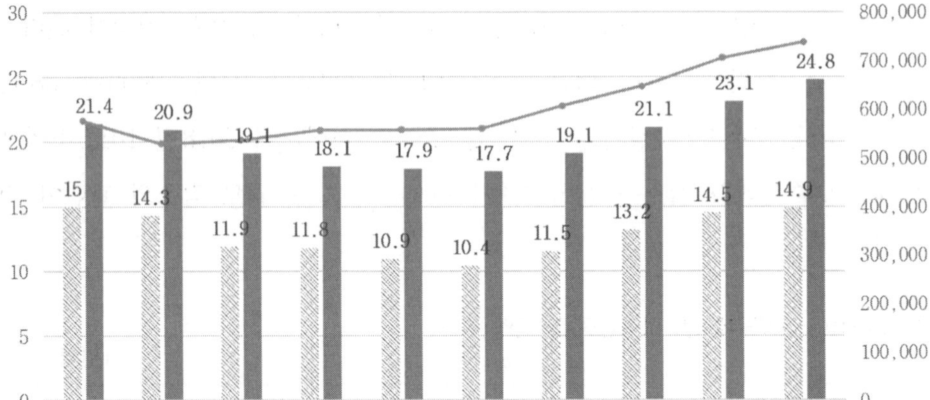

	2009	2010	2011	2012	2013	2014	2015	2016	2017	2018
보증실적	15	14.3	11.9	11.8	10.9	10.4	11.5	13.2	14.5	14.9
보증잔액	21.4	20.9	19.1	18.1	17.9	17.7	19.1	21.1	23.1	24.8
보증건수	576,220	529,310	536,296	556,957	557,713	560,083	606,249	646,932	705,877	738,268

보증실적 보증잔액 보증건수

자료 : 건설공제조합 업무통계연보.

기계설비건설공제조합의 보증실적은 계약규모 확대로 인해 증가 추세를 보이다가 건설시장 축소로 인해 최근 2년간 지속적으로 감소 추세를 보이고 있다.

기계설비건설공제조합의 최근 10년간 보증잔액 추이변화를 보면, 2009년 2.7조원에서 2013년 3.5조원, 2018년 5.1조원으로 꾸준히 증가하였다. 이는 기계설비공제조합에서도 건설공사 계약이 증가하고 이로 인해 조합원들의 보증 이용도가 높았기 때문으로 해석된다.

〈그림 6-8〉 기계설비건설공제조합 보증실적 및 잔액 추이

(단위 : 조원, 건수)

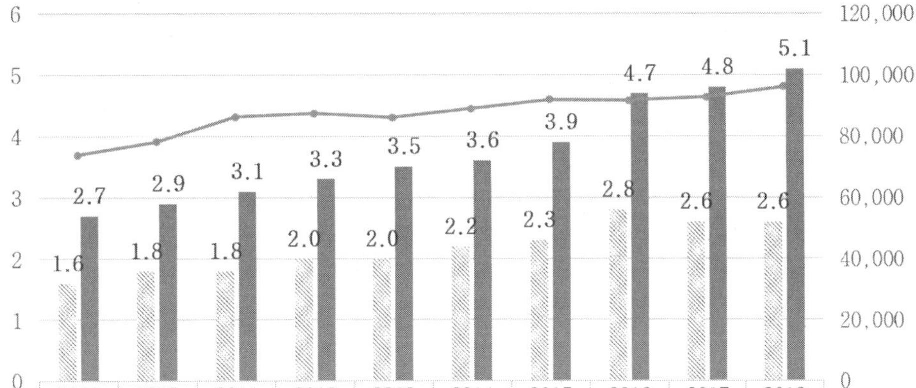

	2009	2010	2011	2012	2013	2014	2015	2016	2017	2018
보증실적	1.6	1.8	1.8	2	2	2.2	2.3	2.8	2.6	2.6
보증잔액	2.7	2.9	3.1	3.3	3.5	3.6	3.9	4.7	4.8	5.1
보증건수	73,824	78,087	86,402	87,456	86,165	89,042	92,032	91,682	92,749	96,208

보증실적 보증잔액 보증건수

자료 : 기계설비건설공제조합 통계연보.

2) 보증상품별 실적

(1) 건설보증 상품현황

공사계약과 공정과정과 관련하여 국내 건설 관련 공제조합과 서울보증보험은 다양한 보증 상품을 취급하고 있다. 보증상품의 종류에는 입찰보증, 계약보증, 차액보증, 손해배상보증, 하자보수보증과 선급금 지급보증이나 유보기성금 지급보증 등과 같은 지급보증, 그리고 기타보증으로는 인·허가보증, 주택건설부지매입보증 등이 있다.

건설 관련 공제조합은 각각 건설보증 수요자(조합원)가 다르기 때문에 건설산업기본법에 따라 건설보증 상품의 종류 및 내용과 보증수수료율, 보증 발급기준을 정하여 국토교통부장관의 승인을 받아 조합별로 다르게 운영하고 있다.

〈표 6-5〉 보증상품의 종류

<table>
<tr><th colspan="2">보 증 종 류</th><th>내 용</th></tr>
<tr><td colspan="2">입 찰 보 증</td><td>공사입찰 참가 시 예치하는 입찰보증금에 대한 보증</td></tr>
<tr><td colspan="2">계 약 보 증</td><td>도급공사계약체결 시 예치하는 계약보증금에 대한 보증</td></tr>
<tr><td colspan="2">차 액 보 증</td><td>예정가격의 85% 미만으로 낙찰한 공사의 차액보증금에 대한 보증</td></tr>
<tr><td colspan="2">손 해 배 상 보 증</td><td>공사시공 중 발생한 제3자의 피해에 대한 손해배상의 보증</td></tr>
<tr><td colspan="2">하 자 보 수 보 증</td><td>공사준공시 예치하는 하자보수보증금에 대한 보증</td></tr>
<tr><td rowspan="4">지급보증</td><td>선급금지급보증</td><td>발주자가 공사대금의 일부를 선급할 때 그 선급금에 대한 지급보증</td></tr>
<tr><td>유보기성금지급보증</td><td>발주자가 공사기성고 지급시 유보한 유보기성금에 대한 지급보증</td></tr>
<tr><td>지급보증의 보증 및 보증보험의 보증</td><td>금융기관의 보증신용장 개설, 보증서발급 또는 보증기관의 보증에 대한 지급 보증</td></tr>
<tr><td>대 출 보 증</td><td>금융기관으로부터의 시공자금 대출에 대한 지급 보증</td></tr>
<tr><td rowspan="3">기타보증</td><td>인 허 가 보 증</td><td>국가 및 지방자치단체로부터 공사와 관련한 각종 인허가 신청 시 납부하는 예치금 및 보증금에 대한 보증</td></tr>
<tr><td>주택건설부지 매입보증</td><td>주택건설용부지 매입대금 중 미지급대금에 대한 보증</td></tr>
<tr><td>임시전력수용 매입보증</td><td>공사시공을 위한 전력의 임시수용을 위하여 한국전력공사에 납부하는 예납금에 대한 보증</td></tr>
<tr><td colspan="2">하도급이행보증
(입찰,계약,하자, 배상, 선급금, 유보기성금)</td><td>원수급인으로부터 하도급을 받고자 하거나 하도급 받은 공사의 이행보증금에 대한 보증</td></tr>
</table>

건설 관련 공제조합이 이처럼 건설보증 서비스 대상을 구분하고 있는 이유는 「건설산업기본법」에서의 건설업종구분과 영업범위의 규정에 따라 건설시장이 구분되어 있기 때문이다. 건설 관련 공제조합은 종합·전문 등 건설업종에 따라 구분되어 조합원이 다르므로 발급하는 건설보증서도 이와 마찬가지로 구분되어 있다. 따라서 종합건설사업자는 건설공제조합이, 전문건설업체는 전문건설공제조합이, 전문건설업 중 기계설비건설업체 등은 기계설비건설공제조합이 각종 보증서를 나누어 발급하고 있다. 구체적으로 건설공제조합은 계약보증, 공사이행보증, 하자보수보증 등 35개, 전문건설공제조합은 12개, 기계설비건설공제조합은 14개의 보증상품을 취급하고 있다. 각 공제조합들은 운용하는 보증상품별 수수료율을 차별적으로 운영하고 있으며, 이에 동일한 보증상품이라도 기본요율의 차이가 발생하여 수수료가 달라진다.

〈표 6-6〉 건설 관련 공제조합별 건설 보증 종류

건설공제조합(35)
입찰보증, 계약보증, 차액보증, 손해배상보증, 하자보수보증, 선급금보증, 유보기성금보증, 공사이행보증, 사업이행보증, 시공보증, 인・허가보증, 자재구입보증, 부지매입보증, 임시전력수용예납보증, 대출보증, 분양보증, 리스보증, 할부판매보증, 하도급대금지급보증, 지급보증의 보증, 협약체결보증, 협약이행보증, 성능보증, 부담금지급보증, 채무이행지급보증, 건설기계대여대금지급보증, 포괄대금지급보증, 하도급보증, 해외입찰보증, 해외계약보증, 해외하자보수보증, 해외선급금보증, 해외유보기성금보증, 해외하도급대금지급보증, 해외지급보증의 보증
전문건설공제조합(12)
입찰보증, 계약보증, 공사이행보증, 하자보수보증, 선급금보증, 유보기성금보증, 지급보증의 보증, 하도급대금지급보증, 인허가 보증, 임시전력수용예납보증, 납품보증, 건설기계대여대금지급보증
기계설비건설공제조합(14)
입찰보증, 계약보증, 공사이행보증, 하자보수보증, 선급금보증, 유보기성금지급보증, 어음보증, 하도급대금지급보증, 건설기계대여대금지급보증, 손해배상보증, 인・허가보증, 자재구입보증, 임시전력수용예납보증, 리스보증

(2) 건설보증 상품별 실적

건설공제조합의 입찰, 계약, 하자, 선급금, 공사이행 하도급대금 보증 등 주요 6대 보증 상품별 실적은 선급금보증이 가장 큰 비중을 차지하고 있다. 이어 계약보증, 하도급대금보증의 순이며, 이외 3개 보증은 연도에 따라 비중이 다르게 나타난다.

2010년에 선급금보증 42.2%, 공사이행보증 13.4%, 계약보증 15.7%, 하도급대금보증 10.9%, 하자보증 6.3%, 입찰보증 6.8%로 선급금보증이 비중이 가장 큰 것으로 나타났다. 2015년에도 선급금보증 31.0%, 공사이행보증 20.2%, 계약보증 14.7%, 하도급대금보증 12.4%, 하자보증 6.8%, 입찰보증 6.2%로 비중 순위에 큰 변화가 없는 실정이다.

그 후 보증 상품별 비중이 크게 변화하여 2018년에는 선급금보증이 25.4%, 계약보증이 16.5%, 하도급대금보증이 16.8%, 공사이행보증이 15.7%, 하자보증이 7.1%, 입찰보증이 6.9%로 순위에는 변화가 없었다. 하지만 선급금보증 비중이 많이 줄어들었고 공사이행보증 비중도 줄어든 반면, 계약보증 및 하도급대금보증의 비중은 꽤 증가한 것으로 나타난다.

하도급대금 지급보증은 하수급인 보호 강화를 위해 신용평가 등급이 일정 기준 이상일 경우 보증수수료를 면제하고 있으며, 건설공제조합의 조합원 중 수수료를 면제 받는 대상 업체는 총 29개로 전체 비중의 0.24%를 차지하고 있다. 하도급대금 지급보증 수수료 면제 기준은 하도급공사 금액이 1천만 원 이하인 경우이거나 회사채 신용평가 등급이 A0이상 또는 기업어음 A2+이상의 등급을 받은 경우이다. 그리고 발주자・원사업자・하수급인 간 직불 합의가 있는 경우이거나 하도급대금지급관리시스템을 활용하여 하도급대금을 지급하는 경우일 때에만 적용된다.

〈표 6-7〉 건설공제조합의 보증상품별 비중 추이

(단위 : %)

연 도	2010	2011	2012	2013	2014	2015	2016	2017	2018
입찰보증	6.8	6.5	7.3	4.6	5.4	6.2	7.5	6.2	6.9
계약보증	15.7	14.7	13.9	16.0	15.0	14.7	16.0	14.8	16.5
하자보수보증	6.3	6.4	6.7	7.8	7.8	6.8	7.9	6.9	7.1
선급금보증	42.2	38.3	36.6	34.8	32.5	31.0	30.2	26.0	25.4
공사이행보증	13.4	19.4	18.9	21.4	21.3	20.2	16.6	18.4	15.7
하도급대금지급보증	10.9	10.0	11.1	12.0	13.0	12.4	14.8	21.2	16.8
기타보증	4.8	4.8	5.6	3.4	5.1	8.6	7.0	6.5	11.6

자료 : 건설공제조합 통계연보.

전문건설공제조합의 경우 계약보증, 선급금보증, 하자보증, 입찰보증, 공사이행보증의 순서로 보증 상품별 실적이 나타나며, 계약보증이 거의 절반 비중을 차지해 압도적인 것으로 나타난다.

2010년에는 계약보증 41.5%, 선급금보증 40.1%, 하자보증 12.8%, 입찰보증 5.0%, 공사이행보증 0.1%, 하도급대금지급보증 0.2로 나타나, 계약보증의 비중이 가장 높았다. 2015년에는 계약보증이 49.4%, 선급금보증이 22.1%, 하자보증이 17.5%, 입찰보증이 6.6%, 공사이행보증이 0.2%, 하도급대금지급보증이 0.5%로 비슷한 순서이며, 계약보증이 커지고 선급금보증 비중이 작아진 것으로 나타났다.

2018년에도 보증 상품별 비중에는 크게 변화가 없으며, 계약보증이 49.5%, 선급금보증이 20.9%, 하자보증이 17.8%, 입찰보증이 5.9%, 공사이행보증이 0.4%, 하도급대금지급보증이 0.7%로 나타났다. 계약보증과 하자보증의 비중은 약간 증가하였고, 입찰보증과 선급금보증의 비중이 약간 감소하였다.

〈표 6-8 〉 전문건설공제조합의 보증상품별 비중 추이

(단위 : %)

연도	2010	2011	2012	2013	2014	2015	2016	2017	2018
입찰보증	5.0	5.1	5.6	5.6	7.7	6.6	6.8	5.7	5.9
계약보증	41.5	45.8	44.5	47.7	48.8	49.4	50.5	50.0	49.5
하자보수보증	12.8	14.5	16.6	17.0	18.4	17.5	15.4	16.6	17.8
선급금보증	40.1	33.8	31.9	28.6	22.9	22.1	22.2	22.1	20.9
공사이행보증	0.1	0.1	0.7	0.5	0.5	0.2	0.4	0.4	0.4
하도급대금지급보증	0.2	0.3	0.3	0.3	0.4	0.5	0.5	0.6	0.7
기타보증	0.3	0.4	0.4	0.3	1.3	3.7	4.2	4.6	3.8

자료 : 전문건설공제조합 통계연보.

기계설비건설공제조합의 경우 계약보증, 하자보증, 선급금보증, 입찰보증, 공사이행보증의 순서로 실적이 나타나며, 계약보증 비중이 전체의 절반 이상을 차지하는 것으로 나타난다.

2010년에는 계약보증 48.4%, 하자보증이 23.9%, 선급금보증 17.8%, 입찰보증 9.6%, 공사이행보증이 0.1%, 하도급대금지급보증이 0.2%로 계약보증의 비중이 압도적이고 그 다음으로 하자보증의 순으로 나타났다. 2015년에는 계약보증이 53.1%, 하자보증이 23%, 선급금보증이 13.4%, 입찰보증이 9.3%, 공사이행보증이 0.8%, 하도급대금지급보증이 0.2%로 계약보증의 비중이 더 커진 것으로 나타났다.

이후 2018년에도 보증 상품별 비중에는 크게 변화가 없으며, 계약보증이 54.6%, 하자보증이 26.5%, 선급금보증이 10.3%, 입찰보증이 8.2%, 공사이행보증 -0.2%, 하도급대금지급보증이 0.2%로 나타났다. 계약보증과 하자보증의 비중이 약간 증가하였고, 입찰보증과 선급금보증이 약간 감소한 것으로 나타났다.

기계설비건설업체는 규모가 작고 회사채 발행을 하지 않기 때문에 원도급 건설업체의 하도급대금지급보증 면제에 대해 해당 사항이 없다.[3] 2018년 말 기준 하도급대금지급보증 수수료는 총 18,343천원으로 전체 보증수수료 수익 중 0.2%의 매우 적은 비중을 차지하고 있다.

3) 기계설비건설공제조합 내부자료

〈표 6-9 〉 기계설비건설공제조합의 보증상품별 비중 추이

(단위 : %)

연도	2010	2011	2012	2013	2014	2015	2016	2017	2018
입찰보증	9.6	8.5	8.2	7.5	10.8	9.3	7.5	8.1	8.2
계약보증	48.4	50.1	52.0	52.9	48.8	53.1	47.5	52.8	54.6
하자보수보증	23.9	25.8	22.8	23.7	24.2	23.0	18.3	23.9	26.5
선급금보증	17.8	14.4	15.8	15.1	14.9	13.4	11.3	11.3	10.3
공사이행보증	0.1	0.9	0.9	0.4	0.8	0.8	14.9	3.3	△0.2
하도급대금지급보증	0.2	0.1	0.1	0.1	0.2	0.2	0.2	0.2	0.2
기타보증	0.1	0.1	0.2	0.3	0.3	0.3	0.3	0.4	0.4

자료 : 기계설비건설공제조합 통계연보.

건설 관련 공제조합의 보증상품별 비중 변화 추이를 종합해 보면, 건설공제조합은 선급금보증이 전문건설공제조합 및 기계설비건설공제조합은 계약보증의 비중이 가장 높은 것으로 나타난다. 다만 유의할 점은 건설공제조합의 경우 계약보증과 공사이행보증이 모두 계약보증의 범주로 볼 수 있으므로 이 둘을 합하면 33.2%로 가장 높게 나타나게 된다. 결국 건설공제조합에서도 계약보증의 비중이 가장 높다는 것이다. 그 다음으로 종합건설업체들이 공사 수행을 위해 하도급을 할 수밖에 없으므로 하도급대금지급보증의 비중도 높게 나타난다. 전문건설공제조합의 경우 선급금보증, 하자보증 등의 비중이 계약보증 다음으로 크게 나타난다. 기계설비건설공제조합의 경우 기계, 설비시공의 특성 상 하자보증의 비중이 계약보증 다음으로 높게 나타나고 있다.

〈표 6-10〉 보증종류별 보증실적 구성비 (2018년 기준)

(단위 : 백만원, %)

	건설공제조합		전문건설 공제조합		기계설비 건설공제조합	
	실적	비중	실적	비중	실적	비중
입찰보증	2,332,139	6.9	873,075	5.9	209,002	8.2
계약보증	5,580,746	16.5	7,357,048	49.5	1,398,838	54.6
공사이행보증	5,313,438	15.7	58,486	0.4	-5,351	-0.2
하자보수보증	2,396,023	7.1	2,654,706	17.8	678,179	26.5
선급금보증	8,599,017	25.4	3,114,727	20.9	264,192	10.3
하도급대금지급보증	5,698,013	16.8	103,072	0.7	6,054	0.2
건설기계대여보증	488,907	1.4	702,320	4.7	2,719	0.1
기타	3,453,697	10.2	13,244	0.1	7,379	0.3
합계	33,861,980	100.0	14,876,678	100.0	2,561,012	100.0

자료 : 각 기관별 통계연보.

3) 보증수수료율

(1) 보증요율 체계

건설 관련 공제조합에서는 공사 특성, 위험관리 또는 보증수요·공급 등을 감안하여 보증상품별로 기본요율을 정하여 운영하고 있다. 여기에 신용도 등에 따라 할증 및 할인이 적용된다.

서울보증보험의 보증요율은 신용등급에 따라 우대할인율이 별도로 적용된다. 고액 보증에 대한 할인율의 범위는 건설공제조합의 경우보다 넓게 나타나고 있다.

(2) 기준요율의 비교

보증기관간의 기준요율은 개별 공제조합별로 다르고, 또 보증 상품에 따라 다르게 나타난다. 이는 공사 진행과정에서 각각의 특성이 있기 때문이며, 상품에 따라 서로 다른 보증요율을 적용하고 있는 것이다. 먼저 건설공제조합의 경우 공공공사와 민간공사를 구분하여 다른 요율을 적용시키는데, 통상적으로 공공공사보다 민간공사의 요율을 더 높게 책정하고 있다. 공공공사에서도 단독도급 공사와 공동도급 공사를 구분하여 공동도급의 경우보다 낮은 수수료율을 적용시키고 있다. 아파트 등 공동주택의 경우도 구분하여 공공공사보다 좀더 높은 요율을 적용하고, 특히 하자보수보증의 경우 요율이 훨씬 높게 책정되고 있다.

전문건설공제조합의 경우 각 보증상품별로 다른 기본요율체계를 가지고 있고, 각 상품별로 원도급과 하도급공사로 구분하여 요율을 차등화시키고 있다. 원도급공사 보다 하도급공사의 요율이 훨씬 높은 것으로 나타난다. 기계설비건설공제조합의 경우 보증상품별로만 구분하여 요율을 차등 적용하고 있다.

〈표 6-11〉 기준요율 비교 (2018년 기준)

<table>
<tr><th>보증별</th><th colspan="2">건설공제조합</th><th colspan="2">전문건설공제조합</th><th>기계설비
건설공제조합</th><th>서울보증보험</th></tr>
<tr><td>입찰보증</td><td colspan="2">건당 0.02%</td><td colspan="2">건당 0.015%</td><td>건당 0.03%</td><td>0.116% ~
0.130%</td></tr>
<tr><td rowspan="3">계약보증</td><td>공공/단독</td><td>0.54%</td><td>원도급</td><td>0.361%</td><td rowspan="3">0.36%</td><td rowspan="3">1.482%</td></tr>
<tr><td>공공/공동</td><td>0.35%</td><td rowspan="2">하도급</td><td rowspan="2">0.578%</td></tr>
<tr><td>민간</td><td>0.76%</td></tr>
<tr><td rowspan="4">공사이행보증</td><td>공공/주택</td><td>0.48%</td><td rowspan="2">공동</td><td rowspan="2">0.286%</td><td rowspan="4">0.45%</td><td rowspan="4">-</td></tr>
<tr><td>공공/단독</td><td>0.45%</td></tr>
<tr><td>공공/공동</td><td>0.33%</td><td rowspan="2">단독</td><td rowspan="2">0.469%</td></tr>
<tr><td>민간</td><td>0.68%</td></tr>
<tr><td>손해배상보증</td><td colspan="2">건당 0.24%</td><td colspan="2">건당 1.460%</td><td>1.35%</td><td>-</td></tr>
<tr><td rowspan="3">하자보수보증</td><td>공동주택</td><td>0.95%</td><td rowspan="2">원도급</td><td rowspan="2">0.225%</td><td rowspan="3">0.27%</td><td rowspan="3">0.781%</td></tr>
<tr><td>공공/공동
주택 외</td><td>0.35%</td></tr>
<tr><td>민간/공동
주택 외</td><td>0.55%</td><td>하도급</td><td>0.279%</td></tr>
<tr><td rowspan="3">선급금
보증</td><td>공동주택</td><td>1.09%</td><td>원도급</td><td>0.727%</td><td rowspan="3">0.72%</td><td rowspan="3">1.532% ~
1.758%</td></tr>
<tr><td>공공</td><td>0.85%</td><td rowspan="2">하도급</td><td rowspan="2">1.219%</td></tr>
<tr><td>민간</td><td>1.03%</td></tr>
<tr><td rowspan="3">하도급
대금
지급보증</td><td>공동주택</td><td>1.05%</td><td colspan="2" rowspan="3">0.786%</td><td rowspan="3">0.72%</td><td rowspan="3">1.0%</td></tr>
<tr><td>공공</td><td>0.72%</td></tr>
<tr><td>민간</td><td>1.24%</td></tr>
<tr><td rowspan="2">건설기계
대여대금지급
보증</td><td>현장별</td><td>1.61%</td><td>현장별</td><td>2.4%</td><td rowspan="2">2.67%</td><td rowspan="2">-</td></tr>
<tr><td>계약별</td><td>1.33%</td><td>계약별</td><td>1.6%</td></tr>
</table>

자료 : 삼일회계법인. 2020. 「건설산업 환경변화 대응을 위한 공제조합의 역할 및 기능 확대방안 연구」, 서울보증보험 홈페이지.

서울보증보험의 보증 기본요율은 건설 관련 공제조합에 비해서 약간 높은 편이며 기준요율에 신용등급별 우대할인율과 폭넓은 고액할인율이 적용된다.

4) 보증한도 비교

(1) 건설 관련 공제조합의 보증한도

보증기관은 보증의 위험을 예방하기 위해 사전에 보증인수 조건 범위를 정하여 놓고 해당 범위 내에서 보증하도록 하는 보증한도를 운용하고 있다. 먼저, 건설 관련 공제조합의 총 보증한도는 조합이 가지고 있는 기본재산을 바탕으로 설정한 최대 한계치를 말한다.[4] 건설산업기본법 시행령 제57조에서는 총 보증한도는 출자금과 준비금을 합산한 금액의 35배까지로 규정하고 있으며, 국토교통부 고시에 따라 건설공제조합은 30배, 전문건설공제조합과 기계설비건설공제조합은 20배 이내로 운영하고 있다.

다음으로 개별보증한도는 각 공제조합이 조합원에게 보증할 수 있는 최대 한계치로, 조합원이 조합에 예치한 자본금, 보증종류별 사고율과 조합원의 신용평가 등을 반영하여 산출한다. 건설 관련 공제조합은 보증종류별로 신용등급별로 보증한도를 설정하고 있다. 과거에는 입보(立保)거래 시에도 보증한도가 보증종류별로 구분되어 있었다. 조합원 개별보증한도는 「건설산업기본법 시행령」 제57조 제3항에 따라 보증별 사고율과 조합원에 대한 신용평가를 감안하여 각 공제조합의 정관 및 관련 규정에 명시된 개별조합원별 전체 보증한도와 산식에 근거하여 산출된다. 건설 관련 공제조합별 개별보증한도를 단순 비교해보면, 건설공제조합은 공제조합의 전체 보증한도의 10%까지 동일 법인에게 보증할 수 있다. 이에 반해, 전문건설공제조합과 기계설비건설공제조합은 각각 조합원의 출자지분의 38배, 30배까지 보증이 가능하다. 다만 출자지분 외 기업의 신용도, 이용보증금액 등을 함께 평가하므로 공제조합 내 보증한도의 단순한 비교는 쉽지 않다.

4) 건설공제조합 홈페이지(https://www.cgbest.co.kr/cgbest/guarantee/intro04.do)

〈표 6-12〉 건설 관련 공제조합의 개별보증한도 비교

구분	내용
건설공제조합	(건설 관련 공제조합 감독기준 제15조제1항) 공제조합은 동일거래처(동일 법인을 말한다. 이하 같다)에 대하여 *건설산업기본법시행령 제57조제1항에 따른 총 보증한도의 10%를 초과하는 보증을 할 수 없다.* (건설공제조합 보증규정) 조합원별 보증한도 = 출자지분한도 + 기업능력한도 + 기본운영자금미이용한도
전문건설 공제조합	(전문건설공제조합 정관 제57조제2항) 조합이 개별조합원에게 보증할 수 있는 보증한도는 *그 조합원의 지분액의 38배 이내*로 하며…(후략) (전문건설공제조합 보증규정) 보증한도 = (출자금×출자금보증한도배수) + (출자금-융자금)×순출자금보증한도배수
기계설비건설 공제조합	(기계설비건설공제조합 정관 제51조제2항) 조합이 조합원에게 보증할 수 있는 보증한도는 *그 조합원의 지분액의 30배 이내*로 하며…(후략) (기계설비건설공제조합 보증규정) 보증한도 = 담보좌수×보증배수×보증거래지분가

(2) 보증보험회사의 보증한도

손해보험회사의 법정보증한도의 「보험계약자잉여금 및 제보험관리규정」제5조에 의거 연간 보유보험료가 보험계약자 잉여금의 500%를 넘지 못하게 되어 있다. 개별보증한도는 보험계약자 자기자본의 20%를 합산한 금액으로, 보증한도의 산정은 그룹내 개별업체들의 재무제표를 단순 합산한 재무제표를 근거로 그룹신용평점을 산출한다. 그룹별 자기자본을 기준으로 그룹별 신용한도 산출 기준에 의거하여 그룹별 총 한도를 산출하고 있으며, 30대 그룹 및 거래잔액 기준 100위 그룹에 대하여는 그룹당 총 한도와 금융성 한도를 나누어 운영하고 있다.

5) 손해상황 비교

(1) 손해상황 추이

손해상황을 비교함에 있어서 주의해야 할 점은 통계자료의 집계가 계좌(account)

단위로 이루어지고 있지는 않았다는 점이다. 이 같은 이유로 구상률이 100% 이상인 경우가 발생한다. 그리고 계좌(account) 단위로 된 집계가 아니므로 여기에서 제시하는 손해상황 자료를 통하여 위험을 진단하기에는 다소간의 무리가 있다. 따라서 여기서는 위험에 관한 논의보다는 각 공제조합들의 전반적인 경영상황에 대하여 논하는데 초점을 맞추기로 한다.

건설 관련 공제조합의 손해는 보증서비스로 인한 수입이라고 할 수 있는 보증수수료와 비용이라고 할 수 있는 보증사고에 대한 지급금을 비교하여 산정된다. 이 지급금은 대지급금이라 하고 구상을 통해 일부 또는 전부를 보전할 수 있다. 건설 관련 공제조합은 조합원이 건설 관련 공제조합으로부터 보증서비스를 제공받기 위해 지불하는 해당 보증 상품에 대한 보증수수료 수입을 통해 조합원에게 다른 건설금융서비스를 제공하고 있다.[5] 건설 관련 공제조합의 보증수수료는 보증 상품별로 수수료율의 체계가 달라 수요와 공급에 따라 결정되기보다 각 공제 조합이 가진 자체 기준에 따라 정해지게 된다. 먼저 원도급·하도급공사 구분에 따라 보증상품별로 기본요율이 정해져 있고, 그 다음 신용등급에 따라 운용요율이 산정된다. 그리고 최종적으로 보증수수료는 기본요율과 운용요율에 의해 결정된다.

다음 표에서 볼 수 있듯이, 지난 10년간 각 공제조합의 보증수수료는 증가해왔고 대지급금은 약간의 변동은 있었지만 감소하는 추이를 보이고 있다. 특히 건설공제조합의 경우 2009년 대비 2018년의 대지급금은 1/3수준으로 떨어졌다. 전문 및 기계설비건설공제조합의 경우에도 하도급공사에 대한 보증으로 글로벌 금융위기의 영향이 시간 차(time-lag)로 인해 2011년에 최대의 대지급금을 기록한 뒤 2018년에는 1/2 내지는 1/3 수준으로 하락한 것으로 나타난다.

건설공제조합은 보증수수료 인하 및 보증위험 사전관리 대비 등으로 보증서비스 관리를 강화하여 조합원들의 보증 관련 금융서비스 활용도가 증가한 것으로 나타난다. 수수료 수입은 글로벌 금융위기의 여파로 2010년 감소했다가 이후부터 점차 증가해 왔다. 대지급금은 특히 최근 들어 내폭 감소한 것으로 나타나고 있다.

전문건설공제조합은 보증수수료 수입이 글로벌금융 위기 직후 감소했으나 이후 증

5) 김성일 외(2014), 건설공제조합의 건설금융서비스 기능 강화 방안 연구, 국토연구원.

가세로 들어섰고 등락을 거듭하고 있는 것으로 나타난다. 최근 들어 보증건수 증가로 보증실적이 증가 추세를 보였으나, 보증수수료 인하로 인한 보증 수수료 수입이 감소하고 대형 전문건설업체의 부도와 중단되는 공사가 계속 생겨나면서 보증금 지급이 증가하기도 한 것으로 해석된다.

기계설비건설공제조합은 보증수수료가 증가해온 추이를 보이고 있으며, 대지급금은 글로벌 금융위기 후 등락을 거듭하다, 2014년 대폭 감소 후 다시 증가하는 추세를 보이고 있다.

〈표 6-13〉 공제조합의 보증수수료 및 지급액 추이

(단위 : 백만원)

구분	건설공제조합		전문건설공제조합		기계설비건설공제조합	
	수수료	지급액	수수료	지급액	수수료	지급액
2009	213,122	242,248	92,529	99,365	7,513	16,676
2010	196,916	147,031	85,601	159,968	7,815	14,980
2011	206,313	145,276	85,728	238,702	7,892	17,720
2012	217,999	227,299	104,146	204,151	9,421	10,657
2013	217,960	201,606	103,290	176,190	9,226	16,028
2014	242,934	149,710	97,131	223,758	10,381	7,667
2015	227,622	190,080	108,077	114,280	10,890	12,025
2016	259,946	158,737	97,665	126,904	13,967	14,245
2017	257,557	91,075	85,081	134,362	13,386	17,067
2018	235,597	78,742	90,379	70,092	10,876	15,130

자료 : 각 조합별 통계연보.

손해율은 보증수수료 수입에서 보증금지급액(대지급금)이 차지하는 비율로 보증영업의 적정성 파악 및 보증 상품의 요율산출에 사용된다.

$$\text{손해율} = \frac{\text{대지급금}}{\text{보증수수료 수입}} \times 100$$

손해율은 구상전 손해율과 구상후 손해율로 구분된다. 구상후 손해율은 대지급금에서 구상금액을 차감한 후 손해율을 산정한 것이다. 여기서는 손해율의 추이를 파악하는 것이 주목적이므로 구상전 손해율을 산정하여 추세를 파악하였다. 건설공제조합의 경우 보증상품의 손해율은 2009년 113.7%에서 점차 감소하여 2018년 33.4%로 대폭 감소한 것으로 나타난다. 이는 조합원들의 수수료 인하 요구로 연결되고 있다. 전문건설공제조합의 경우 손해율은 2009년 107.4%에서 증가하다 감소한 후 2014년 230.4%로 최대치를 기록한 후 다시 하락하여 2018년에는 77.6%를 기록하였다. 기계설비건설공제조합 보증상품의 손해율은 2009년 222%에서 2014년 73.9%로 감소하였다가 지속적으로 증가한 후 2018년 139.1%로 나타난다.

〈그림 6-9〉 공제조합의 구상 전 손해율 변동 추이

(단위 : %)

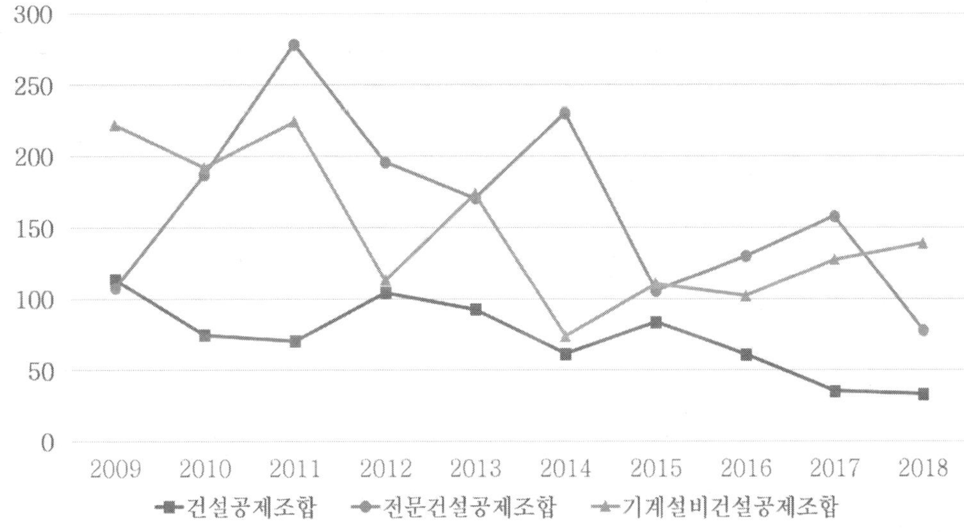

자료 : 각 조합별 통계연보.

〈표 6-14〉 공제조합의 구상 전 손해율 변동 추이

(단위 : %)

연도	2009	2010	2011	2012	2013	2014	2015	2016	2017	2018
건설공제조합	113.7	74.7	70.4	104.3	92.5	61.6	83.5	61.1	35.4	33.4
전문건설공제조합	107.4	186.9	278.4	196.0	170.6	230.4	105.7	129.9	157.9	77.6
기계설비건설공제조합	222.0	191.7	224.5	113.1	173.7	73.9	110.4	102.0	127.5	139.1

자료 : 각 조합별 통계연보.

(2) 보증상품별 손해율

손해율을 보증상품별로 나누어 구상 전후로 구분하여 살펴보면 다음과 같다. 먼저 건설공제조합의 경우 2018년 기준 보증수수료 수입이 2,355억원이고, 보증사고로 대위변제한 보증납입금이 787억원, 구상액이 408억원으로 구상전 손해율은 33.42%로 나타나며, 구상 후 손해율은 16.08%에 불과한 것으로 나타난다. 보증종별 구상 전 손해율도 계약보증 72.82%, 하자보수보증 56.09%, 선급금보증 45.33% 등의 순으로 나타난다.

〈표 6-15〉 건설공제조합 보증업무 손해상황(2018년)

(단위 : 백만원 , %)

구 분	보증수수료 (A)	보증지급금 (B)	구상금액 (C)	구상률 (C/B)	구상전손해율 (D=B/A)	구상후손해율 (E=(B-C)/A)
입찰보증	470	-	154	-	-	-32.77
계약보증	47,305	34,446	10,067	29.23	72.82	51.54
차액보증	-	-	-	-	-	-
하자보수보증	32,798	18,397	11,343	61.66	56.09	21.51
공사이행보증	-	-	-	-	-	-
하도급이행보증	33,759	27	5,631	20,855.56	0.08	-16.60
선급금보증	40,844	18,597	6,951	37.38	45.53	28.51
유보기성보증	-	-	-	-	-	-
인허가보증	1,712	194	187	96.39	11.33	0.41
부지매입보증	2,019	-	-	-	-	-
대출보증	-	-	20	-	-	-
하도급대금지급보증	46,123	6,748	6,215	92.10	14.63	1.16
리스보증	-	-	9	-	-	-
임시전력수용예납보증	255	57	112	196.49	22.35	-21.57
자재구입보증	-	-	-	-	-	-
사업이행보증	974	-	-	-	-	-
기타	29,339	275	162	58.91	0.94	0.39
합계	235,597	78,742	40,851	51.88	33.42	16.08

자료 : 건설공제조합 통계연보.

다음으로 전문건설공제조합의 보증상품별 손해상황을 살펴보자. 전체 손해율은

2018년 말 현재 보증수수료 수입이 903억원이고 보증사고로 대위변제한 보증납입금이 700억원으로, 구상전 손해율이 77.55%에 달하고 있으며 구상후 손해율은 35.67%이다. 보증상품별 손해상황은 하자보수보증 147.54%, 계약보증 85.69% 등으로 나타난다.

〈표 6-16〉 전문건설공제조합 보증업무 손해상황(2018년)

(단위 : 백만원, %)

구 분	보증수수료 (A)	보증지급금 (B)	구상금액 (C)	구상률 (C/B)	구상전손해율 (D=B/A)	구상후손해율 (E=(B-C)/A)
입찰보증	446	76	77	101.32	17.04	-0.22
계약보증	46,597	39,927	22,485	56.32	85.69	37.43
하자보증	12,038	17,761	7,788	43.85	147.54	82.85
지급 및 기타보증	31,297	12,328	7,503	60.86	39.39	15.42
합 계	90,379	70,091	37,853	54.01	77.55	35.67

자료 : 전문건설공제조합 통계연보

기계설비건설공제조합의 경우 전체 손해율은 2018년말 보증수수료 수입이 108억원이고 보증납입금이 151억원으로, 구상 전 손해율이 139.11%로 나타난다. 하지만 구상금액이 33억 원으로 구상후 손해율은 107.98%로 나타난다. 보증종류별 손해율은 2018년 기준으로 계약보증 224.68%, 선급금보증 74.69%, 하자보수보증 48.01%순으로 구상 전 손해율이 높게 나타난다. 구상률이 22.38%로 건설공제조합 55.88%나 전문건설공제조합 54.01%보다 낮게 나타나고 있다.

〈표 6-17〉 기계설비건설공제조합 보증업무 손해상황(2018년)

(단위 :백만원 , %)

구분	보증수수료 (A)	보증지급금 (B)	구상금액 (C)	구상률 (C/B)	구상전손해율 (D=B/A)	구상후손해율 (E=(B-C)/A)
입찰보증	64	0	0	0	0	0
계약보증	5,530	12,425	2,291	18.44	224.68	183.25
하자보증	3,872	1,859	865	46.53	48.01	25.67
선급금보증	1,051	785	169	21.53	74.69	58.61
기타보증	359	61	61	100.00	16.99	0
합계	10,876	15,130	3,386	22.38	139.11	107.98

자료 : 기계설비건설공제조합 통계연보

3. 그 외 사업

1) 융자사업

건설 관련 공제조합은 조합원의 출자금을 기반으로 융자를 통해 건설업체가 도급받은 공사를 원활히 진행할 수 있도록 건설공사 수행에 필요한 자금을 시중보다 낮은 금리로 지원하고 있다.

건설 관련 공제조합이 신용 또는 제공하는 담보에 따라 조합원들에게 제공하는 융자는 신용운영자금 융자, 담보운영자금 융자, 시공자금 융자, 어음할인 등으로 구분된다. 먼저 신용운영자금은 출자증권을 담보로 하여 제공되는 융자를 말한다. 담보운영자금은 금융기관의 지급보증서, 부동산 등 담보물을 제공할 때 제공되는 융자이다. 시공자금은 조합원이 도급받은 공사의 시공에 필요한 자금의 융자를 말하며, 공사대미확정채권을 담보로 하는 융자이다. 마지막으로 어음할인은 조합원이 실제 공사에 수반하여 그 공사대금으로 수령한 어음의 할인을 말한다.

3대 건설 관련 공제조합 모두 이 4가지 종류의 융자를 취급하고 있다. 예외적으로 전문건설공제조합에서만 시공자금 융자는 이루어지지 않고 있다.

〈표 6-18〉 공제조합의 융자의 종류

구 분	내 용	건설공제조합	전문 건설공제조합	기계설비 건설공제조합
신용운영자금	출자증권 담보에 의한 융자	○	○	○
담보운영자금	금융기관의 지급보증서, 부동산 등 담보물제공에 의한 융자	○	○	○
시공자금	조합원이 도급받은 공사의 시공에 필요한 자금의 융자로 공사대금미확정채권을 담보로 하는 융자	○	-	○
어음할인	조합원이 실제 공사에 수반하여 그 공사대금으로 수령한 어음의 할인	○	○	○

건설 관련 공제조합이 제공하는 융자의 이자율은 조합별로 다르고 기본융자금에 대한 이자율과 담보융자금에 대한 이자율로 구분된다. 먼저 기본융자금에 대한 이자율은 건설공제조합의 경우 신용등급에 따라 A등급, B등급, C등급 등으로 대별하여 차등화하고 있다. 전문건설공제조합의 경우 각 등급을 세분하여 AAA, AA, A 등으로 나누어 차등화하고 있다. 기계설비건설공제조합의 경우 신용정도에 관계없이 일률적인 이자율을 적용하고 있다.

〈표 6-19〉 기본융자금 이자율 비교

(단위 : %)

구 분	AAA	AA	A	BBB	BB	B	CCC	CC	C	D
건 공	1.40			1.43			1.46		1.50	
전 문	1.26	1.50	1.58	1.64	1.68	1.71	1.74	1.77	1.79	-
설 비	2.00									
전 기	2.25									

담보융자금의 이자율도 각 공제조합별로 다른 기준으로 기준금리를 정하고 있다. 먼저 건설공제조합의 경우 CD 금리를 이용하여 기준금리를 산정하고 있고 전문건설공제조합에서는 COFIX금리를 이용하고 있다. 기계설비건설공제조합에서는 2.0%의 고정금리를 기준금리로 이용하고 있다.

〈표 6-20〉 담보융자금 이자율 비교

구 분	기본(연체)금리	
건 공	CD(91일)+1.70%P = 3.27%, (10%)	2.44%~5.54%
전 문	COFIX+(1.4%~2.6%), (10%)	2.93%~4.13%
설 비	2.00%, (13%)	고정금리
전 기	3.75% (9%)	고정금리

건설 관련 공제조합이 조합원들에게 제공하는 융자사업의 실적을 융자잔액, 융자건수, 융자수입 등으로 나누어 살펴보자. 먼저 건설공제조합의 융자이자 수입실적은 건설경기와 무관하게 점진적으로 하락하는 추세를 보이고 있다. 융자잔액은 글로벌 금융위기 이후 건설 경기 하락세로 감소 추세를 보이다가 최근 융자 건수가 소폭 증가하면서 회복세를 보였다. 건설공제조합의 융자이자 수입실적은 외환위기 이후 2014년

까지 건설경기 침체로 인해 지속적 감소 추세를 보이고 있으며, 2015년 일시 증가세로 돌아섰으나 다시 감소하고 있다. 그 이유는 이자율 인하로 인해 감소한 것으로 분석된다. 융자 건수는 2016년까지 연속적으로 감소하다가 2017년부터 증가로 바뀌는 추세를 보이고 있다. 융자잔액은 2008년 글로벌 금융위기 이후 2년간 대폭 감소 후 등락을 거듭하다 2017년 기준 전년대비 27.6% 증가한 2조 7,317억 원으로 역대 최고치를 기록한 바 있다.

〈그림 6-10〉 건설공제조합의 융자이자 수입 및 잔액 추이

(단위 : 억원, 건)

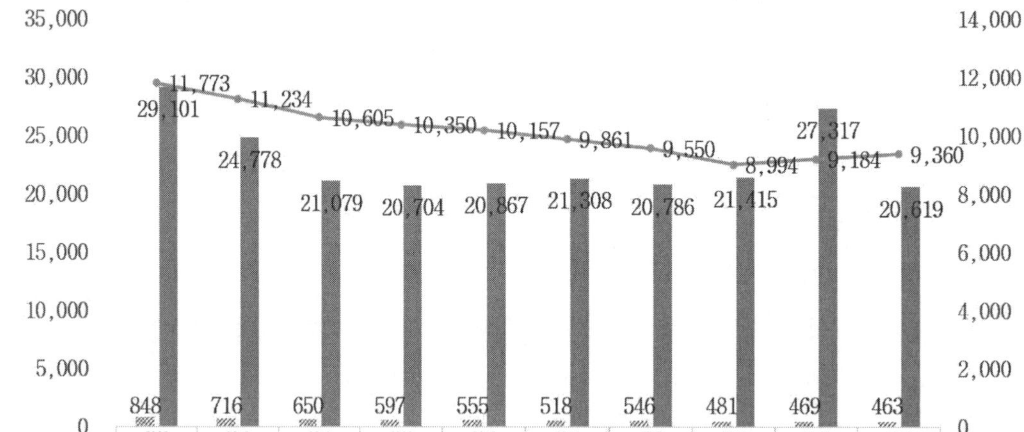

	2009	2010	2011	2012	2013	2014	2015	2016	2017	2018
융자수입	848	716	650	597	555	518	546	481	469	463
융자잔액	29,101	24,778	21,079	20,704	20,867	21,308	20,786	21,415	27,317	20,619
실적건수	11,773	11,234	10,605	10,350	10,157	9,861	9,550	8,994	9,184	9,360

자료 : 건설공제조합 통계연보

전문건설공제조합은 건설경기 등의 영향으로 융자이자 수입실적 및 융자잔액이 지속적인 감소 추세를 보이고 있다. 융자이자 수입 실적은 글로벌 금융위기 이후 꾸준한 감소세를 보이다, 2017년 지역 차원의 소규모 공사 수주가 이루어지면서 전문건설공제조합의 융자이자 수입이 소폭 증가하는 듯 했지만 2018년에는 다시 전년대비 4.2% 감소한 252억 원을 기록하였다. 융자잔액은 글로벌 금융위기에 따른 건설 및 부동산 침체로 융자수요가 감소하여 감소 추세를 보이다가 2016년에는 전년대비 5.7% 증가한 1조 4,445억 원 규모의 융자잔액을 기록하기도 했지만, 이후 다시 감소

했다. 융자실적도 지속적인 감소 추세를 보이고 있다.

〈그림 6-11〉 전문건설공제조합의 융자이자 수입 및 잔액 추이

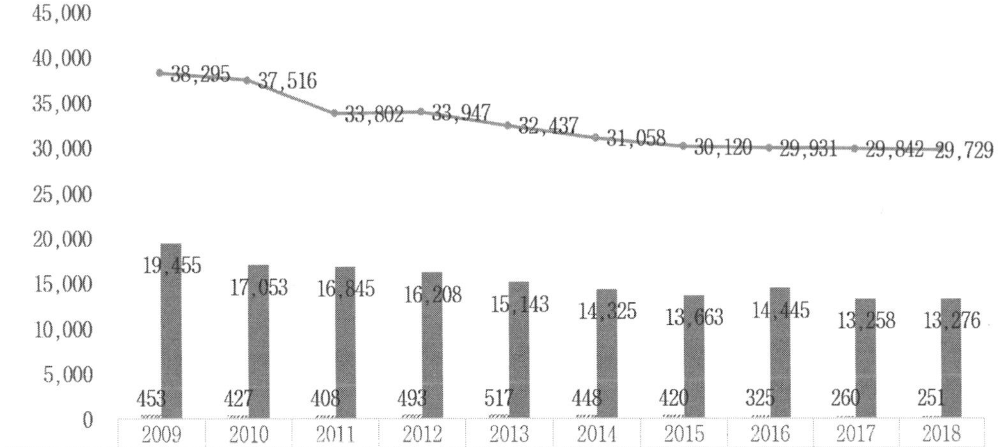

	2009	2010	2011	2012	2013	2014	2015	2016	2017	2018
융자수입	453	427	408	493	517	448	420	325	260	251
융자잔액	19,455	17,053	16,845	16,208	15,143	14,325	13,663	14,445	13,258	13,276
실적건수	38,295	37,516	33,802	33,947	32,437	31,058	30,120	29,931	29,842	29,729

융자수입 융자잔액 실적건수

자료 : 전문건설공제조합 통계연보.

기계설비건설공제조합은 융자이자 수입실적 및 융자잔액이 지속적인 감소 추세를 보이고 있다. 기계설비건설공제조합의 융자수입은 2008년 최고를 기록한 이후 융자 건수와 수입 모두 감소 추세를 보였으며, 최근까지 감소하여 2018년에는 융자수입이 20억 원을 기록하여 전년대비 16.7% 감소하였다. 융자잔액도 경기침체로 인해 융자 수요가 감소하여 글로벌 금융위기 이후 10년 동안 감소하는 추세를 보이고 있는데, 2018년에는 전년대비 1% 감소한 878억 원을 기록하였다.

〈그림 6-12〉 기계설비건설공제조합의 융자이자 수입 및 잔액 추이

(단위 : 억원, 건)

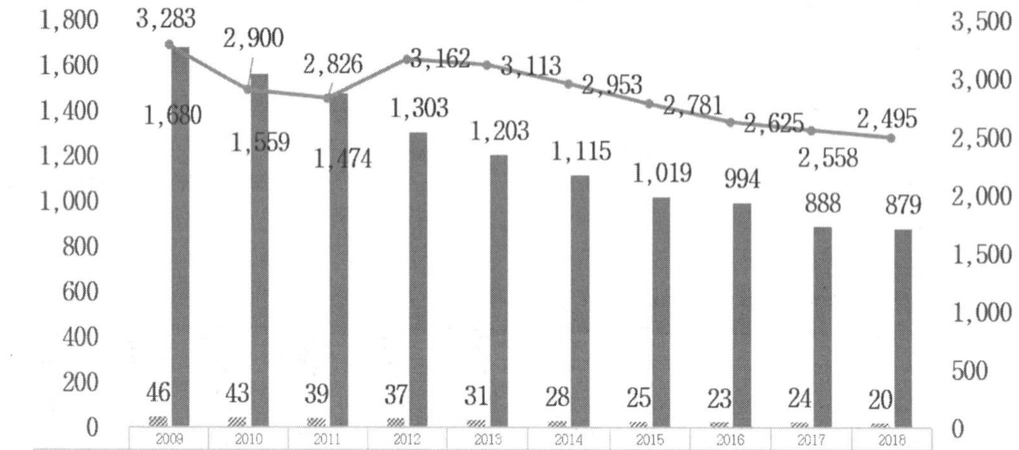

	2009	2010	2011	2012	2013	2014	2015	2016	2017	2018
융자수입	46	43	39	37	31	28	25	23	24	20
융자잔액	1,680	1,559	1,474	1,303	1,203	1,115	1,019	994	888	879
실적건수	3,283	2,900	2,826	3,162	3,113	2,953	2,781	2,625	2,558	2,495

융자수입 융자잔액 실적건수

자료 : 기계설비건설공제조합 통계연보.

2) 공제사업

건설 관련 공제조합에서 제공하는 공제사업은 보험업무를 의미한다. 보험업법의 관리를 받지 않고 개별법에 의해 관리되는 조합에서 보험서비스를 제공하기 때문에 이를 공제라는 표현을 쓰고 있다. 따라서 공제사업이란 조합과 공제계약을 체결한 조합원이 공제기간 내에 미리 약정한 사고가 발생하여 손해를 입은 경우 그 손해를 공제약관에 따라 보상하는 사업을 의미한다.

「건설산업기본법」 제56조 제1항 제5호(공제조합의 사업)는 조합원에 고용된 자의 복지 향상을 위한 공제사업을 규정하고 있다. 그리고 제58조(보험업법의 적용 배제)에 의하여 공제조합의 사업 중 제56조 제1항 제5호에 따른 공제사업에 관해서는 「보험업법」을 적용하지 않음으로써 사실상 민간 보험사의 운영·관리감독체계와 법률적으로 구분시키고 있다.

건설산업기본법상 고용된 자의 복지 향상과 업무상 재해로 인한 손실을 보상하는

공제사업 및 건설공사 손해공제사업이 가능하다 건설공제조합은 10개, 전문건설공제조합은 4개, 기계설비건설공제 조합은 3개 공제상품을 판매하고 있다. 공제료 수익은 공제상품을 판매하고 받은 수익금을 의미하며, 공제요율은 공제 종류, 공사 형태 및 담보사항 등에 따라 차등적으로 적용된다.

〈표 6-21〉 건설 관련 공제조합의 취급 공제 종류

구 분	내 용	건설공제조합	전문건설공제조합	기계설비공제조합
근로자 재해공제	건설근로자의 업무상 재해에 대하여 산재를 초과하는 민사상 손해배상금 보상	○	○	○
해외근로자 재해공제	해외건설현장의 내국인근로자에 대한 산재보험과 근재보험이 포괄된 상품	○	○	○
영업배상 책임공제	공사로 인한 사고발생 시 제3자의 신체나 재물에 입힌 손해배상금 보상	○	○	○
건설공사 공제	풍수해, 화재 등 각종 사고로 시공 중인 공사목적물에 발생한 손해보상	○	-	-
단체상해 공제	임직원의 업무 또는 업무외의 상해사고 및 질병 등으로 발생한 손해보상	○	-	-
신변안전 공제	기존의 공제가 보장하지 않는 전쟁·테러로 인한 임직원의 사망·상해나 납치·감금에 따른 인질보상금 등을 보상	○	-	-
임직원책임 종합공제	직원의 직무상 부정행위 및 임원의 업무상 과실로 인한 법률상 손해배상 책임으로 발생한 손해 보상	○	-	-
조립공제	각종 기계설비 및 장치의 조립공사로부터 플랜트 공사 등 조립공사 중 발생하는 사고로 인하여 조립공사 목적물뿐만 아니라 타인의 재물이나 신체에 입힌 손해를 보상	○	-	-
화재종합 공제	화재 등 우연한 사고로 입은 재산손해 및 타인에 대한 손해배상책임 보상	○	-	-
완성공사물 공제	공사가 완료되어 공사 목적물이 발주자에게 인도된 후 예기치 못했던 각종 사고로 인한 공사 목적물의 손해 및 제3자에 대한 배상책임 등을 종합적으로 보상	○	-	-
건설기계 공제	각종 건설기계의 재물손해 및 제3자에 대한 배상책임위험에 보상	-	○	-

건설공제조합은 조합원들의 수요를 고려하여 공제사업 운영 시 위험분산과 재공제 계약을 체결하고 있다. 여기서 재공제료 수익은 조합이 리스크관리를 위해 재보험 이용 시, 재보험사에 지급하기로 계상해 둔 수수료(재보험공제료 또는 재공제료) 중 일

정률(공제료 중 사업비 해당분)을 조합에게 되돌려주는 형식으로 계상되는 금액(조합의 원보험계약 인수 시 사용된 사업비의 보전)을 의미한다. 또한, 재공제금수익은 공제사고 발생에 대한 보상금 지급 시 재공제사로부터 보상받는 공제금 수익을 의미한다. 그러나 전문건설공제조합과 기계설비건설공제조합은 공제 금액의 크기가 작고 위험분산의 필요성이 적어서 재공제가 굳이 필요하지는 않은 실정이다.

건설공제조합의 공제사업 초기인 2006년에는 손해보험사와의 업무 제휴를 통해 손해보험사의 관련 상품을 공제조합에서 판매하는 판매공제 형태로 운영하였으나, 2012년부터는 건설공제조합에서 직접 상품을 개발하여 취급하는 보유공제 형태로 전환하였다. 공제사업을 처음 도입한 해인 2006년에는 1.9억 원, 2007년 14억 원, 2010년 139억 원으로 가파른 성장을 기록한 이후 2018년에는 전년대비 37.4% 성장한 389억 원의 수익을 올려 역대 최고의 공제실적을 기록하였다.

전문건설공제조합은 2018년 전년대비 1.1% 성장한 417억 원의 공제실적을 기록하여 공제사업을 처음 도입한 2006년 이후 가장 높은 성과를 기록하였다. 건설공제조합과 마찬가지로 공제사업 초기에는 손해보험사와의 업무 제휴를 통해 손해보험사의 관련 상품을 공제조합에서 판매하는 판매공제 형태로 운영하였다. 2018년을 기점으로 전문건설공제조합이 직접 상품을 개발 및 취급하는 보유공제 형태로 바꾸었다.

〈표 6-22〉 건설 관련 공제조합의 공제 실적

(단위: 백만원, 건)

		2015	2016	2017	2018
건설공제조합	실적	28,481	35,790	28,339	38,931
	건수	12,773	10,726	14,182	19,065
전문건설공제조합	실적	36,789	31,122	41,226	41,684
	건수	62,349	49,448	67,104	69,026
기계설비건설공제조합	실적	4,237	3,897	4,353	5,540
	건수	13,403	13,608	14,822	16,051

기계설비건설공제조합의 공제사업 실적은 2015년 이후 지속적으로 성장해 왔고 2018년에는 전년대비 27.3% 증가한 55억 원을 기록했다. 건설공제조합과 마찬가지로 공제사업 초기에는 손해보험사와의 업무 제휴를 통해 2008년 근로자재해공제,

2010년 영업배상책임공제 등 손해보험사의 관련 상품을 공제조합에서 판매하는 판매공제 형태로 운영하였다. 최근 들어 기계설비건설공제조합에서 직접 상품을 개발하여 취급하는 보유공제 형태로 바꾸어, 2017년 근로자재해공제, 2019년 영업배상 책임공제 및 해외근로자재해공제를 직접 개발하여 취급하고 있다.

3) 교육사업

건설공제조합과 전문건설공제조합은 국토교통부 및 고용노동부로부터 인가받은 우수건설기능인력 양성 기관을 운영하고 있다. 이들 교육기관에서는 건설부문의 인재양성은 물론 직업능력개발에 역점을 두고 있다. 먼저, 건설공제조합은 건설경영연수원을 운영하고 있는데 2018년 교육사업을 통한 수익은 전체 수익의 0.4% 정도를 차지하고 있다. 연평균 매출액은 20억원이 채 안 되는 수준이며 매년 40,000명 이상을 교육시키고 있다.

전문건설공제조합은 기술교육원을 운영을 통해 건축·토목·기계계열 교육 등 건설기능인력 양성교육 및 조합원사의 임직원 직무능력 향상교육을 제공하고 있다. 매출액은 2015년~2018년까지 연 40억원 내외 수준이며, 연 6,000~7,000명 정도를 교육시키고 있다. 최근 2018년 교육사업을 통한 수익은 전체 매출의 1.3%정도를 차지하고 있으나, 기숙사운영비와 감가상각비 등 비용의 증가로 인해 매년 약 20억 수준의 당기순손실이 발생한 바 있다. 다만, 기계설비건설공제조합의 경우 별도의 교육사업을 진행하지 않고 있다.

〈표 6-23〉 건설 관련 공제조합의 교육사업 실적

(단위: 억 원, 명)

		2015	2016	2017	2018
건설공제조합	매출액	16	16	21	18
	교육인원	41,947	43,581	52,938	42,113
전문건설공제조합	매출액	39	36	48	44
	교육인원	5,013	6,473	7,819	5,976

자료 : 삼일회계법인(2020)에서 재인용

〈표 6-24〉 전문건설공제조합 교육사업 프로그램

구 분	내 용
맞춤교육	리더십 및 관리자 육성, 협상력 강화 등 기업체가 요구하는 교육
직무교육	GPS 측량, 건설업노무 및 재무관리 등 임직원 직무능력 향상 교육
자격취득 교육	타일기능, 건축도장기능, 방수기능과정 등 자격취득을 위한 교육

자료 : 삼일회계법인(2020)에서 재인용

4) 임대사업

건설 관련 공제조합들의 임대수익은 각 공제조합 별 건설회관 본사 및 타지역 회관, 골프장 직영 또는 임대를 통해서 올리고 있다. 임대수익을 가장 많이 올린 곳은 전문건설공제조합으로 13개 지역에 있는 전문건설회관 임대사업을 통해 2018년 172억 원의 수익을 냈다 이는 전체 수익의 5%수준에 해당한다. 다음으로 건설공제조합은 건설회관 및 골프장 임대사업을 통해 2018년 103억 원의 수익을 올려, 전체 수익의 2.1%를 기록하였다. 마지막으로 기계설비건설공제조합은 기계설비건설회관 임대사업을 통해 2018년 8억 원의 수익을 올렸고, 이는 전체 수익의 1.8%수준에 해당한다.

〈표 6-25〉 건설 관련 공제조합의 임대 사업 수익 추이

(단위: 억원)

연도	2015	2016	2017	2018
건설공제조합	94	93	85	103
전문건설공제조합	173	168	173	172
기계설비건설공제조합	6	8	7	8

자료 : 삼일회계법인(2020)에서 재인용

4. 수익구조 및 자금운용

1) 수익구조 및 자금운용

2010년대 후반의 주택경기 활황 등 건설경기 덕분에 2015년부터 2018년까지 각 건설 관련 공제조합의 수익은 최고치를 경신하면서 안정적인 추이를 보이고 있다. 2015년 이후 건설공제조합과 기계설비건설공제조합의 수익은 증가하였으나, 전문건설공제조합의 수익은 감소하였다. 각 공제조합을 비교해 보면, 눈에 띄는 특징은 건설공제조합은 보증수수료 수익의 비중이 높고, 전문건설공제조합과 기계설비공제주합은 자금운용 수익의 비중이 높다는 점이다.

건설공제조합의 주요 수익원인 보증수수료 및 융자금이자 수익은 향후 건설경기 침체와 건설수요가 감소하게 되면 수익 구조가 불안정해질 수 있다. 전문건설공제조합은 자금운용 수익의 비중이 가장 높으며, 보증수수료 수익 이외에 다른 수익이 많아 건설보증 뿐만 아니라 공제조합으로서의 역할도 균형있게 수행하고 있는 것으로 보인다. 하지만 현재 비중이 높은 자금운용 수익은 경제여건 변화에 따른 위험성이 크므로 이에 대한 철저한 관리가 필요하다. 기계설비건설공제조합의 경우 자금운용 수익 및 보증수수료 수익에 의존하는 수익구조를 갖고 있으며 금융이자의 경우 이자율 리스크가 크므로 추가적인 안정적인 투자처 확보가 필요하다.

각 공제조합별로 수익구조 및 자금운용을 살펴보자. 먼저, 건설공제조합은 건설 관련 공제조합 중 보증수수료의 수익 비중이 가장 높아 보증전문기관으로서의 역할을 충실히 수행하고 있다. 다만 보증수수료 수익 감소 시 조합 재무구조가 악화될 가능성이 크다. 2012년부터 공제사업을 본격화하고 골프장 임대사업에 착수하면서 수익구조의 다양화를 꾀하고 있으나, 아직까지는 여전히 보증수수료 수익이 전체의 수익의 약 50% 안팎을 차지하고 있다.

보증수수료 수익 이외에 공제사업 수익은 증가 추세를 보이나, 자금운용 수익은 감소 추세를 보이고 있다. 공제사업의 확대로 재공제료 수익과 재공제금 수익의 규모가 확대되는 반면, 금융투자수익, 예금이자, 유가증권이자, 배당금수익을 합산한 자산운용 수익은 감소하고 있다.

〈표 6-26〉 건설공제조합의 4개년 수익 비중 추이

(단위 : 억원, %)

구 분	2015		2016		2017		2018	
	실적	비중	실적	비중	실적	비중	실적	비중
보증수익	2,201	51.5	2,288	51.5	2,321	45.2	2,320	46.7
공제수익	397	9.3	479	10.8	528	10.3	577	11.6
융자수익	543	12.7	480	10.8	467	9.1	465	9.4
임대수익	91	2.1	94	2.1	85	1.7	103	2.1
자금운용수익	951	22.2	805	18.1	818	15.9	930	18.7
기타수익	93	2.2	298	6.7	918	17.9	578	11.6
총계	4,276	100.0	4,444	100.0	5,137	100.0	4,973	100.0

1) 건설공제조합의 자금운용수익=금융투자수익+예금이자+유가증권이자+배당금수익
2) 기타수익은 본 표에서 제시한 수익들을 제외한 그 외 영업수익 및 영업외수익

전문건설공제조합은 자금운용을 통한 금융수익이 전체의 40% 수준으로 가장 높게 나타난다. 자금운용수익은 이자수익, 매도가능증권처분이익, 배당금수익을 합산한 수익이다. 보증수수료 수익 이외에도 건설공제조합보다 높은 공제사업 수익의 비중을 보이는 등 수익원의 다양성이 두드러진다. 이를 통해 건설보증 제공의 역할 뿐만 아니라 조합원의 건설 활동을 지원하는 공제조합으로서의 역할도 잘 수행하고 있음을 알 수 있다. 다만 앞서 지적했듯이 이자율하락, 경기변화에 따른 자산운용 리스크의 증가 등에 유의해야 할 것이다.

〈표 6-27〉 전문건설공제조합의 4개년 수익 비중 추이

(단위 : 억원, %)

구 분	2015		2016		2017		2018	
	실적	비중	실적	비중	실적	비중	실적	비중
보증수익	1,011	27.1	1,010	28.5	942	28.5	806	24.0
공제수익	368	9.9	400	11.3	412	12.5	429	12.7
융자수익	420	11.2	325	9.2	260	7.9	251	7.5
임대수익	173	4.6	160	4.5	174	5.3	172	5.1
자금운용수익	1,530	41.0	1,489	42.1	1,327	40.2	1,349	40.1
기타수익	233	6.2	156	4.4	189	5.7	358	10.6
총계	3,735	100.0	3,540	100.0	3,304	100.0	3,365	100.0

1) 전문건설공제조합의 자금운용수익=이자수익+매도가능증권처분이익+배당금수익
2) 기타수익은 본 표에서 제시한 수익들을 제외한 그 외 영업수익 및 영업외수익

마지막으로 기계설비건설공제조합은 자금운용수익이 2018년 기준 45.2% 수준으로 여다 공제조합에 비해 가장 높다. 보증수수료 수익보다 이자수익이 더 많은 것으로 나타난다. 자금운용수익 이외에는 보증수수료 수익 29.9%와 공제 수익 15.1% 순으로 수익 비중이 높으며, 공제사업 수익은 건설 관련 공제조합 가운데 가장 큰 비중을 차지하고 있다. 다만 이자수익이 높으므로 향후 금리변동에 따른 리스크 등에 노출될 수 있으므로, 전문건설공제조합처럼 다양한 자금운용 방식의 도입 등을 고려해야 할 것이다.

〈표 6-28〉 기계설비건설공제조합의 4개년 수익 비중 추이

(단위 : 억원, %)

구 분	2015		2016		2017		2018	
	실적	비중	실적	비중	실적	비중	실적	비중
보증수익	102	32.6	112	33.8	126	32.6	125	29.9
공제수익	40	12.8	39	11.8	51	13.2	63	15.1
융자수익	25	8.0	24	7.3	23	5.9	20	4.8
임대수익	6	1.9	7	2.1	7	1.8	7	1.7
자금운용수익	139	44.4	144	43.5	164	42.4	189	45.2
기타수익	1	0.3	5	1.5	16	4.1	14	3.3
총계	313	100.0	331	100.0	387	100.0	418	100.0

1) 기계설비건설공제조합의 자금운용수익=이자수익을 의미함
2) 기타수익은 본 표에서 제시한 수익들을 제외한 그 외 영업수익 및 영업외수익

2) 조합별 수익구조 특성 비교

앞서 지적했듯이 건설 관련 공제조합의 수익구조에서 건설공제조합은 보증수수료 수익의 비중이 높고, 전문건설공제조합과 기계설비건설공제조합은 자산 운용 수익의 비중이 높은 것으로 분석된다. 이는 건설공제조합은 대형 종합건설사 조합원들을 대상으로 안정적 보증사업이 가능하기 때문이다. 한편, 전문건설공제조합과 기계설비건설공제조합은 상대적으로 규모가 작고 영세한 조합원으로 구성되어 보증수수료에 의존하기에는 수익에 한계가 뚜렷하므로 자금운용을 통해 수익을 확보해야만 하기 때문이다. 특히 전문건설공제조합의 경우 자금운용을 위해 외부 전문인력을 영입하고 적절한 리스크 관리를 통해 높은 자금운용 수익률을 기록하고 있다.

건설 관련 공제조합의 본래 영역인 보증을 통한 수익은 보증수수료에 근거한다. 각 공제조합은 조합원에게 보증의 종류, 시공 대상 및 발주자 종류, 조합원의 신용평가 결과 등에 따라 수수료율이 할증 또는 할인하고 있다. 각 공제조합에서는 「건설산업기본법」 시행령 건설 관련 공제조합 감독기준 및 공제조합별 정관 등에 의거해 전체 조합에서 발급 가능한 보증한도와 개별조합원에 대한 가능 보증한도로 구분하여 관리하여 보증의 과다 발급에 따른 재무적 리스크를 관리하고 있다. 게다가 보증수수료와 보증한도는 각 공제조합이 서로 차별적으로 운용하고 있다.

향후 건설업 생산체계 개편의 업역규제 개편에 따라[6] 각 공제조합의 조합원으로의 진입이 자유로워지면, 건설업체들은 공제조합별 보증수수료율과 보증한도의 차별을 비교하여 공제조합을 선택하여 조합원이 될 것이다. 이에 따라 각 조합은 수익구조가 바뀌게 될 것이다. 물론 장기적인 관점에서 발생할 수 있는 현상이지만 생산체계 개편 및 후술할 보증시장 개방 등에 각 조합 간 조합원에 대한 경쟁이 심화될 경우를 전망하고 대비할 필요가 있다.

6) 이에 대한 자세한 내용은 본서 8장을 참고하기 바람.

5. 리스크 관리 체계[7)]

1) 리스크 관리 현황

건설 관련 공제조합은 「건설산업기본법」 제65조의2에 따라 '건설관련 공제조합 감독기준'에서 규정된 재무건전성을 유지해야 된다. 이를 위해 자본 적정성, 신용등급 등 조합의 경영활동과 관련된 모든 업무에 내재된 리스크에 대한 종합적 리스크 관리체계를 운영하고 있다.

리스크는 경영활동과정에서 발생되는 각종 불확실성으로 인하여 발생할 수 있는 잠재적 손실 가능성을 의미한다. 조합은 조합의 경영전략 및 목표를 달성하고, 리스크 분산을 통해 자원을 효율적으로 활용하고, 리스크 유지를 통해 자본 적정성을 확보하며 적정 신용등급을 유지하기 위해 리스크 관리를 하고 있다. 각종 리스크는 대표적으로 사고율, 금리, 주가, 환율 등에 영향을 받는다.

리스크의 허용한도는 자기자본 대비 부담 가능한 수준으로 설정하여 관리하고, 경영목표의 원활한 달성을 위한 자본과 수익을 고려하여 결정하도록 규정되어 있다.

7) 보다 자세한 내용은 삼일회계법인(2020) 참조.

〈표 6-29〉 리스크관리 대상

구 분	내 용	건설공제조합	전문건설공제	기계설비공제
보증 리스크	보증업무와 관련한 조합원의 부도 또는 채무불이행 등으로 예상하지 못한 보증지급을 증가로 인하여 발생할 수 있는 리스크	○	○	○
신용 리스크	보증업무를 제외한 거래상대방의 채무불이행 또는 신용 하락으로 인해 발생할 수 있는 리스크	○	○	○
금리 리스크	예상치 못한 금리 등의 변동으로 인하여 자산이나 부채가 변동할 수 있는 리스크	-	○	○
유동성 리스크	자산과 부채의 만기 불일치나 예상치 못한 자금유출 등으로 인하여 발생할 수 있는 리스크	○	○	○
시장 리스크	금리, 주가 환율 등 시장가격의 변동으로 인하여 손실이 발생할 수 있는 리스크	○	○	○
운영 리스크	업무처리상의 오류, 금융사고, 관계법령 또는 제규정 위반, 잘못된 내부절차, 전산시스템 오류 등으로 인하여 발생할 수 있는 리스크	○	○	○
전략 리스크	경영에 대한 판단오류, 경영전략 착오 및 의사결정 등이 적절하지 못한 경우 발생할 수 있는 리스크	-	○	○
평판 리스크	악성루머나 사회적 물의 야기 등에 의해 조합에 대한 외부의 인식악화로 발생할 수 있는 리스크	-	○	○
법규 리스크	각종 법규, 규제, 지침 등을 준수하지 못하거나 제도가 미비되어 발생할 수 있는 리스크	-	○	-
공제가격 리스크	공제계약자에게 받은 공제료와 실제 발생한 손해액간의 차이로 인하여 손실이 발생할 수 있는 리스크	○	○	-
준비금 리스크	지급준비금과 실제 공제금 지급액간의 차이로 인하여 손실이 발생할 수 있는 리스크	○	○	-

2) 리스크 관리 방법

건설 관련 공제조합은 먼저 리스크를 인식하고 측정해야 하는데, 이는 경영활동과 관련하여 발생 가능한 각종 리스크를 식별하고 분석해야 가능하다. 이를 위해 리스크 기준 자기자본비율과 이에 따른 리스크 허용한도를 연 1회 설정하여야 한다. 리스크 관리 기본방침 및 리스크 허용한도 준수여부에 대한 상시 모니터링을 통하여 리스크의 적정수준이 유지되도록 통제해야 한다. 리스크관리 현황 등을 종합분석하여 결과를 정기적으로 이사장 또는 리스크 관리위원회에 보고해야 한다. 건설 관련 공제조합은 리스크 인식 및 측정은 연 1회, 리스크 허용한도는 연 2회 보고하고 있다.

〈표 6-30〉 리스크관리 대상

구 분	내 용
리스크 인식 및 측정	경영활동과 관련하여 발생 가능한 각종 리스크를 식별하고 분석
리스크 허용한도 설정	리스크기준 자기자본비율과 이에 따른 리스크 허용한도를 연1회 설정하고 관리
리스크 모니터링 및 통제	리스크관리 기본방침 및 리스크 허용한도 준수여부에 대한 상시 모니터링을 통하여 리스크의 적정수준이 유지되도록 통제
리스크 보고	정기적으로 리스크관리 현황 등을 종합·분석하고 그 결과를 이사장 및 위원회에 보고

3) 리스크 관리 조직

건설 관련 공제조합은 경영상 발생 가능한 각종 리스크를 종합적으로 관리하기 위하여 「건설산업기본법」 제65조의2에 따른 「건설관련 공제조합 감독기준」 제18조(리스크관리 조직)에 의거 리스크관리위원회를 구성해야 한다. 또한, 리스크관리위원회와 별도로 리스크 관련 업무를 종합 관리할 수 있는 전담조직을 두어야 하며 전담조직은 자금운용부서와 독립적으로 운영되어야 한다. 리스크 관리는 리스크를 보유하거나 발생시키는 리스크 관리 소관부서에서 기본적으로 수행하고 리스크관리위원회를 보좌하고 리스크 관리 업무를 총괄하기 위한 리스크관리실을 운영해야 한다.

리스크관리 위원회는 리스크 관리 업무에 관한 최고의사결정기구이다. 주요 권한 및 역할은 자본적정성, 자산건전성 등 리스크 관리 정책 및 전략의 수립, 조합의 리스크 허용수준 결정, 각종 리스크 발생에 대한 대응방안 수립 및 의사결정, 리스크관리 규정의 제정 및 개정 등을 수행한다.

위원회의 구성 및 운영 등에 관해서는 각 건설 관련 공제조합의 정관 및 리스크관리위원회 규정에서 자세하게 기술되어 있다. 각 공제조합의 정관에서는 리스크관리위원회는 조합의 이사장, 이사장이 지명하는 조합 임직원 2명, 국토교통부장관이 위촉하는 외부 전문가 3명 등 총 6명으로 구성하도록 되어 있다. 각 조합 이사회의 이사장이 위원장을 위임하고 내부위원은 위원장이 지명하는 조직 내 임직원으로 구성된다. 2019년 현재 건설공제조합의 내부위원은 전략기획본부장과 보증공제본부장이고, 전문건설공제조합의 내부위원은 전무이사와 기획본부장이며, 기계설비건설공제조합의 내부위원은 경영기획상무이사와 관리담당상무이사으로 되어 있다.

〈표 6-31〉 건설 관련 공제조합의 리스크관리위원회 구성 인원

(단위 : 명)

구 성	건설공제조합		전문 건설공제조합		기계설비 건설공제조합	
인원수	정원	현원	정원	현원	정원	현원
	6	6	6	6	6	6
위원장[1)]	1	1	1	1	1	1
내부위원[2)]	2	23)	2	24)	2	25)
외부 전문가[6)]	3	3	3	3	3	3

건설 관련 공제조합은 리스크관리위원회를 실무적으로 지원하는 리스크관리협의회를 운영하고 있다. 협의회는 리스크관리위원회의 의결사항에 대한 사전심의, 위임사항에 대한 심의 및 조정, 주요 리스크에 대한 관리방안 협의 및 부서간 업무조정, 기타 위원회의 위원장 또는 협의회의 의장이 필요하다고 인정하는 사항을 수행한다. 협의회의 구성은 건설공제조합의 경우 의장은 전략기획본부장으로 하고, 위원은 본부 내 9인의 실장, 간사 1인 등 총 11명으로 되어 있다. 전문건설공제조합의 경우 의장은 경영기획본부장, 간사는 리스크관리팀장, 내부위원은 리스크유형에 맞게 본부 부서장, 지점장 중에서 의장이 지명한 5인, 그리고 간사 1인을 포함하여 총 7명의 이상의 위원으로 구성되어 있다. 기계설비건설공제조합의 경우 의장인 상무이사(관리담당)와 각 부서장 4인을 포함한 총 5인 이상의 위원으로 구성된다.

각 건설 관련 공제조합의 정관에는 리스크관리 전담부서로 리스크관리팀을 구성하여 발생할 수 있는 리스크를 실무적으로 관리하고 리스크관리를 총괄하며 리스크관리위원회를 보좌하도록 규정되어 있다. 이에 따라서 리스크관리 총괄은 리스크 전담부서인 리스크관리팀에서 수행하며, 개별리스크에 대해서는 소관부서가 구분되어 관리하고 있다.

〈표 6-32〉 건설 관련 공제조합 별 리스크관리 소관부서

구 분	건설공제조합	전문 건설공제조합	기계설비 건설공제조합
보증리스크	보증사업실	영업기획팀 신용심사팀 채권기획팀	기획조정실 리스크관리실
신용리스크	자산운용실 보증사업실 신용심사실 영업점1) 공제사업실	자금운용팀 대체투자팀 영업기획팀	기획조정실 자금운용팀 리스크관리실
금리리스크	-	자금운용팀 대체투자팀	기획조정실 자금운용팀
유동성리스크	자산운용실 공제사업실	기획조정팀 자금운용팀	자금운용팀
시장리스크	자산운용실 공제사업실	자금운용팀 대체투자팀	기획조정실 자금운용팀
운영리스크	각 실 연수원 영업점	각 부서	각 부서 지점
전략리스크	-	기획조정팀	기획조정실
평판리스크	-	기획조정팀	기획조정실 경영지원실
법규리스크	-	기획조정팀 감사실	-
공제사업리스크	공제사업실	공제기획팀	-

4) 리스크 분석

리스크기준 자본비율 및 유동성비율을 측정하여 각 건설 관련 공제조합의 리스크 관리 업무규제 준수 정도를 분석할 수 있다. 리스크기준 자기자본비율은 자기자본을 요구자본액으로 나누어 산출된다. 여기서 요구자본액은 보증리스크량, 신용리스크량, 시장리스크량, 금리리스크량, 운영리스크량의 합계이다.

$$\text{리스크기준 자기자본비율} = \frac{\text{자기자본}}{\text{요구자본액}} \times 100$$

이는 리스크에 대하여 자기자본을 얼마나 보유하고 있는지를 나타낸다. 건설공제조합은 2018년 전년대비 1.4% 감소한 341%, 전문건설공제조합은 전년대비 1.5% 감소한 595%, 기계설비건설공제조합은 전년대비 1.2% 감소한 578%를 기록하였다.

다음으로 유동성비율은 단기 지급 능력을 평가하여 조합 재무구조의 안정성을 측정할 수 있는 비율로 당좌자산과 조합의 당좌자산과 최근 3년 평균 보증대급금을 통해 측정한다. 건설공제조합은 전년대비 42% 증가한 2,418%, 전문건설공제조합은 전년대비 75% 증가한 797%, 기계설비건설공제조합은 전년대비 30% 증가한 3,726%로 나타난다.

〈표 6-33〉 건설 관련 공제조합별 리스크관리 현황

(단위 : %)

구 분	건설공제조합		전문 건설공제조합		기계설비 건설공제조합	
	2017	2018	2017	2018	2017	2018
리스크기준 자기자본비율	346	341	604	595	585	578
유동성비율	1,701	2,418	456	797	2,877	3,726

제7장

외국의 건설보증 체계

1. 개관
2. 미국의 건설보증 체계
3. 일본의 건설보증 체계
4. 한 · 미 · 일 건설보증 체계 비교

제 7 장

외국의 건설보증 체계

1. 개 관

(1) 영위 근거

미국은 보증사업을 보험종목으로 간주하여 보증보험 영위회사에 대한 감독과 규제를 「보험법」에 의하여 행하고 있다. 미국에서는 증권(Bond)에 의한 보증사업이 잘 발달되어 있으며, 현재 수백 종류의 본드상품이 발행되고 있으나 일반적으로 일반보증보험(surety bond)과 신원보증보험(fidelity bond)으로 크게 나누어진다.

증권(Bond)의 경우 모든 공공공사와 관련하여 연방정부의 Miller Act 및 주정부의 State Bond Law(통칭 Little Miller Act)에 의거 보증보험회사의 이행보증증권(performance bond)과 지급보증증권(labor & material payment bond)을 받도록 하고 있어 보증의 수요 유발을 촉진하고 있다.

영국에서의 보증보험사업(Guarantee Insurance Business)은 보험회사법(Insurance Company Act)에 금전손해보험사업(Pecuniary Loss Insurance Business)이라고 되어 있으며, 보험회사 규정에서는 신용, 보증, 기타 재정손실(Credit, Suretyship, Miscellaneous Financial Loss)이라고 되어 있어 보증을 손해보험으로 분류하고 신용보험과 보증계약을 동일종목으로 분류하고 있다. 또한 신원보험(fidelity insurance)은 보험회사법에서 규정하고 있는 재산보험(property insurance)에 속하고 있다. 따라서 영국에서는 보증보험이 독립된 명칭을 가진 보험종목이라기보다는 보증업무(Guarantee Business)가 행하여지는 형태의 하나로서 보험에 포함되어 있다.

독일은 「보험계약법」에 보증보험(Garantie Bersicherung)이나 신용보험(Kredit Versicherung)에 관한 규정을 두지는 않고 있으나 신용보험의 계약을 제한하지 않고 보증을 신용보험의 한 분야로 취급하고 있다. 그러나 보증업무는 보증보험 전업회사와 은행에서만 취급하도록 되어 있다.

일본에서는 신용위험을 담보하는 보험상품으로서 신용보험, 보증보험, 보증증권으로 구분하여 운영하고 있다. 신용보험은 Credit Insurance와 Fidelity Insurance로 구분되고 보증보험에는 입찰 및 이행보증과 주택론(loan)보증이 있으며 보증증권(bond)에는 계약보증 등이 있다.

〈표 7-1〉 국가별 보증(보험)관련 법규

영위형태	영위근거
미 국	· 연방정부 : Miller Act · 각주정부 : State Bond Law · 뉴욕주의 보험법(Insureance Law) 제1101조에 보증계약(Contract of Warranty, Guaranty or Suretyship)을 보험계약이라고 명시 · 보험회사가 Bond업무를 영위하는데 특별한 법적 제한 없음
영 국	· 보험회사법(Insurance Company Act)에서 보증을 손해보험으로 분류하고 신용보험과 보증계약을 동일종목으로 구분
독 일	· 보험계약법에 의거, Bond업무가 신용보험의 한 분야로 취급 (bond업무는 전업보증회사와 은행에서 취급)
프랑스	· 독일과 반대로 보험법에서 신용보험의 보험요소 적용 배제 (bond 업무는 전업보증회사와 은행에서 취급)
일 본	· 보험업법
한 국	· 보험업법

(2) 운영 형태

외국의 보증보험 운영형태는 네 가지 정도로 나눌 수 있다. 행정조치에 의한 전업형태와 일반보험사들의 업무기피로 인한 전업형태, 전업/겸업 혼합 경쟁체제 형태, 겸업/일부 전업체제 등이다.

행정조치에 의한 전업형태란 법률 또는 감독기관의 행정조치에 의하여 보증(보험)만을 취급하는 전업체제의 형태로 독일 · 스웨덴 · 노르웨이가 이에 속한다.

일반보험사들의 업무기피로 인한 전업형태는 일반보험회사들의 보증업무영위 기피로 인하여 보증보험만을 전업으로 취급하는 회사가 운영되는 체제로 프랑스 · 네덜란드 · 오스트리아 등이 이 경우에 속한다.

전업/겸업 혼합 경쟁체제 형태는 전업사와 보증보험을 겸업하는 일반 보험회사의 경쟁체제로 미국 · 영국 · 이탈리아 · 덴마크 · 벨기에 등이 이에 속하고 있다.

겸업/일부 전업체제 형태는 보증보험만을 전업으로 취급하는 회사 없이 보증업무를 보험회사에서 보험의 일부분으로 취급하는 겸업체제로 일본만이 세계에서 유일하게 이 형태를 취하고 있다. 단 전불금 보증의 경우는 일본내 전업회사가 취급하고 있다.

〈표 7-2〉 국가별 보증(보험) 영위형태

영위형태	국 가	비 고
전업	독일, 스웨덴, 노르웨이, 한국	행정조치에 의한 전업
	프랑스, 네덜란드, 오스트리아	일반 보험사의 보증업무 기피로 전업 회사 영위
겸업/일부 전업	일본	제한된 손해보험사에 허용 전불금 보증의 경우 전업회사 영위
전업/겸업 혼합체제	미국, 영국, 이탈리아, 덴마크, 벨기에	자율경쟁

해외 각국에서는 손해보험사가 중심이 건설보증을 하고 있는데, 우리나라는 공제조합 중심으로 운용되고 있다. 외국에도 공제조합이 있고, 경우에 따라서는 보증업무를 취급하기도 한다. 하지만 관할 법규, 관리주체 등 체제가 우리와는 차별된다.

미국 뉴욕주의 경우 「보험법」에서 보험사업을 영위할 수 있는 자의 범위에 개인과 상사조합, 비영리단체, 법인 등을 포함하고 있다. 협동조합이 보험사업을 영위하기 위해서는 「보험법」의 적용을 받으며, 보험전업주의에 따라 타사업을 겸영할 수 없기 때문에 협동조합은 주정부의 면허를 받아 자회사로서 주식회사나 상호회사를 설립하여 보험(보증)사업을 영위하여야 한다. 공제조합은 「보험법」에서 정한 요건에 따라 설립되고 면허를 받을 수 있으며, 보험감독관의 감독을 받도록 규정하고 있다. 단 극히 소규모이거나 보험법의 적용을 받지 않아도 가입자 보호 상 문제가 되지 않는 공제회에 대해서는 보험법의 적용에서 제외하고 있다.

그러나 우리나라에서는 공제조합이 운영하는 건설보증은 국토교통부가 관할하는 개별법(건설산업기본법)에 의해서 관리된다. 해당 조합의 설립 및 운영이 개별법에 의하므로, 보험감독당국의 규제를 받지 않는다. 또한 우리나라에서는 실질적인 보험사업을 영위하면서도 보험이라는 명칭의 사용을 금지한 「보험업법」 제8조2항에 따라 보험이라는 명칭 대신 공제라는 용어를 사용하고 있다.

2. 미국의 건설보증 체계

1) 역사적 배경과 법적 근거[1)]

(1) 등장 배경과 허드법

1890년대 중반 미국 중앙정부는 공공공사를 수행하고 있던 민간기업들 중 많은 수가 파산하는 사태를 맞게 되었다. 그 결과 공사가 완료되기 이전에 많은 민간기업들은 지급불능의 상황에 직면하게 되고, 공공공사는 완결되지 못하게 되어 많은 납세자들이 추가적인 비용을 부담해야 하는 사태가 발생하였다.

따라서 1894년 미국 의회는 공공공사의 계약에 있어서 정치적인 외압을 예방하기 위해 정부공사에서 보증을 의무화하는 조항을 도입하고 보증기관의 활동을 제도화하는 「허드법」(Heard Act)을 통과시켰다. 1894년 허드법의 통과는 공공공사에서 이행보증증권을 발행한 결과 정부의 비용 즉 납세자들의 부담을 감소시켰다.

1) 1994년 보증보험 100주년 기념식사에서 클린턴 대통령은 "의회에서 제정된 일반보증보험으로 지난 1세기간 미국은 사회간접자본의 발전과 경제적 번영을 이루었다. 미국의 납세자들은 슈어티 보증으로 인해 얻게 된 세금보호를 중요하게 평가해야 한다."고 논평한 바 있다.

(2) 밀러법의 제정

허드법은 정부의 위험을 제거해 주었음에도 불구하고, 하도급자와 원자재 공급자까지 보호해 주지는 못하였기 때문에 1935년 「밀러법」(Miller Acts)으로 개정되었다. 「허드법」은 공사를 원도급 받은 건설업체에 대해 하나의 보증서만 제출하도록 규정하고 있었다. 이 하나의 보증서는 발주자인 미국 정부 및 공공기관뿐 아니라 하도급을 받은 전문건설업자, 자재 및 물품공급자, 노무자들에 대해서까지 포괄적으로 보증을 제공하는 것을 내용으로 하였다. 즉, 허드법 하에서의 보증은 이행보증과 지급보증이 결합된 형태였는데, 이러한 방식의 보증은 다음과 같은 문제들을 일으켰다.

만약, 전문건설업자, 자재공급자, 노무자들이 발주자인 미국정부 등에 비해서 먼저 건설업체에 대해서 클레임을 제기하고자 한다면, 발주자가 첫 번째 클레임 청구권자로서 우선적인 권리가 있으므로 발주자의 청구권 보호를 위해서 공사가 완성된 후 적어도 6개월을 기다려야 했다.

또한, 발주자가 이들보다 앞서서 클레임을 청구하는 경우라면 발주자의 클레임이 해소되기까지 기다려야 했다. 하지만, 발주자의 클레임이 해소되기까지는 기약할 수 없는 시간이 소요되었으며, 종종 몇 년씩 걸리기도 하여 현실적으로는 이들의 청구권은 유명무실하게 되었다.

이러한 문제들을 해결하기 위해서 1935년 「밀러법」(Miller Act)이 제정되었다. 밀러법에서는 원도급받은 건설업체에 대해서 이행보증과 지급보증을 각각 별도의 보증서로 제출하도록 규정하였다. 이행보증은 공사가 계약대로 완성될 것을, 지급보증은 건설업체의 채무불이행시 하수급인, 자재 및 물품공급자, 노무자에게 보증회사가 대신 지급할 것으로 보증하는 것이다.

「밀러법」의 제정으로 공공공사의 실질적 비용을 지불하고 있는 납세자들은 그들이 지불하는 비용에 대한 정당한 보상을 받을 수 있게 되었다. 밀러법에서는 모든 주정부가 각 주의 예산으로 시행되는 공공공사에서 유사한 법을 제정하도록 규정함에 따라 각 주에서는 Little Miller Act가 제정되었다.

2) 보증기관 실태

(1) 보증보험회사

미국의 경우에 보증서를 발급하기 위해서는, 즉 보증인수를 위해서는 하나 이상의 주에서 허가를 받아야 한다. 보증회사가 '영업을 하고 있는 주'와 '보증회사가 보증을 인수한 공사가 수행되는 주'에서 모두 허가가 필요하다. 그리고 보증수수료율에 대해 주정부 보험담당부처의 규율을 받고 있다.

한편, 연방정부(U.S. Treasury Department)에서는 연방정부가 발주하는 공사의 보증인수를 할 수 있는 보증회사 목록을 매년 7월 1일자로 The Federal Register와 인터넷 홈페이지에 고시하고 있다. 보증보험회사가 엄격한 사전검사를 함에도 불구하고, 보증보험회사들은 건설업체의 파산으로 피해를 입게 된다. 이로 인해 매년 많은 보증보험회사가 도산하고 새로운 보증회사가 생겨나므로, 보증수요자들은 신뢰할 수 있는 보증보험회사를 골라서 선택하기가 쉽지 않은 실정이다. 따라서 미국 연방정부는 연방채권으로 이행보증서를 발행할 수 있도록 허가를 받은 보증보험사 명단을 공개하고 있다.

2019년 현재 미국 보증 및 신원보증협회(SFAA: Surety and Fidelity Association of America)에 회원으로 등록된 보증회사는 425여 개에 달한다. 이는 미국내에서 보증 및 신원보증을 인수하는 기관의 98%에 해당하는 숫자이다. 2018년 기준 보증수수료는 78억 달러 수준으로 집계되어 있다.

〈표 7-3〉 북미 상위 30개 보증보험회사 현황(2018년 기준)

(단위 : 달러)

순위	회 사 명	원수보험료 (Direct Premium Written)	경 과 순 보험료(A) (Net Premiums Earned)	순발생 손해액(B) (Net Losses Incurred)	손해율 (B/A)%
1	Travelers Bond	887,708,678	812,493,833	120,792,873	14.9
2	Liberty Mutual Group	815,640,878	805,592,599	115,695,603	14.4
3	Zurich Insurance Group	585,695,193	286,769,788	69,785,794	24.3
4	CNA Surety Group	478,273,109	452,702,741	38,677,123	8.5
5	Chubb LTD.	397,737,837	396,771,179	46,132,865	11.6
6	Hartford Fire&CAS	201,281,923	191,402,466	41,479,122	21.7
7	HCC Surety Group	161,066,981	148,798,471	10,145,266	6.8
8	IFIC Surety Group	154,076,627	136,993,569	11,409,570	8.3
9	Sompo Group	143,158,460	131,286,146	53,881,980	41.0
10	NAS Surety Group	138,494,851	136,780,818	23,099,029	16.9
11	Argonaut Group	129,767,111	76,929,483	7,204,502	9.4
12	Philadelphia Consolidated Holding Group	124,616,622	105,864,063	18,676,491	17.6
13	RLI Insurance Group	122,695,780	115,648,491	11,065,941	9.6
14	Great American Insurance Companies	119,268,338	113,079,072	15,477,322	13.7
15	Merchants Bondung Co. Group	114,228,137	100,022,985	3,651,374	3.7
16	WR Berkley Corp. Group	95,249,161	85,786,797	18,341,806	21.4
17	Markel Surety	90,187,327	80,666,156	8,770,674	10.9
18	ARCH Insurance Group	89,246,119	79,846,485	21,063,370	26.4
19	OneBeacon Insurance Group	87,644,840	76,105,242	3,408,235	4.5
20	GRTE Co. of North America USA	83,614,824	60,514,178	5,392,134	8.9
21	The Hanover Insurance Group	82,180,071	71,080,230	9,517,430	13.4
22	Berkshire Hathaway Group	79,527,725	75,348,666	20,473,921	27.2
23	AmTrust Surety	78,849,072	35,983,232	362,431	1.0
24	Westfield Group	68,733,847	61,872,753	4,054,885	6.6
25	Hudson Insurance Co.	60,323,217	81,945,053	20,758,628	25.3
26	Cincinnati Financial Group	57,831,676	51,038,917	1,109,965	-2.2
27	Aspen Insurance Holding Group	53,707,610	18,692,944	1,300,854	7.0
28	Old Republic Group	52,925,280	49,379,764	2,507,432	5.1
29	Alleghany Group	51,973,405	110,568,264	24,170,899	21.9
30	Crum&Forster Group	51,211,635	51,052,430	3,047,650	6.0
	평 균	215,570,669.12	188,811,379.84	27,972,734.76	14.72

출처: SFAA(Surety & Fidellity Association of America)

김헌정(2007)은 SFAA자료를 이용하여 1958년부터 2004년까지 총 47년간의 자료를 취합하여 연도별 보증수수료와 보증사고로 인한 손실액을, 그리고 이에 근거하여 보증손해율을 분석하였다. 47년간 누계를 살펴보면 건설보증업계는 총 357.8억불의 보증수수료를 받았으며, 보증사고로 인해 164.6억불의 손실을 보았는 바, 평균손해율은 46%였다. 한편, 손해율이 가장 높았던 해는 1986년도로서 무려 103.1%의 손해율을 보였는데, 7.6억불 보증수수료를 받고 7.9억불을 보증사고의 대가로 지불하였다. 손해율이 가장 낮아 많은 이익을 냈던 해는 1998년이었다. 15.3억불의 보증수수료를 받았고, 2.8억불의 손실을 보았으며 18.4%의 손해율을 기록했다. 2004년도에는 27.1억불을 수수료로, 16.7억불을 보증손실액으로 지불하여 61.4%의 손해율을 기록하였다. 2002년 이후 3년간 모두 60%대의 손해율을 기록한 것으로 분석되었다.

(2) 관련 단체

SFAA(Surety & Fidelity Association of America)

SFAA는 1908년도에 설립되었으며, 2006년도에는 정기총회에서 단체의 명칭을 SAA(Surety Association of America)에서 SFAA로 변경하였다. 신원보증(Fidelity Bond)업무에 관한 대표성이 단체명칭에 표시될 필요성이 회원들로부터 제기된 것으로 보인다. SFAA는 건설보증을 포함한 각종 보증 또는 신원보증을 다루는 보증회사들의 단체이다. 매년 회원을 대상으로 보증업무 전반에 관한 각종 자료를 수집하여 통계 자료집을 발간하고 있다. 거의 모든 간행물이 회원들을 대상으로 하며, 비회원의 경우에 유료서비스이나 일부 통계자료는 SIO를 통해서 얻을 수 있다.

SFAA (The Surety & Fidelity Association of America)
http://www.surety.org/
1101 Connecticut Avenue, NW, Suite 800
Washington, DC 20036
202-463-0600 [phone] / 202-463-0606 [fax]

NASBP((National Association of Surety Bond Producers)

NASBP는 1942년 2차 세계대전 당시 전쟁과 관련된 건설프로젝트에 대해 보증서를 면제하였던 문제에 대해서 대응하기 위해서 모인 몇몇 중개인에 의해서 결성되었다. 1961년 이후 뉴욕에 본부를 마련하였고 상근직원을 두기 시작하였고, 이후 본부도 워싱턴으로 옮겼다.

NASBP의 회원이 되기 위해서는 까다로운 조건을 만족하여야 한다. 회원이 되고자 하는 경우 해당지역에서 이미 당해 단체의 회원인 다른 중개인의 추천을 받아야 하고, 전년도에 20만불 이상의 중개인수수료 수입이 있어야 한다. 보증수수료는 대략적으로 전체 계약금액의 1%～5%수준이고, 보증중개인 수수료는 보증회사에 보증인수의 대가로 지불하는 보증수수료에 포함되어 있는 것이 일반적이다. 그 수준은 계약금액에 따라 차이가 있으나, 보증수수료의 25% 정도라고 보면 된다. NASBP 회원이 되기 위한 보증중개인수수료 최소규모 20만불은 결코 적지 않은 금액이라고 할 수 있다. NASBP 회원이 되기가 쉽지 않으며, 보증중개인 면허가 있더라도 당연히 NASBP의 회원인 것은 아니다. 따라서 NASBP의 회원이라면 일단 건설보증분야에 상당한 전문지식과 경험을 갖추고 있다고 볼 수 있다.

NASBP (National Association of Surety Bond Producers)
www.nasbp.org
1828 L Street, N.W., Suite 720
Washington, DC 20036-5104
tel: (202) 686-3700 fax: (202) 686-3656

SIO(Surety Information Office)

SIO는 건설공사보증에 관한 각종 서베이 자료, 연구보고서, 교육자료 등의 정보를 무료로 제공하고 있다. SIO는 SFAA와 NASBP의 공동지원하에 1993년에 설치되었으며, 홈페이지를 방문하면 건설보증에 관한 상세한 자료나 최신 정보를 얻을 수 있다.

Surety Information Office (SIO)
www.sio.org
1828 L St. NW, Suite 720
Washington, DC 20036-5104
(202) 686-7463 | (202) 686-3656 Fax

3) 건설보증의 구조

(1) 공공사업 보증 강제화

연방정부는 「밀러법」에 근거하여 10만 달러를 초과하는 모든 공공공사에 공사이행보증증권 제출을 의무화하고 있다. 또한 연방조달청 공무원들은 자신들의 판단에 의해 이보다 작은 금액의 공사에도 보증증권을 요구할 수 있다. 이러한 경향은 민간 발주자들의 경우도 마찬가지여서 도급자들의 계약 불이행 시 발생할 피해로부터 자신을 보호하기 위해서 슈어티 보증을 요구하고 있다. 그리고 대부분의 주 정부 및 지방정부는 밀러법에 준하는 법이나 규정을 제정하고 있고, 계약 시 당해 주에 등록 또는 인가된 보증회사의 보증서를 요구하고 있다.

한편, 일부에서는 현행 밀러법에 대한 개정 필요성이 제기되기도 한다. 이러한 개정 필요성은 주로 지급보증 관련 분야에서 두드러지게 나타나고 있다. 특히, 가장 개정 필요성이 제기되는 분야는 지급보증금액의 최고한도에 관한 것인데, 현재의 보증금 최고한도가 상향조정될 필요가 있다는 것이다.

현행 밀러법에서는 500만불을 초과하는 연방정부공사의 경우에는 공사금액과 관계없이 지급보증을 250만불에 대해서만 제출하도록 최고한도를 규정하고 있다. '91년 이후 경기의 부침은 있었지만, 견실한 경제성장 기조를 유지하고 있는 미국의 경우 그 경제규모가 지속적으로 증가함에 따라 대형 공사가 점점 늘어나는 추세이기 때문에 250만불은 너무 적은 금액이라는 지적이 많다. ENR지에 따르면 계약금액이 1억불을 초과하는 경우에 250만불을 초과하는 하도급 계약이 여러 건 있으며, 이처럼 지급보증 금액이 턱없이 부족한 경우가 있을 수 있다고 분석한 바 있다.

이외에도 현행 밀러법에서는 지급보증의 청구권을 1차, 2차 하수급인과 원도급자에게 물품을 직접 공급한 '직접 물품공급자'로 한정하고 있다. 그런데, 초대형 프로젝트의 경우에 하도급자가 많아지고 있으므로 3차 하수급인이나 1차 하수급인에 대한 물품공급자로의 확대가 필요하다는 의견도 제기되고 있다.

(2) 보증 중개인

보증 중개인은 주정부(State Government)의 영업허가가 필요하며 보증회사에게 보증을 중재하는 역할을 담당한다. 보증 중개인은 건설회사를 심사한 후 보증회사를 선정해서 소개하고 있다. 또한 개별 안건에 대한 보증심사와 소개를 하며 보증위험을 추적하고 확인한다. 건설업체가 보증 중개인에게 보증증권 발행에 대한 중개를 의뢰하면 보증 중개인은 건설회사를 심사한 후 자신의 심사결과를 첨부하여 보증회사에 소개한다. 한편 건설업체에게는 보증회사를 소개하고 때로는 보험사들 간의 경쟁입찰(bidding)을 주선하여 최적 상품을 보증수요자에게 소개시켜 주기도 하나, 건설산업에서는 흔하지 않다.

보증 중개인은 간단한 보증서의 경우 보험사의 위임을 받아 직접 발행하기도 하지만 이 경우도 위험은 보험회사가 부담하게 된다. 보증중개인은 복수의 보증회사, 복수의 건설업체와 관계를 갖고 있는데 반해 건설회사는 통상 1개의 보증중개인과 거래한다.

보증회사는 보증대상 여부 결정 시 보증중개인의 소개내용을 독자적으로 심사하지만 중개인의 의견을 중시하고 있다. 보증회사는 중개인으로부터 받은 소개 내용을 독자적으로 심사하여 보증여부를 결정하는데, 보증회사가 증권발행권을 중개인에게 위임하여 중개인이 보증회사를 대신해서 증권에 서명하고 발행하는 사례도 있다. 즉 보증회사는 보증중개인에게 상당한 정도까지 보증증권 발행을 위임하기도 한다. 미국의 보증회사는 이렇게 축적된 건설업체에 대한 정보를 바탕으로 보증한도를 설정하거나 추가로 보증을 인수할 경우 중요한 참고자료로 활용하고 있다.

중개인을 통하여 보증회사를 소개받은 건설업체는 보증증권의 발행에 대한 중개를 보증 중개인에게 의뢰하며, 심사자료를 정기적으로 개별 공사마다 제출하여 현재공사의 진행상황을 보고하게 된다. 개별 안건에 대한 보증증권 발행도 중개인을 통하여 받는다.

(3) 인수 기준

중개인은 건설업체가 당해 공사를 완성할 자격이 있다고 판단하지 않는 한 보증회사에 보증증권 발행을 주선하지 않는다. 보증회사들은 계약자들에 대한 엄격한 사전 검사를 통해 계약자가 공사를 완료할 때까지 발주자, 채권자, 기술자 등 관련된 모든 사람들을 보호하게 된다. 보증중개인은 보증한 공사를 시공하는 중에도 항상 건설업체의 계약이행 상황을 조사하고, 해당 공사 상황을 파악함과 동시에 향후 해당 건설업체의 보증증권 발행 심사에 반영한다.

일반적으로 건축공사 및 소규모 토목공사의 경우는 자금력이 평가의 중요 요소이지만, 대형 토목 공사의 경우는 시공능력이 중요시된다. 보증심사에서 가장 중요한 요소는 건설기업의 신용도로 재무제표와 해당 공사와 공정에 대해 기업이 제출한 보고서를 고려한다. 그 외 증권사들의 건설기업에 대한 보고서, 신용평가기관들의 평가, 인터넷의 기사, 혹은 신문들의 평가 등을 활용하기도 한다. 증권을 발행하기 이전에 보증기관은 신인도, 시공능력, 자금능력 외 계약자들의 조건에 대한 충족여부를 심사하고 있다. 그 조건들은 계약에서 필요한 경험, 신용도, 금융거래의 원활성, 공사 지역, 시공 중인 도급 공사량, 일상적으로 거래해 왔던 발주자들의 유형, 완공한 공사들의 유형, 기술 및 장비의 적정여부, 계약유형 등이다.

대표적인 인수기준으로는 신인도(Character), 사업수행능력(Capacity), 기업의 계속가능성(Continuity), 재무상태(Capital) 등이 있다.

신인도를 평가하는 것은 건설업체의 과거 사업수행 경력과 업적을 평가하는 것이고, 사업수행능력은 건설업체가 당해 공사를 성공적으로 완료하는데 필요한 기술력을 소유했는지에 관한 것이다. 계속가능성은 주요 관계자 유고시 안정적으로 사업이 유지될 수 있는지를 고려하는 것이다. 재무적인 건전성은 사업성공에 가장 중요한 요소가 된다.

한편, 이러한 주요한 인수기준 외에도 의사소통(Communication)에 관한 건설업체의 역량을 인수기준으로 하는 보증회사도 있다. 보증회사마다 다양한 인수기준을 마련하고 있는 것이 현실이다.

〈표 7-4〉 보증증권 발행시 심사내용

심사항목	심사 사항
Charter (신인도)	과거 시공한 공사의 종류, 규모, 수, 시공장소, 시공체제, 발주자의 만족도, 하청업자 및 자재 공급업자에 대한 지불 기록, 과거 공사에 대한 설계자, 하청업체, 자재공급자의 평판
Capacity (사업수행능력)	해당 공사의 시공체제가 단독시공인지 공동도급인지 여부, 공사계획, 장비조달계획, 해당공사를 담당하는 현장소장, 주요 기술자의 능력, 경험, 본사의 지원조직, 공사비의 견적금액과 타당성
Continuity (계속가능성)	주요 관계자 유고시 안정적으로 사업이 지속될 수 있는가
Capital (재무상태)	회사내용, 공인회계사에서 공인을 받은 결산보고, 은행의 여신한도 등을 포함한 상세한 재무정보

① Character(신인도)

신인도는 건설업체의 신뢰도에 관한 것이다. 특히, 보증인수 기준으로서 신인도는 건설업체의 과거 사업수행경력 및 입직에 관한 것이나. 신인도 평가시 고려되는 사항은 다음과 같은 것들이 있다. 정부 또는 공공발주자가 당해 건설업체에 대해서 입찰을 제한한 사실이 있는지, 다른 입찰자와 공모한 사실이 있는지, 위법행위 여부(특히 재무제표의 허위기재 등), 과거 프로젝트수행에 실패한 경험, 과거에 수행한 공사중 성공적으로 수행되지 못한 것(공기지연, 기준 이하의 공사품질 등), 소송경력 등이 조사되고 평가된다. 이러한 정보를 확보하기 위해서 보증회사는 건설업체와 거래한 과거의 발주자, 설계자, 엔지니어, 전문건설업자, 물품공급자 등과 접촉한다.

② 사업수행능력(Capacity)

보증회사는 특정한 프로젝트를 성공적으로 수행하는데 필요한 기술능력 보유 여부 등을 평가하여 시공회사의 사업수행능력을 측정한다. 여기에는 단순히 공학적인 기술력만이 아니라 전체회사에 대한 관리, 프로젝트별 관리, 장비관리, 노무관리, 재무분야에 대한 직원교육 등 다양한 분야가 포함된다.

- 건설업체의 전반적 관리 능력(Company management)
- 프로젝트별 관리(Project Management)
- 장비(Equipment)
- 인력(Labor)

- 자재 및 물품(Material)

③ 기업의 계속가능성(Continuity)

건설업체는 회사의 주요 관계자가 유고시 누가 사업을 어떻게 수행할 것인지를 사전에 확정해야 한다. 보증회사는 기업의 계속가능성과 관련하여 일반적으로 다음 4가지 사항에 유의한다. 첫째, 소유권(ownership)과 리더십(leadership)의 이전, 둘째, 자본의 보전(preservation of capital), 셋째, 보증신용의 유지(maintenance of surety credit), 넷째, 사업의 계속(continuation of the business)에 관한 것이다. 보증회사는 회사의 계속성을 확인하기를 원하는데, 이러한 확인을 통해 건설업체의 영업과 관련된 개인 혹은 회사가 피해를 보지 않게 한다.

④ 재무적인 건전성(Capital and Financial Review)

보증회사는 건설업체에 대해 신용을 확장·공여하기 때문에 건설업체의 재무상황에 대한 관심은 매우 지대하다. 건설업체에 대한 재무상태의 분석은 일반적으로 건설업체의 대차대조표, 손익계산서 등 재무제표에 대한 면밀한 분석을 말한다. 보증회사는 최소 3년간의 재무자료를 요구한다. 분석은 두 가지 측면에서 이루어진다. 첫째, 건설업체가 제공하는 자료 자체에 대해서 고려해야 할 사항과 두 번째로는 그 문서에 포함된 재무수치에 대한 분석이다.

(4) 보증수수료율 결정

건설보증의 보증인수 수수료를 정하는 방법은 보증회사마다 매우 다양하기 때문에 수수료 산정에 일정한 공식이나 표준을 정하기는 어렵다. 여기서는 SFAA에서 정한 수수료안에 기초하여 살펴보고자 한다.

일반적으로 보증수수료는 공사유형과 보증종류에 따라 정해지게 되며, 건설업체의 평가등급(rate category)에 따라 평가등급이 좋으면 보증수수료가 낮아진다. 건설업체의 평가등급은 매년 재평가된다. 보증회사의 평가등급은 각 주정부의 보증담당부서에 보고되는데, 일반적으로 'intermediate', 'merit', 'preferred'의 3등급으로 되어 있고, preferred 등급을 가진 업체는 가장 좋은 조건의 수수료를 지불하게 된다.

계약금액, 계약유형, 계약서에 명기된 계약기간이 수수료 산정에 가장 중요한 요소가 된다. 보증수수료는 계약당시의 계약금액이 아니라 이후 실제로 지불되는 최종적인 계약금액에 따라 결정되므로 이에 따라 수수료가 조정된다. 그런데, 계약금액을 곧 보증금액으로 하는 경우가 일반적이므로, 보증회사는 최종적인 보증금액(penal sum)을 토대로 보증수수료를 산정한다고 보아도 좋을 것이다. 이행보증증권의 보증료율은 공사의 등급과 계약 형태에 따라 다르게 결정되는데, 일반적으로 B급 공사의 보증료율이 제일 높으며 공사의 등급은 다음의 세 가지로 나뉜다.

- A-1급 공사 : 매우 평이한 공사
- A급 공사 : 비교적 평이한 공사
- B급 공사 : 통상의 건축공사와 토목공사

〈표 7-6〉 미국보증회사의 이행보증요율

공사금액	보 증 요 율 (%)			
	Supply 급 (단순공사)	A-1 급 (매우 평이한 공사)	A 급 (지반공사 등 비교적 평이한 공사)	B 급 (통상의 건축공사와 토목공사)
$10만까지	0.35	0.94	1.50	2.50
$10만 초과분 (총액 $40만까지)	0.25	0.72	1.00	1.50
$ 40만 초과분 (총액 $200만까지)	1.75	0.60	0.70	1.00
$200만 초과분 (총액 $250만까지)	1.50	0.50	0.55	0.75
$250만 초과분 (총액 $750만까지)	1.25	0.45	0.50	0.70
750만 초과분	1.00	0.40	0.45	0.65

출처: 김헌정(2007)

보증회사의 보증료율은 시공업자의 신인도, 시공능력, 자금력에 따라 차등해서 적용하게 되며, 보증료율 결정시 보증금률은 영향을 미치지 못하고 공사계약 금액만이 영향을 미치게 된다. 그것은 보증회사의 보증책임은 시공업자가 계약 이행을 하지 않을 경우에 발주자가 입은 손해에 한하여 배상 책임이 있기 때문이다. 실손보상을 원칙으로 하기 때문이다. 대규모 공공공사에 대한 이행보증의 경우 보증회사들의 시장에서의 보증요율은 공종별, 기업신용별로 일정한 수준으로 거의 통일되어 있다.

(5) 대위(subrogation) 및 배상동의(indemnity agreement)

보증보험회사는 시공자가 계약을 불이행하는 경우 개입해서 시공자의 의무를 완성하게 된다. 보증보험회사는 법에 따라 시공자의 불이행에 대한 손해를 보상받을 수 있는 권리가 있으며 배상을 청구할 수 있는 구상권을 가지고 있다. 시공자가 계약을 불이행하는 경우 모든 권리는 보증보험회사에 자동으로 이전된다.

보증보험회사는 보증보험의 발행요건으로 시공자에 대해 어떠한 손실도 보상한다는 정식서면계약을 요구한다. 배상계약은 시공자가 자신 때문에 발생하는 모든 손해를 보증보험회사에 배상한다는 요구에 동의하도록 함으로 대위의 원리를 확정시키는 것이다.

4) 보증상품

앞서 지적했듯이 건설업에서 사용되는 계약 보증은 다양한 분야 및 산업에서 사용되는 많은 슈어티 보증의 하나에 불과하다. 여기서는 미국의 손해보험사가 취급하고 있는 다양한 건설관련 보증상품을 자세히 살펴보고자 한다.

(1) 입찰보증(bid bond)

입찰보증은 제출한 입찰서를 발주자가 정한 일정기간 동안 철회하지 않을 것과 낙찰되었을 때 이행보증서나 지불보증서 제출과 계약 체결을 보증하는 증권으로 응찰자의 성실성을 보증하기 위해 입찰 시 입찰자가 발주자에게 제출하게 된다.

만약 건설업체가 낙찰 후에 입찰사퇴가 있을 경우에는 보증회사가 재입찰 비용 등을 지불할 것을 약정한다. 입찰보증은 낙찰자가 후속 계약 체결을 거부하거나, 입찰조건에 맞는 이행보증증권과 지불보증증권을 제출하지 못할 경우 및 계약에서 결정한 공사를 수행하지 못할 경우에 발주자를 보호한다. 보증금액은 일반적으로 입찰 권유서에 기재된다. 보증인이 보증액을 표시하는 방법은 두 가지로 하나는 입찰액의 몇

퍼센트(발주자가 지정하는 비율)로 기입하는 방법과 다른 하나는 절대액을 기입하는 방법이다.

건설업체는 입찰서류를 준비하면서 입찰보증서 발행을 중개인에게 의뢰한다. 입찰보증증권의 발행의뢰를 받은 보증중개인은 건설회사의 경영상태 및 공사 진척상태 등을 평가한 후 여신범위 및 당해 공사계약 건수 당 보증한도액이 해당 건설회사의 1건당 보증 한도액 내에 있는지를 판단해서 중개인 입장에서 보증서를 발행할 것인지를 결정한다. 건설업체는 건당 보증한도액을 초과한 경우, 보증대리인(중개인)을 통해 보증회사와 교섭해 한도액을 확대하거나 적절한 다른 건설회사와 제휴(J/V)를 모색하게 된다.

보증회사가 중개인을 통해 복수의 보증회사에 본드의 발행을 주선하기도 하며 이 경우 한 장의 보증서에 복수의 보증회사가 서명하게 된다. 많은 경우 보증회사는 중개인에게 서명권한(power of attorney)을 위임하며 중개인 및 보증회사는 입찰자의 입찰가격을 사전에 공표하여 경쟁을 제한하고, 입찰보증증권은 입찰견적서와 함께 제출한다.

입찰보증의 경우 보증금액(penal sum)은 입찰액의 5～10%정도가 일반적이다. 입찰금액의 50%가 넘는 보증은 매우 드물며, 연방정부의 경우는 입찰금액의 20%에 해당하는 보증금액의 입찰보증을 요구한다. 이것은 국민의 혈세가 터무니없는 저가입찰자에 의해서 낭비되는 것을 방지해야 한다는 국민적 공감대와 이에 근거한 입법자의 결정에 의한 것으로 해석된다.

입찰자 중 낙찰된 자와 계약을 체결하면 다른 모든 입찰자의 본드는 무효가 된다. 입찰보증보험에서 계약불이행이라고 보는 경우는 다음과 같다. 첫째, 시공자가 공사를 수주하고서도 그 공사를 수행하지 못할 경우 둘째, 너무 낮은 금액으로 공사가 낙찰되어 보증보험회사가 그 이후의 보증보험의 제공을 거절하는 경우이며 이때 보증보험회사와 시공자는 발주자에 의해 입찰보증보험금이 처리되도록 요구한다.

보증보험은 계약불이행에 대해 금액 전체를 담보하도록 되어 있는 경우도 있지만 통상 이 보험금은 시공자의 입찰금액과 두 번째로 낮은 입찰가의 차액이 된다. 계약불이행은 공사의 금액이 극히 낮게 평가된 경우 외에는 거의 발생하지 않는다.

(2) 공사이행보증(performance bond)

공사이행보증은 계약자(주채무자)가 계약을 이행하지 않을 경우 보증회사가 원래의 계약자를 대신하여 계약이행을 실행하거나, 보증금액을 한도로 보증채권자가 입은 손해를 배상해 주는 보증이다.

〈표 7-6〉 보증채권자, 주채무자

구 분	주채무자	보증채권자
원도급 계약	원도급자	발주자
하도급 계약	하도급자	원도급자

공사이행보증은 보증의 소유자를 보호하는 역할을 수행하므로 보증에 따른 계약의 수행과 최종적으로 소유주에게 완성된 시설물을 받을 것을 보장하는 역무적 성격의 보증이다. 시공자의 의무는 보증회사가 수행할 의무의 기준이 되며 시공자가 부실한 경우 그 계약이행의 책임은 보증회사에게 돌아가게 된다.

공사이행보증 계약에서는 공사가 수행되는 모든 기간에 대해 보장하고, 일반적으로 보증수수료는 1년 단위로 결정된다. 보증금액은 연방정부 발주공사의 경우 계약 금액의 100%이나 일부 주(州)에서는 50%인(캘리포니아주) 경우도 있다.

시공업자가 계약을 불이행하는 경우 보증회사의 입장에서는 여러 가지 대안을 생각할 수 있다. 우선 만약 계약불이행 사유가 재정적인 문제일 경우 계약자를 재정적으로 지원하여 공사를 완성하도록 한다.

둘째는 보증회사가 다른 건설회사와 계약을 맺고 공사를 완성하는 방법이다. 추가되는 비용(계약금액의 증가)은 보증금액에 관계없이 보증회사가 부담하며 보증회사는 발주자와 별도로 계약을 체결하는데, 이 계약에는 이행할 시기, 공사 대금 지불조건, 자재 등에 관한 내용이 포함된다.

셋째는 발주자가 건설업체를 새로 선정해서 계약을 맺도록 하는 방안이다. 이 경우 재발주에 드는 사무비용과 계약금액의 증가분은 보증회사가 보증금액 한도 내에서 부담한다. 보증회사는 보증 책임을 면하나 발주자는 새로운 계약에 대한 보증을 보증회사에 요구하므로 보증회사는 공사가 완성될 때까지 공사계약에 관여하게 된다.

마지막으로 보증회사는 위의 세 가지 방안 중 어느 것도 선택하지 않고 발주자가 프로젝트를 수행하게 하는 방안이 있다. 이 경우는 보증회사가 책임이 없다고 판단하거나 발주자가 요구하는 클레임을 수용할 것인지 부정할 것인지를 판단할 정보를 수집할 시간이 불충분할 경우에 선택한다. 비용의 증가와 손해에 대해서 발주자와 협상하거나 발주자에 대항하여 소송을 제기하며 보증회사의 채무한도는 보증금액이 된다.

〈표 7-7〉 주채무자의 계약불이행 시 보증회사의 선택방안

선택방안	처리방법
1. 주채무자의 계약불이행 사유가 재정적인 문제일 경우 주채무자를 재정지원하여 공사를 완성하는 방안	이 경우 보증기관은 직접적으로 주채무자에 자금을 대출하여 주는 방안과 다른 금융기관에서 대출을 받을 수 있도록 대출보증을 하여 주는 방법을 택할 수 있다.
2. 보증회사가 다른 건설회사와 계약을 맺어 공사를 완성해 주는 방안	추가비용은 보증금액에 관계없이 보증회사가 부담한다. 이 경우 보증회사는 발주자와 별도로 인수약정(takeover agreement)을 체결하는 데 이 약정에는 계약 이행시기, 공사대금지불조건, 자재공급 등에 관한 내용이 포함된다. 이 때 발주자와 보증회사와의 인수약정이 원도급계약이 되고, 보증회사와 건설회사와의 계약이 하도급계약이 된다.
3. 발주자에게 새로운 건설업자를 선정하게 하여 계약을 체결하게 하는 방안	재발주에 드는 사무비용과 계약금액의 증가분은 보증회사가 보증금액 한도 내에서 부담해야 한다. 이 경우 보증책임은 면하나 발주자는 새로운 계약자에 대한 보증을 보증회사에 요구하게 되므로 공사완성시까지 관여하게 된다.
4. 보증회사가 위의 3가지 방안 중 어느 것도 선택하지 않고 발주자가 프로젝트를 수행하는 방안	이 경우는 보증회사가 책임이 없다고 판단하거나 발주자가 요구하는 클레임(claim)을 수용할 것인지 부정할 것인지를 판단할 시간과 정보가 불충분한 경우에 선택하는 방안으로서 이 경우 비용증가와 손해에 대해 발주자와 협상하거나 발주자에 대항하여 소송을 제기한다. 물론 이 경우에도 보증회사의 채무한도는 보증금액이다.

(3) 지급보증(payment bond)

공사를 수행하기 위한 노동력 및 자재의 제공자 또는 협력업자에게 법률에서 정한 바에 의하여 대금을 지급할 것을 확약하는 보증을 말하며, 시공업체(주채무자)가 발주자(보증채권자)에게 계약 시 제출하게 된다. 지급보증서는 건설업체가 노무자, 자재공급자 및 하도급업자에게 임금 및 대금을 지급하지 않는 경우 발주자가 직접 지급해야 하므로, 미리 건설업체로부터 지급보증을 확보함으로써 발주자의 손해를 미연

에 방지한다. 지급보증은 주로 계약의 제 3자를 위한 역할을 수행하는 보증으로 직접적인 수혜자는 역시 발주자이다.

지급보증서는 이행보증서와 함께 발행되며 지불보증의 위약금은 계약금의 50~100%이며, 발주자에 따라 차이가 있다. 연방정부가 Far 28.102에 의해 정한 지급보증본드의 보증금률은 다음과 같다.

- 계약금이 $25,000 이하: 무보증
- 계약금이 $1,000,000 이하: 계약금액의 50%
- 계약금이 $1,000,000~$5,000,000 이하: 계약금액의 40%
- 계약금이 $5,000,000 이상: $2,500,000

지급보증증권의 청구권자는 원도급업자와 직접 계약을 맺은 자재 및 노동 공급자, 하도급업자, 제2차 하도급업자와 자재 및 노동 공급자이다. 계약 적용 범위는 인력뿐만 아니라 물, 가스, 전력, 전기 난방, 석유, 기름, 전화 그리고 장비의 렌트를 포함하는 원자재에도 적용 가능하다.

이 경우 밀러법에 근거하여 소송의 제기가 가능하고 청구권자는 마지막 작업 또는 자재를 공급한 날로부터 90일~365일 이내에 보증회사를 상대로 지급보증증권에 대한 소송을 청구할 수 있다. 청구권자가 계약 이행 후 1년이 초과하게 되면 어떤 소송도 받아들여지지 않게 된다.

미지급청구서에 대한 보증보험사의 보상 책임한도는 공사수행 의무에 따른 보증보험사의 판단에 따라서 변화한다. 대부분의 공사에 있어서 보증보험사는 보증보험의무규정, 공사계약의 재정과 정직한 배상책임의 규정을 위한 기술자 선취득권법 등을 조사해야 한다. 단지 적정한 방식과 시간 안에 제출된 증빙과 배상 청구를 한 상대방에게만 보상금이 지급될 수 있다는 점을 유의해야 한다.

〈표 7-8〉 미국 보증증권의 주요내용

구 분	입찰보증	이행보증	지급보증
제출시기	입찰 시	계약 시	계약 시
유효기일	계약체결시	실제준공일	실제준공일
금액	일반적으로 입찰 금액의 5-10%	계약액의 100%	계약금액 $1,000,000이하 : 계약금액의 50% 계약금액 $5,000,000이하 : 계약금액의 40% $5,000,000초과 : 고정금액
적용근거	관련법규	Miller Act	Miller Act
불이행 사유	계약체결불능	공사목적물 준공불이행	노무 및 자재 공급자 및 제 1차 및 제 2차 하도급자에 대한 체불
배상금액	낙찰자의 입찰보증액과 최종적으로 입찰계약을 체결하게 된 자의 입찰 보증액과의 차이	공사지연으로 야기된 손해를 포함한 공사 완공 총비용에서 미지급 공사 잔액을 차감한 금액	대가지급
배상한도	보증금액	보증금액	보증금액
수수료	보증종류별 건당 $50	최저수수료 : $ 50	이행보증수수료에 포함

(4) 하자보수보증(maintenance bond)

하자보수보증은 이미 완성된 프로젝트에 대해서 일정기간동안의 유지, 보수를 제공하는 것을 보증하는 것을 내용으로 한다. 하자보수보증이 별도로 발급되지 않더라도 이행보증과 지급보증은 하자보수보증의 내용을 자동적으로 포함하는 것이 일반적이다. 즉 이행보증에는 건설사업 완성이후 일정기간(대개 1년)까지는 그 시설을 보존·유지하는 내용이 포함되어 있다. 하지만, 별도의 하자보수보증서가 발급될 경우 발주자의 요구에 보다 더 원활히 반응하기 때문에 발주자는 하자보수보증증권 제출을 별도로 요구하기도 한다.

별도로 하자보수 보증서 제출을 요구하는 경우, 이미 이행보증이 하자 있는 물품이나 시공에 대해 사업완성 후 1년까지 유지·보수하는 것을 보장하고 있으므로 별도로 하자보증서 발급을 위한 추가 보증수수료가 요구되지는 않는다. 그러나 하자보증기간이 1년을 초과하거나 물품이나 시공상의 하자에 관한 유지·보수가 아니라면 보증회사는 추가수수료가 요구하게 된다. 하자보수보증증권이 별도로 요구되는 경우에 보증금액을 확정할 필요가 있는데, 계약금액의 5~15%선에서 결정된다. 하지만 예외적으로 100%가 요구되는 경우도 있다고 한다.

(5) 그 외 보증

선급금 보증(advanced payment bond)은 발주자가 선급금을 지불했으나 시공업자가 그에 대한 채무를 불이행하여 발주자가 입은 손해를 보증한다.

담보보증(lien bond)은 미국의 많은 주에서 채택하는 보증의 하나로 민간공사에서 담보보증을 요구하고 있다. 발주자가 대금을 미지불할 경우 하도급계약자나 공급자에게 발주자의 재산을 주는 선취득권(Mechanic's Lien)[2]이나 기타 특권을 방지하기 위해 발행된다. 담보보증이란 건축공사에 관한 증권으로 건축공사에 관해서 자재나 노동을 제공하는 자에게 인정되는 우선 변제를 받을 수 있는 권리를 말한다.

보류보증(retention bond)은 미국의 몇몇 주 혹은 단체에서는 공사가 끝날 때 건설업체가 보증을 포기하지 않고 계속 보유할 것을 허락하는 것이다. 이 증권들은 공사의 이행보증증권의 대체란 의미가 아니며 발주자가 공사에 제시된 모든 조건들이 완성되는 것을 추가적으로 보증하는 것을 말하다.

판매와 사용세금 보증(sales and use tax bond)은 판매와 사용세금에 지급을 보장하는 보증이다. 공급계약보증(supply contract bond)은 계약조건에 따라 건설자재들을 공사기간 동안 충실하게 투입할 것을 보장한다.

완성보증(completion bond)은 주로 발주자에 의해서 담보 없이 공사의 완성을 보증하는 저당권자에게 주어지는 것으로 계약자에 의해서 공사의 성실한 이행을 보증하는 이행보증보험과 혼돈되어서는 안 된다.

하도급계약 이행보증보험(subcontract performance bond)은 하도급계약자가 대형건설업자에게 규정에 따라 노동과 자재를 성실하게 투입하여 하도급 계약이 성실하

2) · Mechanic's Lien법의 기원은 로마의 한 장인이 자신이 만든 물건에 대해 소유주가 갖는 특권에 부당함을 느껴 자신의 권리를 보호하기 위해 만들었으며, 그 후 유럽대륙에서 무보수노동력의 보호에 필요성을 느낌과 동시에 시민법이 발달하자 더욱더 발전함.
 · 최초의 Mechanic's Lien법은 1791년 미국 Maryland에서 만들어졌음.
 · 이 법령은 미국노동자의 권리에 대한 민주적 공감대를 형성하는데 기여했으며, 산업혁명은 노동자와 소유주의 신용관계를 삽입한 건설계약체계를 발전시켰음.

게 이행될 것을 보증하는 보험이다.

하분류보증(subdivision bond)은 기술자에게 허가된 계획에 따라 도로와 공익설비가 제공될 것을 정부단체에게 보장하는 증권이다. 건강복지보증(health wealth bond)은 많은 노동조합에서 건강, 후생, 연금, 휴가자금, 특별한 경우에는 한정된 범위의 급료 지급을 보장한다.

3. 일본의 건설보증 체계

1) 개 관

(1) 주요 법적 근거

일본에서는 건설보증제도 마련을 위해 1951년 「보험업법」 개정을 통해 입찰보증보험, 이행보증보험을 도입하고 이를 손해보험사들이 취급하도록 하였다. 1952년에는 각 성 · 청의 장이 확실하다고 인정하는 담보로 보증금(현금)을 대신할 수 있다는 조항을 신설하는 「예산회계법령」을 개정하였다. 이를 통해 국가계약을 보증하는 수단으로 현금 또는 국채만 허용되던 것을 기존의 현금, 국채는 물론 보증보험 등으로 대체할 수 있게 되었다. 이후 지방자치단체의 공사계약을 규율하는 지방자치법령도 중앙정부의 회계법령과 동일한 내용으로 개정되었다.

일본에서 건설보증의 특징적 내용은 건설공사완성보증인제도의 폐지와 이행보증증권의 도입, 전불금제도 등을 꼽을 수 있다.

(2) 이행보증증권의 도입

1995년 이전에는 우리나라의 시공연대 보증인 제도와 흡사한 공사완성보증인 제도가 있었다. 공사계약을 한 시공업자가 공사를 이행하지 못할 경우 계약 시 미리 정해진 공사완성보증인이 본래의 시공업자를 대신하여 공사를 계속 진행하여 완성을 보증하는 역무적 성격의 보증제도이다.

이 제도는 건설업체간의 상호신뢰관계를 기초로 하고 있으므로 보증료가 지급되지 않아 도급자에게도 이용하기 쉬운 이점이 있다. 그러나 경쟁관계에 있는 건설업체가 아무런 대가없이 다른 건설업체를 보증한다는 모순(矛盾)이 지적되었고, 특히 상대 지명업체가 보증인이 되는 경우 낙찰자보다 높은 가격에 응찰한 자가 공사를 인수하는 불합리성이 존재했다. 또 담합파괴에 대응해서 공사완성보증인이 되는 것을 회피하는 또 다른 형태의 담합 조장 가능성이 있다는 점이 문제점으로 지적되었다.

이같은 공사완성보증인제도의 문제점으로 인해 공사완성보증인제도를 폐지하고 새로운 이행보증제도의 도입이 검토되었다. 이를 위해 계약 보증금 납부 면제 규정에 공공공사 이행보증증권을 추가하여 건설성에서는 '공공공사 표준청부계약 약관'을 개정함으로써 1996년 4월부터 새로운 이행보증제도를 시행하게 되었다.

〈표 7-9〉 일본의 보증제도 개요

관련규정	개정 내용
공공공사 보증제도 개선	공사완성보증인 제도 폐지(1996년)
예산결산 및 회계령개정 (1995년 6월)	이행보증 추가
공공공사 표준청부계약 약관개정 (1995년 11월)	(1) 금전적 보증 원칙 (2) 발주처의 선택에 의해 역무적 보증 요구 ① 발주처의 발주체계가 불충분한 경우 ② 시설의 공용개시 일정 등을 고려, 경제적 손실의 보완만으로는 불충분한 경우 (3) 이행보증금율(예시): 30% (4) 이행보증 조치의 면제 건설회사의 채무불이행 가능성과 채무불이행시의 영향 등을 감안, 이행보증조치가 불필요한 경우
공공공사 보증계약 기본약관 개정	(1)보증회사의 보증사고 처리방법 ① 손해액을 보증금의 범위내에서 발주처에게 지불 ② 보증회사가 직접시공 ③ 다른 시공업자로 하여금 사육 (2)보증회사가 대체업자 선정시 발주처의 승인 필요

(3) 전불금보증제도

건설업의 수주산업이라는 특성상 생산활동 개시를 위해서는 자금이 필요한데, 1950년대 초 대부분의 일본 건설업체는 중소건설업체들로 한국전쟁으로 일본 국내의 자재비와 노무비가 급등하여 심각한 자금난에 직면하게 되었다. 자금난 해결을 위해 일본 정부는 1952년 「공공공사의 전불금 보증사업에 관한 법률」을 제정하였으며 전불금보증사업회사라는 보증기구를 설립하여 전불금 제도를 도입하였다. 공공공사에 공사대금을 미리 지불해 줌으로써 건설업체의 사업자금을 원활하게 공급하여 적정시공을 도모하려는 취지였다.

이때 문제가 된 것은 공사대금을 미리 지불하였으나, 지급한 공사대금으로 건설업체가 공사를 완성할 수 없게 될 경우 이를 회수할 방법이 필요하다는 것이다. 이에 위험을 제거하고 안전하고 확실한 방법으로 미리 지불한 공사대금을 담보할 수 있는 방안으로 '전불금보증제도'가 도입되었다.

전불금보증은 발주자, 건설업체, 금융기관, 보증회사의 4자가 개입하게 되며 그 절차는 다음과 같다.

① 먼저 발주자와 건설업체가 도급계약을 체결해서 그 도급계약에 근거하여 보증신청을 한다.

② 보증회사는 발주자를 피보증자로 하는 보증증서를 발행한다.

③ 건설업체(보증계약자)는 보증증서를 발주자에게 제출하면, 전불금이 건설업체가 지정한 은행에 입금된다.

④ 건설업체는 해당공사의 시용을 증명하는 서류를 첨부해서 전불금의 지출을 청구해서 전불금을 수령한다.

2) 건설보증 인수기관

(1) 손해보험회사

손해보험사는 이행보증증권을 인수해서 시공업체(채무자)의 채무불이행 시 보증금액 한도 내에서 발주자가 입은 손해를 발주자(채권자)에게 지불하도록 하거나 건설업체를 대신해서 공사완성을 보장하여 주는 역할을 담당한다.

손해보험회사는 1974년에 재무부장관으로부터 이행보증증권의 인가를 얻었고 1995년에는 공공공사의 이행보증을 대상으로 하는 공공공사이행보증증권의 인가도 취득하였다. 손해보험회사는 건설업체의 재정상태, 기술력, 이행능력에 관한 자료를 이용해서 이행보증증권의 이행여부를 결정한다. 보증요율은 자율적으로 결정하되 건설업체의 신용등급에 따라 차등하여 적용하게 된다.

은행과 전불금보증회사는 이행보증증권 인수기관에서 제외된다. 은행은 자금입금, 자금대여, 어음할인, 환율 거래 등과 같은 업무만을 하며(은행법제10조), 이행보증증권과 같은 금전채무가 아닌 채무의 이행을 보증하는 것은 은행의 업무와는 별개로 생각하기 때문이다. 또한 전불금보증회사는 공공공사의 전불금의 보증을 목적으로 하는 회사이며 건설업체가 은행 등에서 공공공사 자금의 차입을 하는 경우에 채무보증을 제외한 다른 업무를 해서는 안 된다고 규정되어 있다(공공공사의 전불금보증사업에 관한 법률 제19조). 따라서 전불금보증회사가 이행보증증권의 인수를 하는 것은 현행법상 인정되지 않는다.

(2) 전불금보증회사

｢전불금보증사업법｣에 근거하여 3개 사가 1952년 발족되었으며 주로 건설업체와 금융기관 등의 출자에 의하여 설립되었다. 전불금 보증사업회사의 주요 사업으로는 전불금보증, 대출보증 사업, 계약 보증이라는 이름의 금전적 보증 사업 등이다.

현재, 국가 등의 공공발주기관에서는 회계법 등에 의해 전불금보증회사의 보증을 전제로 도급대가의 일부를 선불할 수 있다.

〈표 7-10〉 일본의 전불금 보증주식회사의 개요

구 분	북해도 건설업보증 주식회사	동일본 건설업보증 주식회사	서일본 건설업보증 주식회사	중일본 건설업보증 주식회사
설 립 시 기	1952.09	1952.10	1952.11	2000.10
본 점	삿포로	도쿄	오사카	나고야
자 본 금(억엔)	4	20	10	5
사업내용	전불금보증 계약보증 금융보증	전불금보증 계약보증 금융보증	전불금보증 계약보증 금융보증	전불금보증 계약보증

전불금보증회사는 전불금의 적정한 지불 및 사용에 대한 감사를 금융기관과 위탁 업무계약을 체결하여 위탁 관리한다. 건설업체와 발주자간의 계약이 체결되면 건설업체는 공사계약서를 근거로 보증회사에 보증을 신청한다. 이때의 구비서류는 보증신청서, 공사계약서 사본, 전불금 사용 내용명세서, 하도급 계약서 사본, 공사비 내역 명세서, 공정표 등이다. 보증계약은 건설업체와 보증회사 간에 체결되며, 발주자를 피보증자(보증채권자)로 하는 보증증권을 발행한다. 이행보증증권의 경우 발주자와 보증회사(손해보험회사)간의 보증계약이고, 보증회사와 건설업체와 맺는 계약은 보증위탁계약이다.

보증회사는 전불금 예탁 취급의뢰서, 예탁금 수입통지서, 전불금 사용내용 명세서 사본을 금융기관에 송부한다. 건설업체는 보증증권을 발주자에게 제출한다. 발주자는 전불금을 건설업체가 지정한 금융기관에 예탁한다. 건설업체는 당해 공사에 사용을 증명하는 서류를 첨부하여 금융기관에 지불을 신청하고 금융기관은 신청내용이 사용내역명세서에 부합할 경우 전불금을 지불한다.

3) 공공공사에서 건설보증의 구조

(1) 공공공사 보증 관련 규정

회계법령(회계법29의 9) 및 지방자치법령의 규정에 의하면 공공공사 도급업자는 계약보증금을 의무적으로 납부해야 하며, 현금 대신으로 국채 등의 유가증권과 정부보증채, 금융채, 은행수표 등의 금융기관의 보증담보도 인정된다. 또한, 대장대신이 정하는 다른 담보로 은행 또는 계약 담당자 등이 확실하다고 인정하는 금융기관의 보증도 인정되고 있다. 은행 또는 계약 담당자 등이 확실하다고 인정하는 금융기관보증이란 「출자의수입·저금및금리등의체결에관한법률」 제3조에 규정하는 금융기관을 말한다(계약사무취급규칙 제5조 제1항 제4호). 또한 연납이 인정되고 확실한 담보가 제공되는 경우와 판매대금을 즉시 납부하는 경우는 면제된다.

과거 오랫동안 시행되었던 공사완성보증인제도는 여러 가지 문제가 있어 폐지하고 1996년부터 새로운 이행보증제도의 도입되었다.

〈그림 7-1〉 회계법령에 있어서 이행보증체계규정의 개요

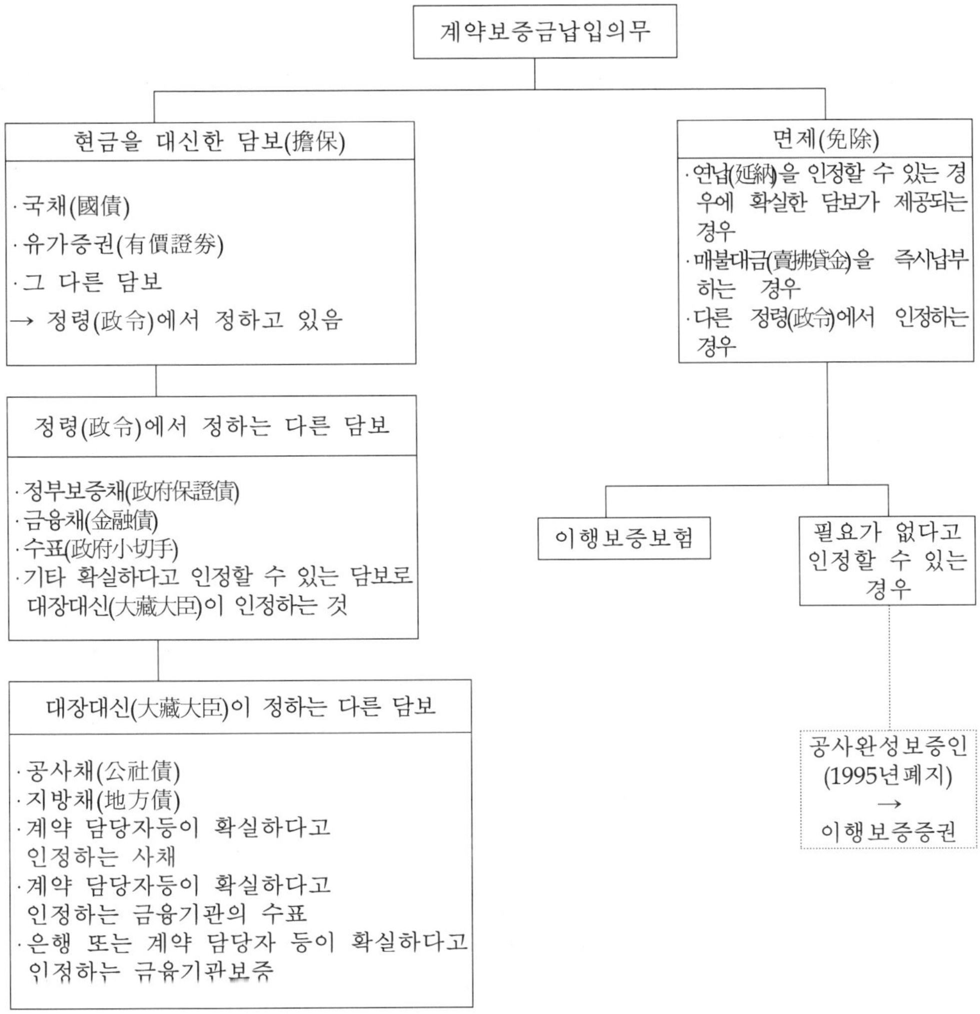

(2) 이행보증의 선택 대안

발주자는 시공자에게 이행보증과 관련하여 세 가지 대안 중 하나를 선택하도록 요구할 수 있으며 각 대안 선택 시 몇 가지 사항들을 고려하게 된다.

먼저 발주자가 금전적 보증 조치만을 요구하는 경우는 경제적 손실의 보완으로 충분하다고 판단되는 경우이다. 역무적 보증조치를 요구하는 경우는 발주체계가 불충분하거나 공공시설의 경우 해당시설 이용의 지체에 따른 비용문제 등을 감안할 때 불

충분하다고 판단하는 경우이다. 마지막으로 발주자는 건설회사의 채무불이행 가능성이 매우 낮고 채무 불이행에 따른 피해가 매우 작다고 판단되는 경우 이행보증조치를 면제하기도 한다.

발주자가 금전적 보증을 요구할 경우 시공업자는 다양한 금전적 보증수단 중에서 하나를 선택(계약보증금, 국채 등 유가증권, 금융기관의 보증, 이행보증보험, 이행보증증권)하게 된다. 발주자가 역무적 보증이 필요하면, 이행보증증권 제출을 요구하게 된다.

〈그림 7-2〉 새로운 이행보증체계의 개요

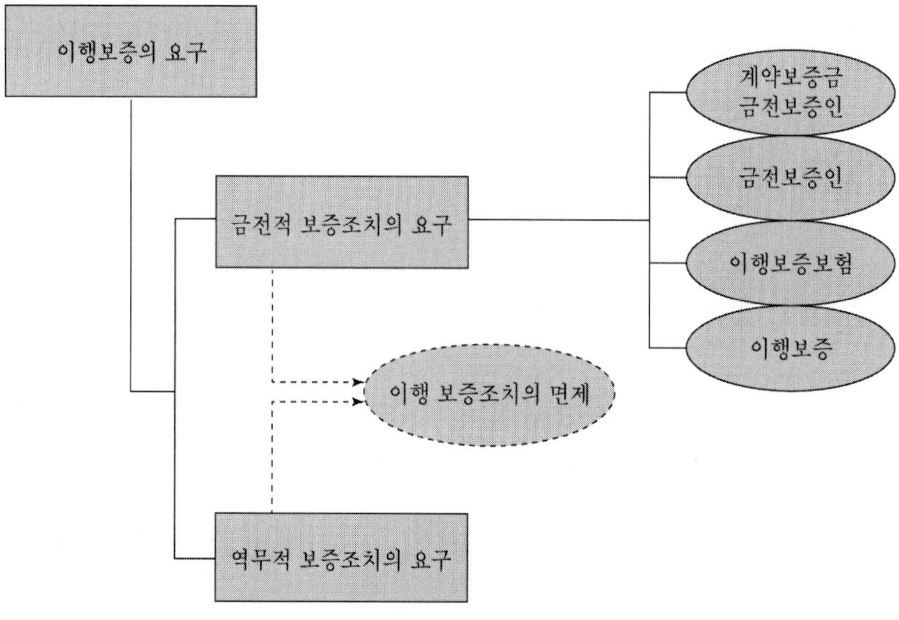

발주자가 이행보증조치 등을 선택하는 경우의 고려
- 금전적 보증조치 : 경제적 손실의 보전으로 충분한 경우(통상)의 경우
- 역무적 보증조치 : 발주자의 체제가 충분치 않은 경우 등 시설의 공급개시 시기의 관계 등으로 경제적 손실의 보전만으로 불충분한 경우
- 이행보증의 면제 : 도급자가 채무불이행에 가능성 등, 채무불이행시에 영향 등을 감안해서 이행보증조치가 필요치 않은 경우

(3) 이행보증증권

① 이행보증증권에 의한 보증과정

발주자와 시공업자간의 공사계약(주계약)을 전제로 건설업체(주채무자)와 보증회사(손해보험회사)간에 보증위탁계약을 체결하고, 보증위탁계약을 근거로 발주자는 보증회사와 보증계약을 체결한다. 보증계약에 따라 보증회사는 공사 이행을 보증하게 되며 주채무자인 건설업체가 채무를 이행하지 못할 경우 보증회사는 발주자에게 보증금을 납입(금전적 보증)하거나 대체업자를 선정하여 공사를 완성(역무적 보증)하는 방안을 선택할 수 있다. 다시 말해서 보증회사는 채무불이행 시 납입하여야 할 보증금과 대체업체 선정 시 증가비용(계약금액의 증가와 재발주 사무비용 등)을 비교하여 채무이행 방법을 결정하게 된다.

그러므로 발주자가 역무적 보증을 필요로 할 경우에는 보증금률을 높게 설정하여 손해보험회사가 보증금 납입보다 유리한 역무적 보증을 선택하도록 유도한다. 「공공공사 표준 청부계약 약관」에서는 역무적 보증의 경우 보증금률을 30%로 예시하고 있고, 금전적 보증의 경우에는 보증금률을 10%로 예시하고 있다.

이행보증증권으로써 역무적 보증을 하는 과정은, 먼저 발주자가 입찰공고에서 역무적 보증을 요구할 것인지 여부를 공고(보증금률이 높은 이행증권 요구)한다. 이때 입찰에 참가하여 낙찰된 건설업체는 특정 손해보험회사에 이행보증증권을 신청하게 된다. 그러면 손해보험회사는 건설회사에 대한 보증심사를 통해 보증인수 여부를 결정하고, 보증조건과 보증요율을 결정하여 건설업체와 보증위탁계약을 체결한다. 손해보험회사는 이행보증증권을 건설업체에게 발행하고, 건설업체는 이행보증증권을 발주처에 제출하고 발주자는 손해보험회사와 보증계약을 체결한 다음 건설업체와 공사계약을 한다.

채무 불이행 발생시 발주자는 건설업체에게 대체이행 청구를 통지하고 손해보험회사에게 청구를 하게 된다. 손해보험회사는 대체업체를 선정, 발주자에게 대체업자 승인을 의뢰하며 발주자가 대체업체를 승인하면 대체이행업체는 손해보험회사와 대체이행 약정을 체결하고 채무불이행을 한 원계약자인 건설업체로부터 모든 권리와 의무를 승계한다. 대체이행업체는 잔여공사를 수행하고 발주자에게 잔여 이행분에 대한 공사 대금을 청구하고 추가비용이 발생할 경우 손해보험회사에 추가비용을 청구한다. 만약 손해보험회사가 증가비용을 지불할 경우 손해보험회사는 원계약자에게 그 비용을 구상한다.

〈표 7-11〉 이행보증증권의 역무적 보증 과정

구 분	항 목	내 용	대 상
발주자	입찰공고 보증계약 체결 공사계약 체결	역무적 보증 여부 결정	손해보험회사 건설업자
낙찰업자	이행보증증권 신청		손해보험회사
손해보험회사	보증심사 보증조건과 보증요율 결정 이행보증증권 발행 및 제출	보증인수여부 결정 건설업자와 보증위탁계약 체결	낙찰업자 낙찰업자, 발주처

② 인수 심사

손해보험회사에서 이행보증증권을 인수할 때 인수 심사방법은 건설업체의 재정상태, 기술력, 이행능력 등에 관한 자료를 이용하여 시공능력을 종합 판단한 후 인수 여부를 결정한다.

기업의 재무상황과 경영내용은 결산서를 바탕으로 하며 공사 경력서를 통해 기술력을 분석한다. 이때 공사 종류와 공사 완성실적 등 과거 공사 실적, 보유 기술자 종류와 인원수, 현재 수행중인 공사를 확인한다. 당해 공사의 이행능력은 공사계약서를 통해 분석하며 그 내용으로는 계약내용 분석, 공사내용 분석, 공사체계, 현재 수행 중에 있는 공사를 확인하게 된다.

결산서, 공사이력서, 공사계약서의 서류심사 등과 함께 사업자에 대한 면접, 현지조사 및 외부전문기관 등의 조회를 통해 기업의 재무 상황 및 기존의 공사 운영 상황을 분석하여 당해 공사의 시공능력을 종합 판단한다. 마지막으로 인수여부와 인수조건 검토를 통해 손해보험회사에서 보증증권을 인수할 것인지 여부와 인수할 경우 인수조건을 결정한다.

③ 이행보증증권의 보증요율

이행보증증권의 보증요율은 손해보험회사에 따라 다양하며 일반적으로 공사의 난이도에 따라 A, B, C 3등급으로 차등 적용한다. 건설업자의 신용도에 따라 우량업체는 할인하고, 불량업체는 할증하는 시스템이 적용된다.

〈표 7-12〉 손해보험회사의 공사등급(예시)

구 분	A급 공사	B급 공사	C급 공사
도 로	통상의 도로공사	입체교차로, 고가, 제방	교량, 터널
하 천	-	통상의 하천공사	댐
하수도	부지 배관공사	하수도본관, 하수처리장	-
철 도	-	통상의 철도공사	교량, 터널, 지하철
전 력	-	배선, 화력발전소	수력, 원자력발전소
건 축	내장공사, 비계공사	건물건축공사	-

(4) 이행보증보험

발주자가 피보험자가 되는 손해보험의 일종으로 건설업자의 계약불이행시 발주자가 입은 손해를 손해보험회사가 발주자에게 보험금을 지불하는 방법으로 보증하는 금전적 보증수단이다. 이행보증보험과 이행보증증권의 가장 큰 차이는 역무적 보증의 유무이다. 그리고 이행보증보험에 있어 구상권의 근거가 보험 대위권에 근거하는 것에 비하여 이행보증증권에 있어 구상권의 근거는 보증위탁 계약에 근거한다. 또한 계약에 있어서도 이행보증보험은 손해보험사와 건설업체 간의 계약만이 존재하는데 비하여 이행보증증권 계약은 발주자와 손해보험사간의 계약도 포함한다.

〈표 7-13〉 일본에서 이행보증보험과 이행보증증권의 차이점

구 분	이행보증보험	이행보증증권
보증 이용	금전적 보증	금전적 보증과 역무적 보증
구상권의 근거	보험 대위권	보증위탁 계약
계약	손해보험회사와 건설업자간의 보험계약만 존재	발주자와 손해보험회사간의 계약도 포함

4. 한·미·일 건설보증 체계 비교

각국의 보증인수기관을 보면 미국, 일본에서는 손해보험사 중심이나 우리나라는 공제조합 중심으로 운용되고 있다. 우리나라는 연대보증인제도를 폐지했고 일본도 공사완성보증인제도 규정을 폐지하였다. 미국은 손해보험사들이 인수기법 상 필요할 경우에 한해 인보증을 할 수 있도록 자체 규정으로 처리하고 있다.[3] 미국 연방 공사의 경우 100% 이행보증을 요구하고 있고, 손실보상 방법 등에 대해서는 원칙적으로 계약관계에 의하되, 보증기관에게 최대한 재량권을 주고 있다.

각 국은 이행보증제도를 도입하고 있는데 각각 그 도입 배경이 다르다. 우리나라의 경우 1997년 외환위기로 연대보증인제도로 인한 연쇄부도 증가와 건설업체의 부실증가 등으로 도입 필요성이 강조되었다. 미국은 1890년대 민간건설기업들의 부실이 증가하여 납세자들의 추가적인 비용부담을 감소시키기 위한 취지에서 도입되었다. 일본은 공사완성보증인제도가 담합을 조장하며 합리성이 결여되는 등 기존제도의 불합리성에 대한 인식이 팽배해지면서 이행보증제도를 도입하게 되었다.

보증서의 제출에 있어서는 우리나라에서는 계약보증 또는 이행보증을 이용할 수 있는데 그 선택 권한은 발주 관련 법규에 명시되어 있다. 그러나 일본은 발주자가 역무적 보증과 금전적 보증을 선택적으로 요구한다. 그리고 미국은 계약시 보증기관의 의견을 참고로 하여 발주자가 결정하고 있다.

가장 큰 차이점으로는 하자 발생 시 이를 처리하는 방식이다. 우리의 경우는 계약보증의 경우 보증금 전액이 국고로 귀속되고, 이행보증의 경우 보증서 발급기관이 승계시공을 책임지게 된다. 미국은 계약조건에 따라 보증기관이 보증금을 지불하거나 보증기관이 자체적으로 시공하거나 제3의 시공자에게 승계 시공토록 한다. 보증기관

3) 미국 뉴욕주의 경우 '보험법'에서 보험사업을 영위할 수 있는 자의 범위에 개인과 상사조합, 비영리단체, 법인 등을 포함하고 있다. 협동조합이 보험사업을 영위하기 위해서는 '보험법'의 적용을 받으며, 보험전업주의에 따라 타사업을 겸영할 수 없기 때문에 협동조합은 주정부의 면허를 받아 자회사로서 주식회사나 상호회사를 설립하여 보험(보증)사업을 영위하여야 한다.

에게 최대한 재량권을 부여하고 있다. 일본의 경우는 계약 사항에 따라 금전적 보상이나 역무적 보상을 하게 된다.

〈표 7-14〉 한 · 미 · 일 건설보증제도 비교

구 분	한 국	미 국	일 본
적용법규	국가계약법 및 건설산업기본법	Miller Act (주정부) Little Miller Act (지방정부) FAR(Federal Acquisition Regulation) : Part 28	회계법 및 공공공사 표준청부계약 약관
담당정부 기관	기획재정부, 국토교통부	연방재무성 (U.S. Department of Treasury)	대장성 및 국토교통성
핵심사항	15% 계약보증 40% 이행보증	10만불 이상 연방정부 공사 100% 이행보증 의무화	금전적 보상(원칙), 특별한 경우 이행보증 도입
보증기관	공제조합, 서울보증보험	손해보험회사	손해보험사, 전불금회사, 은행 등 금융기관
이행보증 도입시기	1999년 7월	1894년	1996년 4월
이행보증 도입배경	1997년 외환위기로 건설기업의 부실 증가 → 연대보증인제도에 근거한 건설보증제도 개선의 필요성 증가	1890년대 민간건설기업들의 부실 증가 → 납세자들의 추가적 비용을 감소시켜야 한다는 수용 Miller Act 시행	기존 공사완성보증제도는 담합을 조장하며, 합리성이 결여된 제도로 인식하여 폐지 → 새로운 이행보증증권 도입
발주자 요구	연대보증인 + 보증기관(금전) 모두 요구	계약시 보증기관의 의견 참조	발주자의 선택으로 역무적 보증과 금전보증 결정
채무불이행시	① 계약보증금 전액 국고 귀속 ② 이행보증기관 - 역무적보증	보증기관이 보상방법 선택	발주자와 계약에 따라 금전적 보상과 역무적 보상
특이사항	3대 공제조합 및 서울보증보험의 체계	보증종류별로 전문화 건설보증만 전담하는 회사도 있으나, 많은 경우 손해보험사내부의 건설보증을 담당하고 있는 부서가 있음	건설보증보험과 건설보증증권의 구분 전불금보증

제8장

건설보증시장의 환경변화와 효율화

1. 경제여건 및 건설경기 변화
2. 건설 관련 정책 변화와 건설보증
3. 건설보증시장 경쟁구조 변화
4. 건설보증시장 개방
5. 공정한 경쟁기반의 조성
6. 관리감독 체계 개선
7. 기타: 공사이행보증제도 개선

제 8 장

건설보증시장의 환경변화와 효율화

보증사업은 그 특성 상 경제여건과 정책에 민감하다. 건설보증도 마찬가지로 경기여건과 정책에 많은 영향을 받는다. 정책변수는 건설산업 관련 정책, 건설보증 관련 정책으로 크게 구분된다. 건설보증 관련 정책은 건설보증 상품과 운용, 보증시장 구조에 영향을 주는 정책 등이 포함되지만, 여기서는 특히 보증시장 개방에 유의하고자 한다. 따라서 건설보증시장에 영향을 미치는 주요 요소는 경제여건 변화, 건설산업 관련 정책, 건설보증시장 개방 등으로 압축된다.

일반적으로 보증은 경제여건 즉 경기에 민감할 수밖에 없다. 경기 여건에 따라 보증수요도 증가하고 또 보증사고가 빈발할 수 있기 때문이다. 그리고 건설산업 관련 정책은 산업의 구조변화를 통해 건설보증의 주요 공급기관인 건설 관련 공제조합의 조합원 구성에 영향을 미치게 된다. 조합원의 구성 변화는 자연스레 개별 공제조합 간의 경쟁도 유발하게 된다. 마지막으로 건설보증시장의 개방은 공제조합 중심의 현 공급체제에 다른 기관이 신입해 들어와 경쟁구도에 큰 변화를 줄 수 있다. 이미 유관 공제조합이 진입해서 활발한 활동을 하고 있는데, 손해보험사의 건설보증시장으로의 참여는 엄청난 파장을 불러올 것으로 보인다. 따라서 건설보증시장 내에서 기존 보증기관 간의 경쟁구조 변화와 건설보증시장 개방으로 여타 기관이 진입해오는 경우를 나누어 살펴보아야 한다.

1. 경제여건 및 건설경기 변화

1) 건설경제 여건 변화

건설보증시장은 건설공사 과정에서 수요가 발생하는 시장이다. 따라서 건설시장 여건에 영향을 받을 수밖에 없는데, 건설경기 추세, 산업의 환경변화 등에 절대적으로 영향을 많이 받는 시장이다. 건설경기가 좋아 공사물량이 증가하면, 건설계약, 시공, 도급, 하자보수 등 건설공사 각 단계에 따라 보증수요가 생겨나므로 건설보증시장도 호황을 띄게 되는 것이다.

현재 건설산업은 건설투자 규모가 국내총생산(GDP)의 약 16% 내외를 차지하고, 건설 관련 취업자는 약 200만 명에 이르는 국가경제의 주요산업이다. 따라서 국내외 경제여건 변화에 따라 건설경기는 민감하게 영향을 받을 수밖에 없는 실정이다. 거기다 건설산업은 경기 선행적 특성이 있어 경기에 더욱 민감하다고 할 수 있다.

국내 건설시장은 2016년 145.4조 원 규모의 수주실적으로 정점을 찍은 후 감소세를 보이고 있다. 2015년부터 상승추세로 들어섰는데, 이는 국내 주택경기와 밀접한 관련이 있다. 이후 정부의 복지지출 증가로 인한 SOC 투자 감소, 주택시장의 축소 등으로 건설수주는 보합수준을 기록하였다. 하지만 2018년에는 주택경기 활황에 힘입어 152.1조원으로 최고점을 기록하였다.

이같은 경기여건이 반영되어 2010년 중반 전후로 수년간 건설 관련 공제조합은 호황을 누렸고, 3대 공제조합은 모두 최고의 수익을 올렸다. 최근에는 수익에 약간의 등락이 있지만 양호한 영업실적이 지속되고 있으며, 향후 주택경기 하락 등에 대비하여야 할 것이라는 염려를 하고 있는 실정이다.

국내 경제는 2018년 2.7% 성장률을 기록했으나, 2019년 2.0% 성장에 그치며 수출부진, 고용악화, 내수경기 부진 등 어려운 상황을 경험하였다. 2020년에는 이러한 어려운 여건에 더하여 코로나바이러스19라는 천재지변에 해당하는 사태가 발생하여 경기 침체는 더욱 가속화될 것으로 보인다. 세계 각국은 코로나바이러스의 팬데믹(Pan-demic)이라는 초유의 사태로 암울한 경제전망을 내놓고 있다. 또한, 인구고령화가 진행된 선진국들의 건설업 투자 감소 및 위축 경향에 비추어볼 때 극심한 저출산 현상을 겪고 있는 국내 건설산업 또한 투자 및 소비 감소가 발생할 확률이 높다. 이러한 복합적인 영향으로 인하여 건설경기는 악화될 것으로 보인다.

〈그림 8-1〉 건설시장 추이 및 전망

(단위 : 조원)

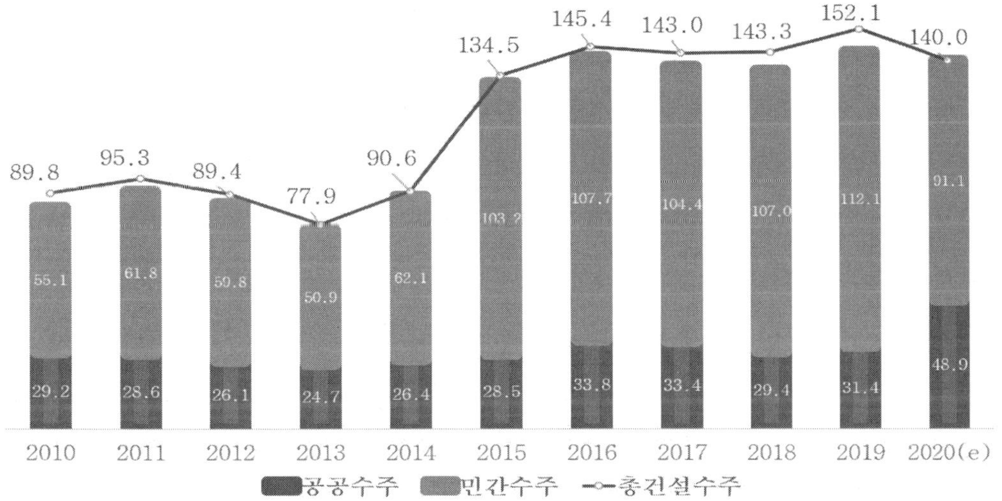

1) 2020년은 한국건설산업연구원의 전망치
자료 : 통계청 「건설경기동향조사」

2) 사회간접자본(SOC)에 대한 투자

정부의 SOC 투자 예산은 활발한 정부 주도의 투자 정책에 힘입어 2015년 26.1조원으로 10년 내 최고치를 기록한 후 2018년 19조원까지 연평균 10.5% 지속적으로 감소하였다. 그러나 최근 국가 주도의 SOC 투자 확대정책에 따라 2019년에는 전년대비 예산이 증가하였고, 2020년 이후에도 SOC 투자 예산은 지속적인 증가가 예상된다. 정부는 2020년 22.3조원 및 추후 2023년까지 연평균 4.3% 투자증가를 계획하고 있어 SOC 투자에 근거한 공공건설 증가가 전망된다.

〈표 8-1〉 최근 10개년 정부 SOC 예산 추이

(단위 : 조원)

연도	2011	2012	2013	2014	2015	2016	2017	2018	2019	2020
SOC예산	24.4	23.1	25.0	23.7	26.1	23.7	22.1	19.0	19.8	23.2

자료 : 국토교통부

정부는 SOC 투자를 통하여 국민생활 인프라 구축과 삶의 질적성장을 도모함과 동시에 침체한 투자, 내수, 고용을 끌어올리겠다는 '생활 SOC 3개년(2020~2022년) 계획'을 발표하였다. SOC에 대한 지속적인 투자를 약속한 것이다. 특히 24조원 규모의 예비타당성조사 면제사업을 향후 시행할 계획임을 발표하였다. 주요 내용은 지역전략산업육성에 3.6조원, 도로・철도 등 인프라 확충에 5.7조원, 광역교통・물류망 확충에 10.9조원, 지역주민의 삶의 질 개선에 4.0조원 규모의 예산이 책정되어 있다. 그리고 이와는 별개로 각각 사업의 예산이 수조원에 달하는 GTX B, C 노선 건설 등 대규모 SOC사업계획이 예비타당성조사를 통과하여 사업착공 준비를 하고 있다. GTX A 노선은 이미 사업자가 선정되어 착공에 들어간 상태이다. 악화되고 있는 경제여건과 이에 따른 건설경기 침체로 민간건설의 발주량이 대폭 줄어들 것으로 전망되는 가운데 정부 및 공공기관의 SOC 투자가 증가는 그나마 건설수요에 긍정적인 요인이 될 것으로 보인다.

건설 시공과정에서 발생하는 하자보수는 보증수수료의 가격이 타 보증에 비해 상대적으로 높고 공공기관이 발주하는 공사의 하자보수는 손해율이 낮아, 하자보수보증에 대한 경쟁이 치열해질 것으로 보인다. 현재 서울보증보험과 엔지니어링공제조합의 하자보수보증에 대한 공격적인 영업전략은 향후에도 건설 관련 공제조합에게 위협적일 것으로 예상된다.

3) 4차 산업혁명과 건설업

이미 제4차산업혁명은 전 산업에 걸쳐 관심을 끌고 있고, 이미 점진적으로 이행해나가고 있다고 볼 수 있다. 건설산업 부문에서도 4차 산업 혁명이 미래 건설산업의 생산방식 변화를 전망하고 이에 대한 적절한 대응방안을 마련해야 한다는 논의가 진행되고 있다. 법정 계획인 제5차 건설산업진흥기본계획(2018년~2022년) 및 제6차 건설기술진흥기본계획(2018년~2022년)에서는 제4차산업을 중심으로 미래 계획을 설계하고 있다. 제4차 산업혁명의 핵심기술인 AI를 활용한 정보통신, 로봇과 드론 등의 도입으로 건설업은 획기적인 변화를 경험할 것으로 보고 있다. 예를 들어, 3D 프린팅을 이용한 건축부품 생산에서부터 시공까지의 전 공정에서의 신기술을 통한 시간과 재원의 절약이 가능해지며, 건설 폐기물 없는 친환경 건축까지 가능할 것으로 보고 있다. 또 녹색건축 등의 새로운 건설 방식 및 시장이 형성되고 있으며, 이들 생산변화에 발맞추어 입찰, 계약방식이 변화해야 하고 적합한 건설업종이 생겨나야 한다는 등의 주장이 제기되고 있다.

이같은 새로운 기술의 접목은 생산성 향상에는 혁신적으로 기여하겠지만 기술과 기계화는 노동력을 대체하고 고용의 양과 대규모의 일자리를 위협하는 상황이 발생할 수 있다. 이는 이미 19세기 중엽 산업혁명이 한창 진행이던 영국에서 일자리를 뺏긴 농민들이 공장기계를 파괴하는 러다이트 운동(Luddite Movement) 등에서도 경험한 바 있다. 제4차 산업혁명과 건설의 경우 3D 프린팅 등의 기술을 통한 건축이 일반화된다면 다양한 건설자재의 생산과 조달이 필요치 않게 되므로 자재생산·조달 업체들이 경영상 어려움을 겪게 될 것이다.

이같은 혁신적 변화가 예상되는 제4차 산업혁명과 관련된 건설산업의 여건변화가 건설보증에 미치는 영향은 현재로서는 전망하기가 쉽지 않아 보인다. 현재 우리의 시각으로는 너무나 혁신적이고 예측 불가한 측면이 많고 또 앞으로 지속적으로 장기에 걸쳐 일어날 변화들이기 때문이다.

4) 건설보증시장에 미치는 영향

건설 관련 공제조합의 시작은 1963년 당시 제도권 금융으로부터 보증 및 금융에서 소외된 여건 하에서 건설산업 자체의 보증 및 금융을 위한 상호부조 조직인 건설공제조합이 설립되면서부터이다. 당시에는 건설업 면허조건에 공제조합에의 출자를 의무화하였고, 이들 건설업 면허업체로부터의 출자금과 준비금을 자본금으로 하여 공제조합을 운영하였다. 건설공제조합의 주된 역할은 입찰 및 계약, 공사이행 등 건설사업의 성공적 수행을 위한 보증서를 발급하는 건설보증기관으로서 역할이다. 건설공사는 위험도가 높고 불안정하기 때문에 제3자가 건설공사 계약의 이행을 담보하는 것이 필수적이다. 건설공사 계약 등의 이행 담보는 제3의 건설업체가 계약이행을 역무적으로 책임지도록 하는 방법 즉, 연대보증인 제도와 공사계약 등의 불이행으로 발생하는 발주자의 경제적 손실에 대해 금전적으로 보상을 하는 방법으로 주로 이루어졌다. 우리나라의 경우 과거에는 연대보증인제도와 건설보증제도가 함께 운용되었으나, 연대보증인제도가 연쇄부도 등 동반부실을 가져올 수 있다는 단점 때문에 점차 축소·폐지되었고 신용중심의 건설보증제도로 전환되었다.

이제 원도급공사를 주로 하는 종합건설업체가 조합원인 건설공제조합의 자료를 이용하여 추세를 살펴보자. 경제여건은 건설경기로 반영되는데, 이러한 건설경기와 건설보증의 흐름을 살펴보면 다음 그림과 같다. 건설경기를 나타내는 지표로 건설공사수주액을 이용하고 수주액과 건설보증의 관계를 살펴보면 건설경기가 건설보증시장에 미치는 영향을 분석할 수 있다.

외환위기 이후의 건설시장동향과 건설보증 실적을 함께 검토해 보면, 일단 두 지표의 추세는 같은 방향으로 움직임을 알 수 있다. 기본적으로 건설시장 규모가 증가하면 건설보증시장 규모도 커지는 것으로 나타난다. 다만, 건설보증시장에서 보증서비스 공급기관의 상황에 따라 건설공제조합의 보증실적 비중은 달라지고 있음을 알 수 있다. 건설공제조합의 건설보증실적은 1995년 이후 약간 감소 후 급증 등 등락하였다. 외환위기 이후 급락했다가 점차 증가하면서 2009년부터 크게 증가하는 추세를 보이고 있다. 건설수주 대비 건설보증 실적은 2010년 41.6%, 2011년 39.7%, 2012년 41.2%로 2000년대 초반인 2000년 25.5%, 2003년 17.9%에 비해서는 크게 증가하였으나, 1990년대 말 1998년 66.0%, 1999년 47.2%에는 못 미치는 수준이었다.

〈그림 8-2〉 건설공제조합 총 보증잔액 변동 추이

(단위 : 조원, %)

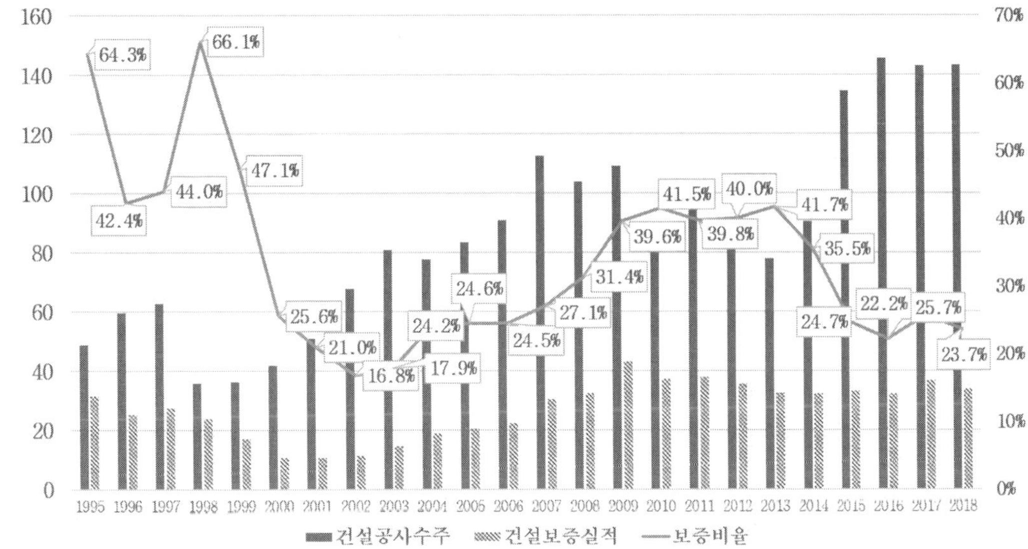

자료 : 건설공제조합 통계연보, 통계청 「건설경기동향조사」

〈표 8-2〉 건설공제조합 총 보증실적 변동 추이

(단위 : 조원, %)

연 도	1995	1996	1997	1998	1999	2000	2001	2002	2003	2004	2005	2006
건설공사수주	49.0	59.5	62.7	36.0	36.3	41.8	51.0	67.8	80.9	77.8	83.5	91.0
건설보증실적	31.5	25.2	27.6	23.8	17.1	10.7	10.7	11.4	14.5	18.8	20.5	22.3
보증비율	64.3	42.4	44.0	66.1	47.1	25.6	21.0	16.8	17.9	24.2	24.6	24.5
연 도	2007	2008	2009	2010	2011	2012	2013	2014	2015	2016	2017	2018
건설공사수주	112.5	103.9	109.1	89.8	95.3	89.4	77.9	90.6	134.5	145.4	143.0	143.3
건설보증실적	30.5	32.6	43.2	37.3	37.9	35.8	32.5	32.2	33.2	32.3	36.8	33.9
보증비율	27.1	31.4	39.6	41.5	39.8	40.0	41.7	35.5	24.7	22.2	25.7	23.7

자료 : 건설공제조합 통계연보, 통계청 「건설경기동향조사」

외환위기 이후 보증실적과 보증비율이 감소한 것은 이 당시 서울보증이 건설보증시장으로 활발하게 참여한 때문으로 풀이된다. 그리고 2009년 이후의 건설수주 대비 건설보증 실적의 비중이 증가한 것은 이행보증을 제출해야 하는 최저가낙찰공사의 확대 실시와 턴키공사 등에서의 이행보증제출 의무화 등에 기인한 것으로 보인다. 2012년에는 보증비율이 40.0%, 2013년 41.7%까지 증가했으나, 이후에는 20%대로 안정화되었다. 특이하게 건설경기 여건이 좋지 않았을 때 보증실적은 오히려 증가하고 경기여건이 호전되었을 때는 실적이 오히려 낮아 보증비율이 하향 안정화 추세를 보이고 있다.

2. 관련 정책 변화와 건설보증

1) 관련 정책 변화와 건설보증

(1) 보증 관련 정책 변화

건설공사는 시간과 인력, 비용이 대규모로 투자되는 사업이기 때문에 리스크에 대비하기 위해 각 시공단계별 보증이 필요하다. 건설보증과 관련된 정책은 크게 공공공사 계약을 관장하는 「국가계약법」에서 공사단계별로 각종 보증을 요구하고 있는 제도와 건설산업을 관리하는 「건설산업기본법」에서 건설 관련 공제조합에 허용하고 있는 각종 보증 관련 규제로 구분해 볼 수 있다. 발주자가 중앙 및 지방정부, 공기업과 공공기관, 지자체 등인 공공공사에서는 「국가계약법」 등에 따라 입찰보증, 계약보증, 선금보증, 하자보수 보증 등을 의무적으로 제출해야 한다. 민간공사에서도 법에 의한 의무사항은 아니지만, 특히 대규모 공사에서는 발주자가 시공 단계별로 보증을 요구하고 있다. 이에 따라 종합 및 전문건설업체들은 시공 시 보증기관으로부터 시공 단계별로 필요한 보증을 받아 제출하게 된다.

그리고 시대 여건변화에 따라 보증형태를 바꾸기도 한다. 외환위기 이후 연대보증인제도 폐지를 점차 폐지하고 이행보증제도를 도입한 것은 대표적인 사례이다. 이로 인해 과거 연대보증인 입보시키던 계약보증 보다 높은 증거금률(40%)과 높은 수수료가 책정되는 등 건설보증업계에 변화를 가져왔다.

건설 관련 공제조합에 대한 정책 변화의 대표적인 사례는 공제조합 가입 임의화와 보증가능금액확인 제도를 들 수 있다. 과거에는 건설업 면허를 취득하면, 면허와 관련된 공제조합에 반드시 가입하도록 의무화되어 있었다. 하지만 시장자율화의 흐름 속에서 정부는 2000년 「건설산업기본법」을 개정하여 건설업체가 건설 관련 공제조합 가입여부를 자율적으로 결정하게 하는 임의화로 바뀌게 되었다. 당시 조합원의 이탈에 대한 우려가 많았지만, 큰 변화는 없었다.

이후 건설업 면허에 대한 신뢰성을 확보하고 부실시공 등으로 인한 피해를 최소화시키기 위해 미국 캘리포니아주의 면허보증(License Bond) 제도를 응용하여 2001년부터 건설업 등록 시 보증가능금액확인서 제출을 의무화하였다. 「건설산업기본법」 시행령 제13조(건설업의 등록기준)제1항 제1의2호는 국토교통부장관이 지정하는 금융기관 등이 발급하는 보증가능금액확인서를 제출하도록 규정하고 있다. 건설업체들은 종합 및 전문건설업 등록에 필요한 보증가능금액확인서를 발급받기 위해 건설 관련 공제조합에 가입하여 출자를 해야 한다.

최근 공정거래위원회는 하도급대금지급보증에 대한 제도개선 방안을 발표하였다. 현재 건설공사 수주를 받은 원도급업체가 하도급업체에게 하도급공사에 대한 대금지급 보증의 면제사유를 대폭 축소하는 '하도급법 시행령 개정안'이 발의되어 2019년 10월 입법화되었다. 원래 하도급법 시행령에서는 제8조 ①항 2·3호에 따라 원도급 건설사업자의 신용등급이 우수하거나 직접지급합의를 한 경우 하도급 업체에게 공사대금 지급보증을 면제해 주었다. 신용등급이 우수하다는 기준은 회사채 A^0 이상 또는 기업어음 A^{2+} 이상인 경우를 말한다. 그리고 발주자가 하도급공사에 대한 대금을 직접 하도급업체에게 지급하기로 발주자·원사업자·하도급업체가 합의한 직접지급의 경우 면제된다.

하지만 신용등급 우수한 건설업체라도 경기여건 변화 등으로 단기에 급격한 경영이 악화될 경우 하도급 업체에게 대금지급에 문제가 생길 수 있다. 이미 국토교통부의 「건설산업기본법」내 '회사채 등급이 높은 사업자에 대한 지급보증 면제 조항'은 폐지되었고 공정거래위원회의 하도급법시행령 조항 역시 폐지 및 수정되었다. 기존 면제되었던 신용등급이 우수한 우량 원도급 건설사업자의 하도급업체에게 공사대금 지급보증이 의무화되면 건설보증 기관의 하도급대금지급보증 실적이 증가할 것으로 보인다. 이들 우량업체들의 공사수주 실적 규모가 워낙 크기 때문이다. 다만 이들의 신용도가 높은 만큼 보증수수료의 할인 폭은 클 것으로 보인다.

(2) 건설산업 관련 정책 변화

건설산업 관련 정책의 변화는 무수히 많았지만, 이 가운데 건설보증에 영향을 미치는 정책들은 그리 많지 않다. 특히 이러한 정책은 건설보증에 직접적인 영향보다는 조합원 수 변화 또는 조합원 구성의 변화 등을 통해 간접적으로 영향을 미친다.

1958년 「건설업법」이 제정되면서 건설업 면허제도가 도입된 이후 많은 변화가 있었다. 「건설업법」은 건설사업자의 무분별한 난립을 방지하며 동시에 업역별로 전문성을 갖춘 업체를 제도적으로 보호하고 육성한다는 취지로 도입되었다.

1976년 건설업 내 현장에서의 시공기술 제고를 위해 당시 현장에서 작업을 하던 시공참여자 육성을 위해 단종면허를 신설하였다. 따라서 일반건설사업자와 단종업자(현재 전문건설사업자)의 영업 범위를 제한하고 원·하도급의 주체를 구분하여 시공을 실시하도록 하는 업역규제가 도입되었다.

90년대 들어 WTO가입 등 시장개방의 물결에 발맞추어 「건설업법」은 1996년 「건설산업기본법」으로 전면 개정되었다. 건설업 면허제는 자유화 추세에 맞추어 등록제로 전환되어 건설시장이 개방되었다. 건설사업자의 겸업제한 조항이 신설되어 종합건설업과 전문건설업의 상호 간 업종 면허의 중복 취득이 불가하도록 업역 규제를 강화하였다. 아울러 별도의 법으로 규정되어 있던 공제조합 관련 법 및 시행령이 모두 「건설산업기본법」에 흡수되었다.

2007년에는 일반건설업과 전문건설업의 겸업 제한이 「건설산업기본법」 개정을 통해 철폐되었다. 소규모 원도급 공사에 대한 전문건설업체의 입찰참여를 허용하여 당해 공사에서 일반건설사업자 실적은 감소하고 전문건설사업자 실적은 증가하게 되었다. 본래 소규모 전문건설사업자를 보호하려는 목적으로 시행된 겸업제한은 일반건설사업자가 수주물량 확대, 위장하도급 등 조세회피 목적으로 별도로 전문건설업체를 설립하는 편법과 탈법이 난무하는 부작용도 있었다.

2018년 건설업 내 종합건설사업자와 전문건설사업자 간 원·하도급 제한을 허물고, 전문건설업의 세분화된 업종체계를 개편하며, 건설사업자 등록기준을 조정한다는 내용을 담은 건설산업 생산체계 로드맵이 발표되었다. 종합건설사업자와 전문건설사업자가 상호 시장에 자유롭게 진출할 수 있고 업역간 원·하도급 제한을 허물도록 생산체계를 개편한다는 것이다. 더불어 2021년 1월 1일 자로 공공기관 발주 공사부터 시행이 예정된 상황이며, 추후 업종체계 개편과 등록기준 조정에 대한 추가 개정방안 발표 및 법령 개정 및 실시가 예정되어 있다.

2) 건설생산체계 혁신

(1) 건설생산체계 개관

건설생산은 기본적으로 설계/시공/운영단계로 구분되고 공사 발주와 낙찰 이후 시공에서는 원도급/하도급 등 복잡한 도급구조로 이루어져 있다. 시공과정에서는 원도급을 주로 하는 종합건설업, 하도급으로 직접 시공을 하는 전문건설업, 그 외 건설기계장비업 실제 시공에 필요한 노동을 제공하는 건설기능 인력 등으로 구성된다.

건설공사는 크게 토목(SOC)시설 공사와 건축공사로 구분된다. 토목시설물 공사는 아스팔트 포장· 콘크리트 포장·특수포장 도로, 콘크리트 교량·강(鋼)교·특수교량(현수교, 사장교 등), 터널, 댐, 방파제·접안시설 등 항만, 공항, 일반철도·고속철도·지하철, 매립 및 간척, 상·하수도 공사 등이다. 건축공사는 주택, 아파트, 공장, 공공건축물 등이 대상이고 산업설비공사는 산업설비, 하수처리장, 발전소, 수처리시설 등이며 조경공사는 조경시설물이 공사 대상이다.

건설생산을 건설활동별로 구분하여 보면, 프로젝트 발굴 및 기획, 경제적 타당성 조사, 기본 및 상세설계, 시공, 감리, 시운전, 인도 그리고 유지, 보수, 관리 등으로 나눌 수 있다.

공사 발주자는 설계·시공 일괄입찰(Turn key), 대안입찰, 기술제안형입찰, 종합심사제, 적격심사제 등 다양한 형태로 발주와 계약을 할 수 있는데, 생산체계는 발주방식에 따라 약간씩 달라질 수 있다. 하지만 전체적인 생산체계의 큰 틀은 동일하다고 볼 수 있다.

〈그림 8-3〉 건설업 생산체계와 정책변화

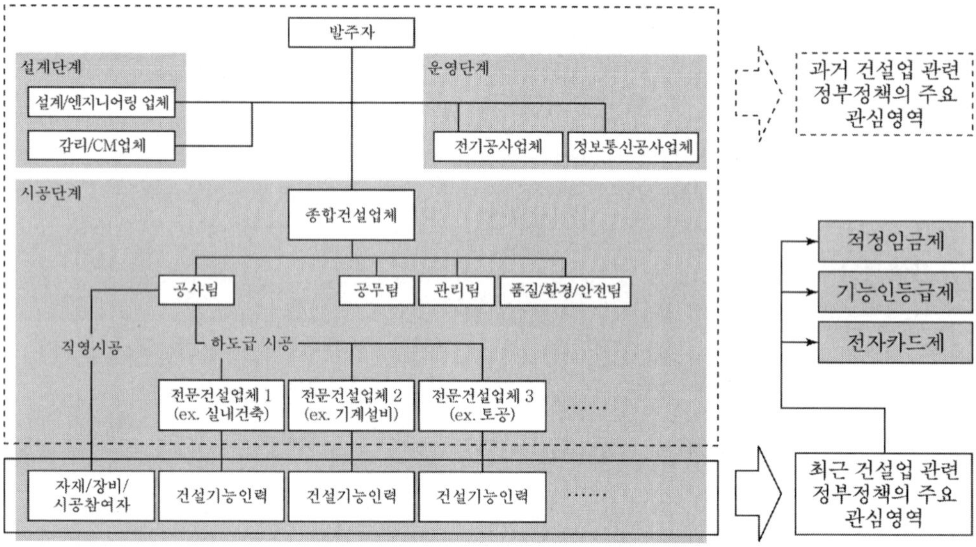

건설산업에서 생산은 시공업체, 설계업체, 그 외 전기, 소방, 정보통신 등 다양한 업체들의 연계를 통해 이루어지고 있다. 건설수요는 공공 및 민간 발주자에 의해 생겨나지만, 공급은 이들 관련 업체들의 활동으로 제공된다. 건설생산에서 가장 큰 비중을 차지하는 시공 건설업은 「건설산업기본법」의 규제를, 설계는 「건설기술진흥법」의 규제와 감독을 받는다. 그 외 전기, 소방, 정보통신 등은 각각 별도의 개별법에 의해 관리되고 있다. 설계감리 계약을 포함한 계약은 「국가를당사자로하는계약에관한법률」과 「건설기술진흥법」이 규정하고 있다.

설계 및 엔지니어링 활동은 건축사법, 건설기술관리법, 엔지니어링 육성법, 환경관련 법률의 적용을 받으며 소방시설의 설계는 소방법의 적용을 받도록 되어 있다. 아울러 설계감리 활동은 건축법, 건축사법, 건설기술관리법 등의 적용을 받는다. 시공 및 시공관리 업무는 설계 및 엔지니어링 업무보다 더 다양한 법률의 적용을 받는다. 구체적으로는 시공 및 시공관리업무를 건설계약, 건설시공, 전기계약, 전기시공, 전기통신계약, 전기통신, 소방계약, 소방시공 감리계약, 감리 등으로 구분할 수 있는데, 이러한 업무 역시 다양한 법률의 적용을 받는다. 전력시설물, 건축 및 기계설비, 소방설비 등을 공급하는 분야 등이 있으며, 건설 공정별로 설계 및 엔지니어링, 시공 및 시공관리, 유지관리 등이 있는데 이들 역시 업역화되어 있다.

〈표 8-3〉 건설업 생산체계 관련 법령 및 주무부처

구분	주요내용	관련 법률	주무부처
설계·엔지니어링	계 약	ㅇ국가를당사자로하는계약에관한법률 ㅇ건설기술진흥법	기획재정부 국토교통부
	설계 및 엔지니어링	ㅇ건축사법 ㅇ건설기술관리법 ㅇ엔지니어링 기술진흥법 ㅇ환경관련 5개 법률 (방지시설 설계) ㅇ소방법(소방시설 설계)	국토교통부 국토교통부 산업통상자원부 환 경 부 행정안전부
	설계감리계약	ㅇ국가를당사자로하는계약에관한법률 ㅇ건설기술진흥법	기획재정부 국토교통부
	설계감리	ㅇ건축법 ㅇ건축사법 ㅇ건설기술진흥법 ㅇ환경관련 5개 법령 (방지시설설계)	국토교통부 국토교통부 국토교통부 환 경 부
시공·시공관리	건설계약	ㅇ국가를당사자로하는계약에관한법률	기획재정부
	건설시공	ㅇ건설산업기본법 ㅇ환경관련 5개법령(방지시설시공)	국토교통부 환 경 부
	전기계약	ㅇ국가를당사자로하는계약에관한법률	기획재정부
	전기시공	ㅇ전기공사업법	과학기술정보통신부
	전기통신계약	ㅇ국가를당사자로하는계약에관한법률	기획재정부
	전기통신시공	ㅇ전기통신공사업법	과학기술정보통신부
	소방계약	ㅇ국가를당사자로하는계약에관한법률	기획재정부
	소방시공	ㅇ소방법	행정안전부
	감리계약	ㅇ국가를당사자로하는계약에관한법률 ㅇ건설기술진흥법	기획재정부 국토교통부
	감 리	ㅇ건설기술진흥법 ㅇ환경관련 5개 법령(방지시설 감리) ㅇ소방법	국토교통부 환 경 부 행정안전부
유지관리	유지관리계약	ㅇ국가를당사자로하는계약에관한법률	기획재정부
	유지관리	ㅇ건설산업기본법 ㅇ시설물유지관리에관한특별법	국토교통부 국토교통부

지금까지 건설산업구조 개편 내지는 건설생산체계 개편은 국토교통부를 중심으로 이루어져 왔고 주로 시공 업역에 관한 개선 또는 조정 등의 내용이 핵심이었다. 즉 건설산업기본법에서 규정하고 있는 면허체계, 업역, 영업범위에 관한 내용이 대부분이었다. 물론 기획재정부의 국가계약법 회계예규 개정에 따른 입·낙찰 방식의 변화도

생산체계에 영향을 주었다. 하지만 입·낙찰 방식의 변화는 생산체계에 부분적인 영향을 미칠 수는 있지만 그 근간을 흔드는 것은 아니다.

「건설산업기본법」제2조 및 제8조에서는 업역을 면허로 구분하고 그 역할을 규정하고 있다. 건설업의 시공업역은 크게 따라 종합건설업과 전문건설업으로 구분되고 각각 5개 및 29개 업종(면허)로 구성되어 있다. 종합건설업은 토목, 건축, 토목건축, 산업·환경설비, 조경공사 등 5개 업종이다. 전문건설업은 토공, 철근·콘크리트, 금속구조물·창호, 상·하수도설비, 시설물유지관리, 실내건축, 기계설비 등 29개 업종으로 구분된다.[1)]

종합공사는 종합건설사업자가 원도급을 받아 직영시공 하거나, 세부 시공 부분을 전문건설사업자에게 하도급을 통해 분업하거나 발주자의 허가를 통해 종합건설사업자 간 하도급을 통해 협업하는 형태가 있다. 전문공사는 전문건설사업자가 원도급을 받아 직영시공 하거나, 세부 시공 부분을 타 전문건설사업자 하도급을 통해 분업하는 형태이다.

현행 「건설산업기본법」에서는 이러한 건설업 등록을 위해 기술능력, 자본금, 시설·장비 등의 기준을 요구하고 있다. 종합 및 전문건설사업자로 등록하기 위해서는 기술능력을 위해 필요한 기술인력 기준 충족, 자본금 기준 충족, 전용 사무실 기준을 충족해야 한다.

건설생산체계 혁신과는 별개로 일자리위원회에서는 2017년 12월 생산과정의 가장 아래 단계에서 직접 시공에 참여하는 기능인력 등을 위한 건설일자리대책을 발표하였다. 그간에 건설산업 관련 정책은 대부분 발주자의 입찰·계약방식 개선, 원도급자 및 하도급자에 대한 정책개선에 초점이 맞춰져 있었다. 하지만 이제는 건설도급구조의 하부에서 종사하는 일용직 근로자, 기계·장비업자에 대한 관심과 개선이 필요하다는 대책 발표 배경으로 밝힌 바 있다. 특히 건설기능인력에게 적정한 임금을 지급하자는 적정임금제, 기능인력도 등급 구분을 통한 처우개선이 필요하다는 건설기능인력등급제, 그리고 건설활동 참여 등을 전자적으로 관리하는 전자카드제가 핵심적 내용이다. 일자리위원회는 국토교통부, 고용노동부, 기획재정부 등 관련 부처와 협조하

1) '가스시설시공업'과 '난방시공업'이 각각 제1, 2, 3종으로, 실제로는 25종의 세부업종으로 구분됨.

여 로드맵에 따라 관련 대책을 추진 중이다. 이들 변화는 중장기적으로 건설생산체계에도 영향을 미칠 것으로 보인다.

(2) 건설생산체계 개편 주요 내용

건설산업을 관리·감독하는 국토교통부는 현행 건설생산체계가 구조적 문제가 있음을 인지하고 산업의 혁신적 개편방안을 마련하였다. 국토교통부가 발표한 추진배경은 다음과 같다. 지난 수십 년간 건설업역이 구분되어 이에 대한 각종 규제를 하게 되고 이는 수직적 원·하도급 관계, 특히 저가하도급, 불법적 다단계하도급, 페이퍼컴퍼니 증가 등 부작용을 초래하여 시장의 비효율을 초래해 왔다. 이로 인해 건설수요자인 발주자의 선택권이 제약되고 개별 건설업체의 건전한 성장에 걸림돌로 작용하였다. 과거에도 몇 차례 업역에 대한 개선을 위해 노력했으나, 이익집단화된 관련 이해관계자들의 내립과 반내로 뚜렷한 성과를 거누지 못하였다.

나아가 건설업종의 세분화와 소수 업종의 만능화에 따른 타 업종영역으로 진입으로 인해 건설사업자 간 분쟁이 발생하고 있다. 제4차 산업혁면으로 지칭되는 기술혁신과 점진적인 시대의 흐름에 따라 새로운 건설의 형태가 등장하는 현실에 발맞추어, 건설산업 내 효율성과 건전성을 증진시키기 위해 건설산업의 혁신이 필요하다고 진단하였다.

이에 따라 국토교통부는 '건설산업 생산구조 혁신 로드맵'(2018.11)을 발표하고 로드맵상의 업역규제 개편 내용을 반영해 관련법 일부를 개정(2018.12)하였다. 후속 조치로 세부내용에 대한 추가 개정과 건설업 내 업역규제, 업종체계, 등록기준에 대한 전면적인 개편 등 개혁의 단계별 시행이 예정되어 있다.

공식적으로 발표된 내용을 추려 보면 업역규제 개편, 업종체계 개편, 등록기준 조정 등으로 축약된다. 먼저 지금까지 종합건설업, 전문건설업의 상호 업역에 대한 진입을 불가능하게 했던 칸막이인 업역규제를 개선하자는 것이다. 기존에는 종합건설업체는 종합건설영역만을 전문건설업체는 전문건설영역의 건설활동만 할 수 있었다. 이제는 종합건설업체와 전문건설업체의 원·하도급 제한을 허물어 업역 간 상호진출이 가능하도록 하자는 것이다. 구체적으로 보면, 발주자 선택에 따라 종합·전문업체가 상호 공사의 원·하도급 모두 가능하도록 업역을 폐지한다. 종합건설영역에 속하는 시설물을 시공하기 위한 이제는 전문건설업체가 컨소시엄을 통해 공사 원·하도급이 가능하도록 허용한다. 그리고 과도기적으로 영세 전문건설업체를 보호하기 위해 총 공사금액 10억 미만의 공사는 종합건설업체 간 하도급을 금지시키는 예외를 인정한다는 것이다.

둘째로 업종체계 개편은 29종으로 세분화된 현행 전문건설업 업종을 조정하자는 것이다. 이는 첫 번째 업역규제 개선과 밀접한 연관이 있다. 전문건설업체가 원도급 공사에 참여한다면 입찰과정에서 종합건설업체에 비해 실적이 현저히 부족하여 낙찰의 가능성이 거의 없다는 현실을 고려한 것이다. 따라서 몇 개의 전문건설업종을 통합하여 실적규모를 키워주자는 의도가 포함되어 있다. 아무튼 정부는 전문건설업의 대업종화라는 이름으로 업종 간 분쟁의 여지를 예방하고 전문성을 강화하겠다는 취지로 10종 내외로 조정을 업종을 조정하겠다고 발표하였다. 29개 전문건설업종은 이미 개별 업종별 협의회를 통해 활동하고 있는데, 이들의 통합·조정은 결코 쉬운 일은 아닐 것으로 보인다. 업종체계 개편에 따른 단기적 혼란과 갈등을 최소화시키기 위해 각 전문건설업체가 전문화되어 있는 주력분야를 공시하여 업체에 대한 정보를 제공하는 '주력분야 공시제'의 도입도 포함되어 있다.

그리고 업종체계 개편의 일환으로 만능면허라는 지적을 받고 있는 시설물유지관리업에 대한 향후 조정도 포함되어 있다.

셋째로 자본금과 기술자 기준을 완화시켜 건설업을 등록하는 업체들의 부담을 덜어주기 위해 등록기준을 조정한다는 것이다. 우선 건설업 등록요건 중 하나인 자본금 기준을 '19년에는 현재 기준 대비 70% 수준, '20년에는 최대 50% 수준까지 경감시켜주자는 것이다. 다만 이럴 경우 발생되는 부작용으로 부실 건설업체의 양산을 방지할 수 있도록 업체수 증가 등을 모니터링하여 속도와 폭을 조정하도록 하였다. 다음으로 기술자의 수는 현행수준을 그대로 유지하되, 기술자의 질을 평가할 수 있는 경력요건을 추가하여(2020년부터 시행) 실질적 역량 평가가 가능하도록 하였다. 그리고 종합건설·전문건설의 연계 성장을 위해 향후 신규 건설사업자는 초기에는 전문건설업종으로 등록하여 1~2년간 건설업을 영위하여 일정 기준의 실적과 역량을 쌓은 경우에 한해서만 종합건설면허의 취득을 허용하는 방안('22년 실시 예정)도 고려 중이다.

그 외 기능인등급제 도입에 따라 일부 기능공의 수요비중이 높은 업종에 대해서 기능인력의 보유 요건을 추가하는 방안 등도 포함되어 있다.

〈그림 8-4〉 건설산업 생산구조 혁신 로드맵 주요내용(2018.11)

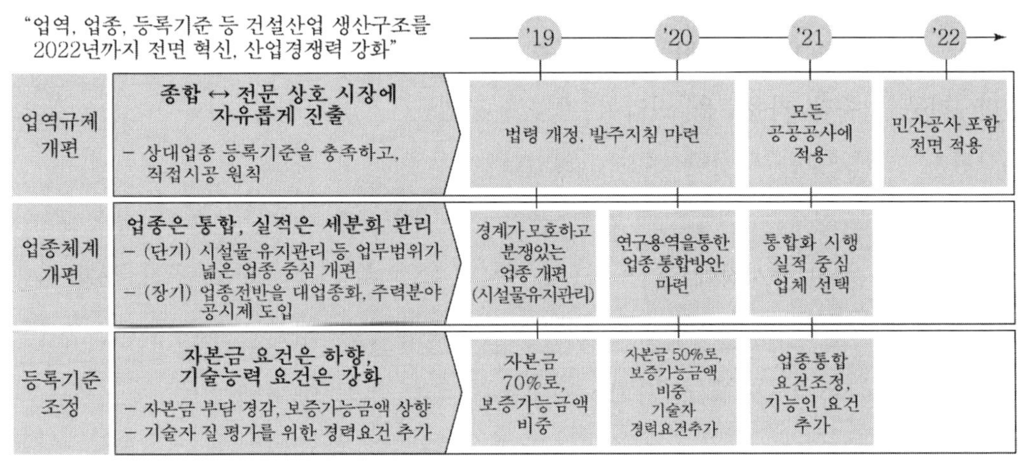

출처: 국토교통부. 삼일회계법인(2020)에서 재인용.

〈표 8-4〉 건설업 생산체계 현행과 개편 개정안 요약비교

<table>
<tr><th>구 분</th><th>현행(As-Is)</th><th>개정안(To-Be)</th></tr>
<tr><td rowspan="2">업역규제</td><td>2개 공종 이상 종합공사 원도급은 종합업체</td><td rowspan="2">발주자의 선택에 따라 종합・전문건설사업자가 원・하도급 모두 가능
건설사업자의 컨소시엄을 통한 종합공사 도급 가능</td></tr>
<tr><td>전문공사 원・하도급은 전문업체</td></tr>
<tr><td rowspan="2">업종체계</td><td>종합건설업은 구조물 기준 5종</td><td rowspan="2">단기: 단능화 비판을 받는 시설물유지관리업의 업무 내용 조정, 강구조물과 철강재 설치 등 업종간 유사한 업무내용과 도장 등 지나치게 넓은 업무범위를 지닌 업종 중심 개편
장기: 전문건설업 29종을 10개 내외의 대업종화 추진</td></tr>
<tr><td>전문건설업은 공종 기준 29종</td></tr>
<tr><td rowspan="3">등록기준</td><td>자본금: 2~12억원</td><td rowspan="3">자본금: 현행의 50% 수준으로 경감하며, 보증가능금액의 상향 조정
기술자의 경력요건 추가, 기능인등급제 도입 이후 기능인력 보유 요건 추가 검토</td></tr>
<tr><td>기술능력: 건설기술자 1~11명 보유</td></tr>
<tr><td>업종관련 장비, 사무실 등 시설 보유</td></tr>
</table>

출처: 국토교통부. 삼일회계법인(2020)에서 재인용.

3) 건설보증에 미치는 영향

지금까지 건설보증기관에 간접적인 영향을 줄 수 있는 건설산업의 정책변화는 있었지만, 큰 영향은 없었다. 1963년 건설공제조합이 만들어진 이후 건설면허개방, 겸업제한 철폐 등 굵직한 제도변화는 건설산업의 생산구조에는 큰 영향을 주었지만, 공제조합의 조합원 수 변화 등에는 그 영향이 미미했다. 2000년대 초에 겸업제한 폐지는 일반, 전문 업종간 자유로운 진입이 가능해 조합원 구성에 많은 변화가 있을 것으로 예상했지만, 실제로는 뚜렷한 변화는 없었다.

하지만 현재 정부를 중심으로 진행 중인 건설생산 체계개편은 중장기적으로 건설산업은 물론 건설보증시장에도 큰 영향을 줄 것으로 예상된다. 현재 추진 중인 건설생산 체계개편에서는 전문건설업의 대업종화와 종합건설업의 하도급 가능 등으로 업종간의 자유로운 진출입이 활발하게 일어날 것으로 보인다. 물론 이는 중장기적으로 나타날 수 있는 현상이지만 시공을 중심으로 한 건설산업구조에 많은 변화를 초래할 것으로 보인다. 특히 건설산업 관련 유관단체 즉 협회와 조합에 막대한 영향을 미칠 것으로 보인다.

업역 규제가 개선되면 종합건설사업자와 전문건설사업자의 활동영역을 공유하게 되어 업역제한 없이 시공이 가능해지게 될 것이다. 그리고 건설업 등록기준의 완화는 건설사업자의 수를 증가시킬 것이다. 다만 무분별한 업체의 난립을 방지하고 부실업체를 걸러내기 위한 보완책으로 공제조합에 현금을 예치해야 하는 보증가능금액을 상향 조정시키기로 되어 있다.

이처럼 자본금 및 기술자 등 등록기준이 대폭 완화됨에 따라 건설사업자수의 증가가 예상되며, 소규모 공사 시장의 치열한 경쟁이 예상된다. 기본적으로 사업자 수 증가는 조합원의 증가와 출자 증가로 연결되므로 건설 관련 공제조합에게는 긍정적인 측면이라 할 수 있다. 그리고 보증가능금액의 상향은 공제조합의 운용자금이 보다 풍부해지는 효과가 있다. 다만 건설사업자의 난립방지와 부실업체 선별을 목적으로 추가된 보증가능금액 상향으로 개별 건설업체는 충분한 자기자본금이 확보되어야 보증을 위한 출자금을 예치하여 건설보증을 받을 수 있으므로 건설사업자 수의 폭발적 증가는 기대하기 힘들 것이다.

건설생산체계 변화에 따라 개별적인 정책들이 실천되어 나가면 이러한 점진적인 변화들은 건설보증시장과 건설 관련 공제조합에도 영향을 미칠 것이다. 업역 규제 개편에 근거한 종합 및 전문건설사업자 간 상호교류적 활동과 경쟁으로 인해 관련 공제조합의 보증 실적도 영향을 받을 것으로 예상된다. 다만, 종합건설사와 전문건설사 간의 역량, 자본 등의 차이로 인해 종합건설사의 선택의 폭이 사실상 넓어지는 긍정적 효과가 존재할 것으로 보는 일부 시각도 있다. 전문건설업체는 전문면허보다 종합면허를 취득해 역량 이상의 사업추진을 할 가능성도 높아질 수 있기 때문에 생산체계 로드맵 등록기준 상 전문사업자 1~2년 영위하도록 한다는 내용은 이러한 부실 종합건설사 증가를 방지하고 제어하는 데 필요한 것으로 보인다.

아무튼 생산체계 개편에 따라 업역규제가 폐지되고 업종체계가 개편된다면, 현재 업역과 업종을 구분해 시장을 나누어왔던 3개 건설 관련 공제조합 간 경쟁은 불가피할 것으로 보인다.

3. 건설보증시장 경쟁구조 변화

1) 경쟁구조 변화

과거 공제조합의 의무출자 제도가 폐지되고 가입임의화가 실시되었지만, 현실적으로 접근 가능한 보증기관은 여전히 기존의 3대 공제조합과 서울보증보험 정도에 불과한 실정이었다. 그리고 겸업제한 폐지로 자유로운 종합건설업과 각종 전문건설업 등 선택이 가능했지만, 대부분 원래 거래하던 보증기관을 이용하여 실질적인 큰 변화는 없었다.

최근에는 기존 건설보증의 독점적 시장구조에 많은 변화가 발생하고 있다. 아직 손해보험사 등의 건설보증시장 진출은 없지만, 산업내에서 활동하는 보증공급자 즉 엔지니어링 공제조합, 전기공제조합 등의 적극적인 활동이 두드러진다. 특히 엔지니어링 공제조합 등이 공격적인 영업을 하면서 자연스럽게 경쟁이 가속되고 있는 실정이다. 보증 발급을 원하는 건설기업들은 과거 건설공제조합, 전문건설공제조합 등을 주로 이용했으나, 이제는 보다 좋은 조건을 제시하는 건설산업 내의 보증기관들을 이용하고 있다.

이같은 보증시장에서 경쟁의 가속은 결국 시장기능에 의한 수수료율 산정과 한도 결정, 강화된 신용평가 기능 등을 통해 우량 건설업체에게는 보다 양질의 서비스 제공이 가능해지는 긍정적인 측면이 있다. 이를 통해 부적격 업체의 시장에서 퇴출은 자연스레 일어날 것이다. 하지만 과다한 경쟁은 보증기관의 부실을 가져오고 결국 보증서비스 제공에도 차질을 빚을 수 있는 한계와 문제점도 있음을 명심해야 한다.

2) 건설보증 주요 공급기관과 경쟁구조

(1) 주요 건설보증 공급기관

앞서 몇 차례 언급했듯이 건설업 관련 보증 관련 사업을 운용하는 기관들은 「건설산업기본법」에 근거한 3개 건설 관련 공제조합이 있으며, 「보험업법」에 근거해 운영되는 서울보증보험이 있다. 그리고 주택보증을 주 사업으로 운영하고 있는 주택도시보증공사, 엔지니어링공제조합 등이 있다.

참고로 미국의 경우 우리나라 보다 건설시장 규모 면에서는 약 10배, 또 이행보증 증권의 활성화로 보증시장은 그 이상의 규모를 가지고 있지만, 보증기관의 숫자는 수십 배에 달하고 있는 실정이다. 이들 기관은 모두 주식회사 형태의 손해보험사로 조합원의 출자금으로 운영되는 우리나라의 공제조합 중심의 보증공급 체계와는 여러 가지 측면에서 차이가 있다.

건설보증시장의 전체 규모는 별도의 통계자료나 공시자료가 없다. 따라서 주요 건설보증기관에서 발간하는 통계연보 등에 나타나 있는 보증실적자료를 이용하여 보증시장의 규모를 추정하고 점유비율을 분석할 수밖에 없다.

건설보증시장은 건설 관련 공제조합과 전문보증기관인 서울보증이 시장 대부분을 점유하고 있다. 건설보증시장은 3대 건설 관련 공제조합과 서울보증이 보증실적 기준으로 전체 시장의 78.2%를 차지하고 있다.

〈표 8-5〉 보증실적 기준 건설보증시장 규모 및 추이

(단위 : 조원, %)

	2015		2016		2017		2018	
	규모	비중	규모	비중	규모	비중	규모	비중
건설공제조합	33.3	50.0	33.2	43.5	36.8	43.4	33.9	41.1
전문건설공제조합	11.6	17.4	13.2	17.3	14.5	17.1	14.9	18.1
기계설비공제조합	2.3	3.5	2.9	3.8	2.7	3.2	2.6	3.2
서울보증보험	7.6	11.4	11.6	15.2	11.0	13.0	13.1	15.9
주택도시보증공사	4.8	7.2	7.6	9.9	8.3	9.8	8.3	10.1
엔지니어링공제조합	7.0	10.5	7.9	10.3	11.5	13.6	9.7	11.8

우리나라 건설보증시장은 3대 건설 관련 공제조합의 비중이 전체 시장의 62%를 차지하는 공제조합 중심의 보증체계라 할 수 있다. 2018년 기준으로 건설공제조합이 33조 8,620억원, 전문건설공제조합이 14조 8,770억원, 기계설비공제조합이 2조 5,611억원의 실적을 기록하였다. 서울보증은 외환위기 이후 대규모 공적자금이 투입된 국내 유일의 보증 전문기관으로 건설보증시장에서 약 20% 이상을 점유하고 있다. 신원보증, 개인의 경제활동 지원 관련 보증, 기업의 경제활동 지원 보증 등 다양한 보증상품을 취급하고 있다. 건설관련 보증으로는 공사이행보증, 시공보증, 이행보증을 건설사업자에게 발급한다.

엔지니어링공제조합은 설계·감리·유지보수·구매조달 등 엔지니어링사업에 대한 보증을 위해 설립된 기관으로 이들 사업에 주력해왔다. 하지만 2011년 엔지니어링 활동과 더불어 관련 산업 분야 보증에 진출할 수 있도록 「엔지니어링산업진흥법」을 개정하여 건설보증시장에 진출해 활발하게 활동 중이다. 대형 건설사업자를 주고객으로 하여 공사이행보증 등 손해율이 건설보증상품을 판매하고 있다. 주택도시보증공사(HUG)는 주택분양보증을 주 업무로 한다. 부수적으로 주택시공보증, 하도급대금지급보증, 하자보수보증 상품을 취급하여 건설보증서비스를 제공하고 있다.

(2) 건설보증 공급기관 간 경쟁 변화

3대 건설 관련 공제조합은 건설산업기본법에서의 규정에 근거하여 건설보증상품을 판매하고 있다. 다만 개별 공제조합의 정관에 따라 조합원 및 주요건설보증의 대상인 건설사업자별 업역 및 업종에 따라 보증상품이 특화되어 있어 차별적이다. 즉 3개 건설 관련 공제조합 중 건설공제조합은 종합건설사업자를 주요 조합원으로, 전문건설공제조합은 전문건설사업자를 주요 조합원으로 하며, 기계설비건설공제조합은 전문건설사업자 중 기계·설비 업종을 취급하는 건설사업자를 주요 조합원으로 하여 구분된다. 공제조합별 주요 조합원들, 즉 건설사업자의 사업업종과 영역이 다르기 때문에 각 건설업종별 건설시장의 점유도와 건설실적에 따라 보증상품도 큰 영향을 필연적으로 받게 된다. 시공단계별 손해율은 건설업종에 따라 다르므로, 각 건설 관련 공제조합은 조합원의 업종별 손해율을 고려하여 그에 맞는 보증상품을 운용하고 보증수수료도 다르게 책정한다.

건설 관련 공제조합 이외에 서울보증보험, 주택도시보증공사, 엔지니어링공제조합은 대규모 종합건설사업자 또는 우량 전문건설사업자를 주요 고객으로 하여 보증사업을 운영하고 있다. 이에 따라 이들 기관은 건설보증시장 내 3개 건설 관련 공제조합과의 경쟁대상이 되고 있다. 대규모 또는 우량 건설업체만을 주 고객으로 한다는 점에서는 시장의 건전성 및 공공성을 떨어뜨리고 있다고 볼 수 있다. 또한, 엔지니어링공제조합의 경우 건설시공에 있어 업종별, 단계별 손해율과 위험률을 반영하지 않은 채 낮은 수수료를 내세워 소수의 우량한 대기업 계열의 건설사업자와 대형 건설사업자를 대상으로 공사이행보증을 제공하여 건설보증시장의 경쟁질서를 어지럽힌다는 일부 지적이다. 공사이행보증 상품을 운영할 경우 역무 이행의 능력이 갖추어져 있어야 하지만, 해당 능력이 부족함에도 불구하고 이행보증을 발급하여 사고 발생 시 원활한 수습 및 대처가 어렵다는 비판도 있다. 이는 보증수요자인 발주자와 시공사에게 모두에게 피해를 주고 공공사업의 경우 시설물의 최종소비자인 일반국민들에게도 불편과 피해를 줄 수 있음을 의미한다.

(3) 과당경쟁의 폐해: 대한보증과 한국보증의 부실과 통합

1998년 대한보증보험과 한국보증보험 두 기관의 부실로 인한 천문학적 누적적자 문제해결을 위해 서울보증보험으로 합병하였다. 선발사인 대한보증보험과 후발사인 한국보증보험은 스스로의 노력으로 생존할 수 있다는 점을 객관적으로 입증하지 못함에 따라 결국 합병하게 되었다. 1998년 6월말 당시 대한보증보험 및 한국보증보험 양대 보증보험사의 보증잔액은 총 1백51조2천7백55억원에 달했다. 이중 회사채 보증이 67조3백45억원으로 가장 많았는데, 두 보증보험사는 전체 회사채 보증의 97%를 차지할 정도로 이 시장을 주도하였다.

두 기관이 부실하게 된 핵심적인 원인은 후발사인 한국보증보험과 기존 대한보증보험간의 시장쟁탈전이라 할 수 있다. 두 기관이 빚보증을 경쟁적으로 떠맡은 결과 엄청난 부실을 안게 된 것이다.

한국보증보험은 규모의 영업을 겨냥하여 무리한 확대지향적 영업으로 두 기관의 동반 부실을 초래하였고, 외환위기는 회사경영에 치명타를 가했다. 1998년 5월말 기준 누적손익은 대한보증보험이 1조6천3백85억원 한국보증보험은 9천4백85억원에 달했다. 두 회사가 안고 있는 적자가 무려 2조6천8백70억원인 셈이다. 이같은 부실의 원천은 기업 부도에 따른 사채보증보험의 손해율 급증에 있었다.

보증기관의 경쟁체제는 무엇보다 과당경쟁으로 인한 부실화가 심각한 문제로 대두된다. 보증기관의 경쟁체제는 소비자 편익의 증대, 보다 높은 서비스의 제공 등 장점도 있다. 하지만, 대한보증보험과 한국보증보험의 통폐합에서 보듯이 경쟁체제는 과당경쟁의 문제를 가지고 있다. 특히나 대부분 공공건설사업을 보증하게 되는 건설보증에서 과당경쟁으로 인한 보증기관의 부실화는 심각한 문제를 초래할 수 있다

이미 건설보증시장에서는 건설공제조합과 서울보증보험이 치열한 경쟁을 하고 있다. 현재 서울보증보험의 건설보증시장 진입은 주로 이행보증시장을 대상으로 한 우량 건설업체에 집중되어 있으며, 이들에 대해서는 높은 할인율을 적용하여 보증을 인수하고 있는 실정이다. 이에 건설공제조합도 최근 이행보증에 대한 보증수수료율을 인하하는 등으로 대응하면서 가격경쟁의 양상을 띄고 있다.

현행의 입찰·계약제도 하에서 보증기관의 과도한 경쟁은 입찰참가자의 수를 줄이지 못하여 결과적으로 부적격 업체가 시공을 맡게 될 수 있다. 그리고 그러한 부적격 업체들에 의한 부실시공의 위험은 결국 보증기관이 모두 부담하게 될 것이다.

3) 건설보증에 미치는 영향

「건설산업기본법」에 따라 설립된 3개 건설 관련 공제조합이 건설보증의 기능확립과 발전을 선도하는 주체로서 역할을 해왔다. 공공건설사업의 원활한 수행과 시공단계에서 나타나는 각종 리스크에 대비하기 위한 건설보증이 이용되고 있다. 건설보증을 인수하는 건설보증기관인 건설 관련 공제조합은 감독부처의 엄격한 관리 아래 건설산업의 건전한 발전과 공정성을 확보하는 방향으로 보증사업을 운용해오고 있다.

하지만 최근 서울보증보험과 엔지니어링공제조합 등이 건설보증시장에서 공격적인 영업전략을 취해 부작용이 우려되고 있는 실정이다. 경쟁적으로 수수료를 인하하거나 개별 건설공사의 손해율을 충분히 고려하지 않아, 건설보증시장 전반의 위험률이 증가하고 시공의 부실위험 예방을 담보하는 건설보증제도가 왜곡될 가능성이 있다는 지적이다. 손해율과 위험률을 고려하지 않은 무분별한 보증서 발급과 일부 우량 대규모 건설업체만을 대상으로 한 영업의 행태가 지속된다면, 건설산업의 리스크가 증가되고 영세 중·소규모의 건설사업자들은 성장기회를 잃을 수도 있다.

그러므로 이같은 경쟁여건 속에서 건설보증시장 구조 왜곡을 막고 건설시장과 건설보증시장의 건전성을 강화하고 발전시킬 수 있도록 해야 한다. 이를 위해 건설 관련 공제조합의 역량 강화는 필수적이라 할 수 있다.

4. 건설보증시장 개방

1) 건설보증시장 개방 논의

과거부터 오랫동안 주관 부처인 국토교통부를 위시하여 금융감독위원회, 기획재정부, 공정거래위원회 등에서 보증시장 개방에 대한 정책적 논의가 진행되어 왔다. 지난 2005년 2월 규제개혁 장관회의에서는 T/F를 구성, 추가 검토 후 개선방안을 확정하기로 결정하였다. 국무조정실 총괄・조정과정에서 건설보증시장개방 로드맵을 2006년 상반기까지 마련하는 것으로 정리하고, 동년 11월 차관회의에서 보증제도 개선 방안이 포함된 건설산업 규제 합리화방안을 마련하기로 하였다.

이후 2006년 6월 금융감독위원회는 KDI에 의뢰한 연구용역을 토대로 건설보증 부문을 포함한 보증보험 다원화 방안을 준비하였다. KDI는 연구를 통해 보증보험시장 개방의 장・단점 등 파급효과를 분석한 뒤, 보증보험시장 개방로드맵을 제시하였다.

〈표 8-6〉 KDI의 보증보험시장 개방로드맵(안)

방안	1단계	2단계	3단계	비 고
개방범위	건설공사 관련 이행보증보험, 모기지 신용보험, 신원보증보험	신용보험	채무이행보증보험(법령성・비금융성 보증보험, 금융성 이행보증보험)	
제1안	2008년 4월	2009년 4월	2010년 4월	1년 주기
제2안	2008년 4월	2010년 4월	2012년 4월	2년 주기
제3안	2008년 4월	2011년 4월	2014년 4월	3년 주기

※ 개방일정은 1단계만 확정하거나, 3단계를 일괄 확정하는 방안 검토 가능.

금융감독위원회는 KDI 연구용역을 근기로 공개토론회 및 관련부처 협의를 거쳐 건설보증시장 개방로드맵을 제출하고 1단계 개방대상인 건설보증의 경우 시장 특성을 감안하여 재검토하기로 했다. 이듬해인 2007년 금감위는 WTO협정 위반소지 등을 이유로 단계적 개방 로드맵을 발표하지 않고, 관계부처의 의견을 감안하여 최종적으로 2011년 이후 재논의하기로 잠정 결정하였다.

한편 2006년 한·미 FTA의 협상과정에서도 보험시장 개방에 대한 내용이 포함되어 있었다. 당시 미국 측은 우체국, 농협, 신협 등 유사보험기관을 보험업법으로 일괄적으로 관리할 것을 요구하였다. 즉 감독일원화를 요구했다. 우리 정부는 3년 이내로 개별법에 의해 관리되고 있는 이들을 보험업법으로 통합 관리하겠다고 이를 수용하였다. 하지만 관련 기관들의 격렬한 반대에 부딪혔다. 한·미 FTA는 2012년 3월 협상이 발효되는데, 금융당국의 유사보험에 대한 감독강화를 위해 수협, 새마을금고는 발효 3년 이내에 금융위원회의 감독을 받게 되는 것으로 정리되었으나 실행되지 못했다.

2008년 공정거래위원회는 경쟁제한적 규제 개선에 보증보험시장 개방을 포함시켰다. 공정거래위원회는 독점규제 및 공정거래에 관한 법률 제63조에 의거, 경쟁을 제한하거나 시장 활력을 저해하는 각종 법령 개선을 추진해 왔다. 공정거래위원회는 보험업과 관련하여 보증보험 시장의 경쟁도입을 개선과제로 검토하고, 관계기관과 협의가 되지 않을 경우 대통령 소속 국가경쟁력강화위원회에 제출하여 협의하기로 하였다. 일부 대형 손해보험사는 국가경쟁력강화위원회에 보증보험시장 개방을 요구하는 건의서를 제출하여 일괄개방 또는 보증보험 상품별로 단계적 개방을 요청하였다. 2009년 8월 공정거래위원회가 주관하여 보증보험시장 독점구조 개선에 대한 공개토론회개최 및 개선권고안이 발표되었다. 보증보험을 종류별로 구분하여 단계별 시장개방을 추진하였는데, 건설보증시장은 2단계(2012년 개방) 건설 관련 이행 보증보험 개방(안)에 포함되었다.

이후 보증보험시장 단계별 개방은 전혀 실천되지 않았으며, 당연히 건설보증시장의 개방에도 어떠한 변화도 없었다. 공정거래위원회에서는 경쟁제한적 규제로 보증보험시장 개방 및 건설보증시장 개방을 몇 차례 언급하고 소비자의 후생과 공정한 경쟁을 통한 시장의 효율성을 증대를 위해 시장개방을 주장했으나, 실제 진전된 바는 없었던 것이다.

최근인 2019년 하반기 공정거래위원회는 보증보험시장 개방에 대한 재논의를 시작하였다. 이에 따라 건설보증시장도 변화가 예상된다. 건설보증시장은 현재 3대 건설

관련 공제조합과 서울보증이 2018년 기준 시장점유율 78%를 차지하는 독과점 시장 구조로 담합 및 불공정 거래의 발생 가능성이 높으므로 공정한 경쟁 환경 조성을 위해 시장의 개방이 주장되고 있다.

2) 건설보증시장 개방의 장단점

(1) 건설보증시장의 장단점 비교

공정거래위원회가 추진하려고 하는 보증보험시장 개방은 손해보험사 등 외부 보증기관의 시장 진입을 통해 건설 관련 공제조합 간 경쟁은 물론 신규 건설보증기관과의 경쟁 심화를 유발할 것이다. 먼저 시장 개방의 긍정적인 측면을 보면, 건설보증시장의 개방에 따라 보증기관 간 경쟁은 보증수수료 인하, 다양한 보증상품개발 촉진 등을 통해 소비자들의 선택 폭이 확장될 것이다. 공정거래위원회의 보증시장 개방 추진의지와 강도에 따라 민간손해보험사 및 금융기관이 얼마나 적극적으로 건설보증시장에 진입할 것인지가 결정될 것이다.

한편 부정적인 측면도 있다. 건설보증시장의 개방되어 경쟁이 심화되면 건설공제조합, 전문건설공제조합, 기계설비건설공제조합이 지닌 공적 역할이 위축되고 건설산업 및 건설시장의 건전성에 악영향을 끼칠 수 있다. 3대 건설 공제조합은 건설기업이 안정적으로 사업을 영위할 수 있도록 보증, 공제, 융자 등의 상품을 제공하는 공적 역할을 수행해온 기관이다. 이들 공제조합은 건설기업인 조합원을 대상으로 비교적 합리적이고 저렴한 수수료를 책정하고 있다. 하지만, 손해보험사 및 타 금융기관이 건설보증시장으로 진입할 경우 공적 역할에 대한 책임성이 부족하며 중소건설업체에 대한 보증지원을 줄이는 구조로의 재편이 우려된다. 이들은 우량고객을 대상으로 낮은 수수료를, 비우량고객에게는 높은 수수료를 책정하여 우량고객 위주의 사업을 추진할 것이기 때문이다.

그리고 대형 건설업체의 계열사인 손해보험사들이 건설보증시장에 진입하게 되면 불공정한 여건이 조성될 가능성도 제기된다. 건설사업자와 손해보험사의 계열사 간 거래와 손해보험사 간의 담합이 발생할 수 있다. 대형 종합건설업체의 하도급업체인 전문건설업체에게 계열사인 손해보험사의 건설보증을 이용하도록 압력을 행사할 수도 있다. 이렇게 될 경우 3개 건설 관련 공제조합의 수익 기반이 약화되고 공제조합의 부실이 초래되어 건설보증의 공공성이 훼손될 수 있다.

민간 손해보험사와 은행 등의 금융기관들은 「보험업법」 및 「은행법」에 근거하여 상품을 개발하여 운영하고 있는데, 현재 건설보증 시장규모가 작고 상품의 시장성과 수익성이 낮아 지금까지는 가시적 움직임은 없는 실정이다. 또한 현재 3개 건설 관련 공제조합이 건설보증시장의 2/3 이상을 안정적으로 점유하고 있는 구조라는 점 때문에 건설보증사업 참여에 대한 리스크 등으로 별다른 움직임이 없는 것으로 보인다. 그러나 추후 건설보증시장의 전면개방 시 수익성이 있는 우량 건설업체 중심의 사업 운영의 가능성은 충분하다. 만약 건설보증시장의 전면개방이 이루어진다면, 대형건설사를 계열사로 두고 있는 손해보험사들이 시장진입에 가장 적극적으로 나설 것으로 전망된다.

(2) 보증시장 개방에 대한 논란

보증시장에서 활동하고 있는 주요 보증기관들은 대부분 개방에 반대하는 입장이다. 특히 서울보증보험의 경우 고유한 영업부문에 대한 개방은 엄청난 파장을 불러올 수 있으므로 공적자금의 투입 등을 이유로 강력하게 반대해 왔다.

서울보증보험은 현재 건설 공제조합과 더불어 높은 실적을 올리고 있는 주요 보증기관이다. 건설보증시장이 전면적으로 개방된다면 다양한 보증서비스를 제공하고 더욱 공격적인 영업활동을 벌일 수 있을 것이다. 하지만 서울보증보험은 건설보증시장에서만 활동을 하는 것이 아니라 전체 보증시장에서 독점적인 위치를 누리며 영업을 하고 있다. 보증시장 개방은 건설보증시장 개방에만 그치는 국지적인 문제가 아니라 전체 보증시장을 전면적으로 개방하는 것이다.

전체 보증시장에 대한 전면개방은 건설보증시장은 물론 전체 보증시장에서 누리는 독점적 위치에서 민간 손해보험사와 경쟁을 하는 위치로 바뀌는 것이다. 손해보험사의 보증시장으로 진입은 현재 점유 중인 시장을 빼앗길 수 있으므로, 이에 대한 우려를 하지 않을 수 없다. 물론 지금까지 전업주의를 고수했던 정책방향을 바꾸겠다는 정책 당국의 확고한 의지가 기본적으로 전제되어야 한다.

서울보증보험은 풍부한 자금과 보증잔액을 바탕으로 건설보증시장에서 점유율을 확보할 수 있기 때문에 시장개방에 긍정적일 수 있다. 하지만 서울보증이 독점하고 있는 전체 보증시장에서의 개방도 함께 허용해야 한다는 점 때문에 과거 보증시장 개방의 압박을 받았을 때 서울보증보험은 부정적인 입장을 견지해 왔다. 따라서 대형 건설사업자들 고객으로 한 건설보증서비스에서 민간 손해보험사들과 경쟁한다는 것이 결코 유리하지 않고 시장점유율이 낮아질 우려가 있으므로 부정적인 입장을 보일 것이다.

3대 건설 관련 공제조합은 건설보증시장의 전면개방 시 현재 법령 및 정관에 의거해 구분해 왔던 시장이 경쟁관계로 전환될 것이다. 여기다 외부의 보증기관의 시장진입 시 또 다른 경쟁 환경이 조성될 것이다.

먼저 건설공제조합은 대기업 계열의 건설업체를 비롯한 대형 종합 건설업체를 주요 조합원으로 두고 있는 시장 선두주자인 보증기관이다. 건설보증시장 개방 시 대형 건설업체와 계열관계인 민간 손해보험사들이 큰 위협이 될 수 있다. 만약 해당 건설업체 중 몇 개만 조합에서 이탈해도 큰 타격을 받을 수밖에 없다.

전문건설공제조합은 일단 건설보증시장 개방 시 건설공제조합보다는 그 영향의 정도가 낮을 것으로 보인다. 다만 전문건설공제조합을 이용하는 우량 전문건설체들이 타 공제조합을 이용하거나 민간 손보사 등 보증기관들의 보증서비스를 이용한다면, 실적 감소 및 경영상 타격이 예상된다. 기계설비건설공제조합은 기계·설비 업종의 건설업체를 대상으로 특화된 보증상품을 운영하고 있다. 기계설비건설업체의 규모 및 손해율 등을 고려했을 시 타 공제조합 및 민간 보증기관들에 비해 보증상품과 리스크 관리에 있어 전문성을 갖추고 있어 건설보증시장 개방에 따른 큰 충격은 없을 것으로 보인다. 하지만 향후 건설보증시장 개방에 따라 건설공제조합 및 전문건설공제조합이 공격적인 보증영업을 하게 되면, 조합원들의 이탈이 일어날 가능성은 있다.

엔지니어링공제조합의 보증범위는 엔지니어링사업 대상이었으나 법령상 발생한 빈틈을 비집고 건설보증시장에 진입하여 보증상품 판매를 통해 건설보증시장을 왜곡시키고 질서를 어지럽힌다는 비판을 받아 왔다. 따라서 엔지니어링공제조합은 향후 건설보증시장 전면 개방되면 이러한 비판과 부정적 인식이 상당부분 희석될 수 있으므로 시장개방에 반대할 것으로는 보이지 않는다.

(3) 손해보험회사 등의 시장 참여 가능성

현재 몇몇 은행에서는 건설업체에 대한 지급보증 업무를 일부 수행하고 있으나, 공사계약보증 등의 실적은 전무한 형편이다. 그리고 몇몇 손해보험회사들도 건설보증을 비롯한 보증영역에 대한 상당한 관심을 가지고 보증시장으로의 진입을 시도한 적인 있지만 아직은 실현되지 않은 상태이다.

이는 현재 보험과 보증을 분리하여 영업하는 전업주의 원칙에 기인한다. 이는 과거 오랫동안 손해보험회사들의 지속적인 보증업무 진출 요구에도 불구하고 수용되지 못한 주요 원인이라 할 수 있다. 이러한 전업주의 이외에 기존 보증기관의 과다한 경쟁과 부실도 보증시장 개방의 커다란 걸림돌로 작용하였다. 과거 대한보증보험과 한국보증보험등 양대 보증회사의 과당경쟁으로 인한 부실로 인해 1998년 서울보증보험으로 통합되었다. 엄청난 공적자금이 투입되어 서울보증보험이 오늘날까지 경영을 이어오고 있으며, 상당한 수준의 경영 정상화를 이룬 것으로 알려져 있다. 다만, 아직 투입되었던 공적자금이 전량 회수된 것은 아니다.

보증시장에 대한 제도적인 진입장벽 뿐만 아니라 제도적으로 진입이 허용된다 하더라도 과연 얼마나 많은 금융기관이 관심을 가질 것인지 또 실제로 보증서비스를 제공할 수 있을지도 의문이다. 외국의 경우 보험과 보증의 영업범위를 제한하지 않는 국가에서도 보증은 보증을 전문적으로 취급하는 보험사가 취급하고 있다. 이는 보증이 전문적인 지식과 업무능력을 요구하고, 보다 높은 위험부담을 감수해야 하며, 보증의 공공성격이 강하기 때문이다. 더구나 일반보증이 아닌 건설보증으로 범위를 축소해서 본다면, 건설산업의 위험과 산업적 특성 등을 고려해 볼 때 일반적 보증은 취급하더라도 건설보증은 취급하지 않으려 할 것이란 추측이 지배적이다.[2] 따라서 건설보증에 평소 관심을 가지고 전문적 지식을 축적해 온 몇 개의 한정된 손해보험사만이 건설보증시장에 참여할 것으로 예상된다.

2) 실제로 국내에 진출해 있는 외국 손해보험사 경우 타 산업에서의 보증업무는 하고 있지만, 국내 공사에 대한 건설보증 서비스를 제공하는 곳은 없는 실정이다.

민간 손해보험사와 은행의 경우 현재로서는 건설보증시장에 적극적인 진출의 의지가 강하지 않은 것으로 보인다. 다만 대형 건설업체를 보유한 계열 손해보험사의 경우 해당 시장의 시장성 및 수익성이 있다고 판단될 시 적극적으로 시장에 진출할 것으로 예상된다. 이 경우 최초 시장 진입 시 계열 건설업체를 대상으로 보증 확보가 가능하다. 추후 손해보험사는 계열 건설업체가 원도급 수주한 시공의 하도급을 받은 전문건설업체를 대상으로 비교적 저렴한 수수료의 보증상품 판매를 통해 시장 내 점유율 확대가 가능할 것이다. 따라서 건설보증시장 개방에 적극적인 입장을 보일 것이며, 시장 개방 시 주요 대형 업체를 대상으로 보증상품을 취급할 것으로 보인다. 다음으로 은행의 경우 초기 시장 진입 시 융자 등 금융거래를 통해 관계를 맺은 건설업체를 대상으로 보증업무를 수행하며 고객 및 점유율 확보 후 막대한 자금을 비탕으로 시장 내 경쟁력을 강화할 것으로 보인다. 하지만 방카슈랑스 도입후 은행의 보험영업 추이를 살펴보면 그 영향은 그리 크지 않을 것으로 전망된다.

3) 건설보증에 미치는 영향

단기적으로 건설보증시장이 개방되기는 쉽지 않다. 하지만 여기서는 건설보증시장이 개방된다는 가정 하에 건설보증시장에 참여하는 주체들에 미치는 영향을 살펴보고자 한다. 건설보증시장에서 주요 참여주체는 발주자, 건설업체, 보증기관이므로 이들을 중심으로 그 영향을 살펴보자.

먼저 발주자에게는 긍정적인 영향을 미칠 것으로 보인다. 필요에 따라 건설보증 상품에 대한 수요는 생겨날 수 있으나 보증수수료의 부담은 공사비 산정에 영향을 미칠 수 있다. 건설보증시장 개방에 따라 건설보증기관들이 경쟁을 통해 다양한 보증상품을 개발하여 출시한다면 공사의 특성에 맞는 보증상품을 건설업체에게 요구할 수 있을 것이다. 그리고 보증기관 간 경쟁을 통해 보증수수료가 인하된다면, 공사비 예산을 절감할 수 있는 긍정적인 효과가 있을 것이다.

건설업체들은 보증시장 개방으로 보다 다양한 보증서비스를 받을 수 있고, 보다 저렴한 수수료율을 제공하는 보증기관을 선택할 수 있을 것이다. 한편, 건설보증시장의 개방에 따라 부정적 영향도 발생할 수 있다. 건설보증기관들의 리스크관리 강화로 군소 건설업체는 오히려 보증수수료가 증가되고, 보증을 해줄 보증기관을 찾기가 어려워지는 문제도 발생할 것이다.

건설보증기관의 경우 경쟁의 심화에 따라 보증기관 간 서열이 고착화되고, 공익적 업무 수행이 불가능해져 건설보증시장 뿐만 아니라 건설시장 전반에 부정적인 영향을 끼칠 수 있다.

이처럼 건설보증시장의 개방 시 현행 독과점 시장이 경쟁체제로 전환되어 보증 수수료인하, 상품의 다양화 등으로 이어져 건설보증시장 참여자들에게 긍정적 영향을 미칠 수 있으나, 개방에 따른 부정적 영향도 함께 발생할 수 있으므로 체계적인 준비와 대응방안의 모색이 필요하다.

건설생산체계 개편과 더불어 건설보증시장이 민간에 전면 개방된다면 서울보증보험, 엔지니어링공제조합, 민간 손해보험사, 은행 등이 큰 폭의 수수료 인하나 우량업체를 대상으로만 하는 영업 등 공격적인 방법으로 시장에 참여할 수 있다. 이러한 상황에 대한 대비가 필요한데, 건설보증을 통한 건설시장의 활성화, 건전성 확보가 시급할 것이다. 건설 관련 공제조합은 시장개방이라는 새로운 환경 속에서 보증기관들과의 경쟁에서 살아남아 사업을 지속하고 공적 역할을 담당하기 위해서는 사업과 상품 개발을 통한 경쟁력 강화는 물론 내부조직운영의 내실화 및 시장리스크를 최소화할 수 있는 수익성 확보 방안이 필요할 것이다.

궁극적으로 건설보증시장은 건설산업을 지원하고 발전에 기여해야 하므로, 시장개방이 이후에도 효율성과 공공성의 가치를 추구하는 방향으로 나아가야 할 것이다.

5. 공정한 경쟁 기반의 조성

1) 건설보증시장에서의 불공정 경쟁

서로 다른 조건과 환경 속에서 활동하던 보증 관련 기관들이 동일한 대상과 상품으로 같은 시장에서 경쟁을 하게 될 경우 불공정 경쟁이 발생할 수 있다. 이러한 혼란을 방지하려면 정부 당국은 경쟁 이전에 우선 공정한 경쟁기반을 조성해야 할 것이다. 3대 건설 관련 공제조합은 건설산업기본법에 근거하여 설립되어 관리되고 있으며 엔지니어링공제조합은 엔지니어링 진흥법의 관리를, 서울보증보험과 민간 손해보험사들은 보험업법의 관리를 받고 있다.

이처럼 건설 관련 3대 공제조합과 서울보증보험, 엔지니어링 공제조합, 소방공제조합 등은 관련 법과 감독 부처의 상이함으로 인해 공정한 경쟁이 사실상 어려운 구조이다. 불공정 경쟁으로 인한 건설보증시장의 실패는 곧 공공의 실패로 이어지게 된다. 이는 대부분의 건설보증과 공제조합을 규정하고 있는 건설산업기본법 규제의 한계와 직결되어 있다. 따라서 건설보증시장의 다원화 이전에 법적 · 제도적 개선을 통해 불공정 경쟁요인의 제거가 선행되어야 할 것이다.

각각 개별법에 의해 설립되고 운영되는 공제조합과 보험업법의 적용을 받는 서울보증이 동일한 고객을 대상으로 한 시장에서 경쟁하는 것은 관리가 쉽지 않다. 공사이행보증증권 인수과정에서 서울보증보험의 공격적인 인수경쟁으로 인해 경쟁이 가열되고 있다. 서울보증보험은 주로 우량 건설업체를 주요 고객으로 설정하여 영업을 하고 있다. 인수 경쟁이 지속될 경우, 보증인수 대상이 우량 건설업체 이외의 건설업체로 확대될 가능성도 있다. 이 경우 보증서 발급이 균형 수준에 비하여 과다하게 이루어지게 되면, 기본적으로는 위험 수준이 높아지고 이에 더하여 입찰참가자의 수를 제한하지 못함으로써 불필요한 행정비용도 증가하게 된다.

특히 현행의 입찰 · 계약제도 하에서 과도한 보증서 발급은 경쟁참가자의 수를 줄이지 못하고 결과적으로 부적격 업체가 시공을 맡게 될 수 있다. 이 경우 공사 완성물의 품질이 저하되는 것은 물론이고 하자 · 보수비용도 증가하게 된다. 선금이나 과다 기성을 노린 도덕적 해이의 가능성마저 높이는 요인으로 작용할 수 있다.

현재 건설보증시장은 다원화를 위한 준비가 갖추어져 있지 않은 상태이다. 다원화를 위해서는 법적 · 제도적 정비가 선제되어야 한다. 그러므로 건설보증시장의 개방은 체계적인 준비과정을 거쳐 단계적으로 개방하는 것이 바람직하다. 시장의 규모나 여건 등 제반 환경이 정비될 때까지는 현재의 시장구조를 유지하면서 점진적으로 나아가야 할 것이다.

단기적으로는 현재 건설보증을 취급하고 있는 공제조합 간 경쟁이 공정하게 이루어질 수 있도록 미비한 제도를 보완해야 할 것이다. 서울보증보험과 공제조합 간 경쟁에서 나타나는 불합리한 요인도 정비해야 한다. 중장기적으로는 손해보험사들에게도 건설보증을 인수하도록 하고, 일반 금융기관 등의 기관에게도 건설보증시장이 개방될 수 있도록 법과 제도를 정비하도록 해야 할 것이다.

실제 건설보증 서비스의 제공이 가능할 것으로 예상되는 소수 손해보험사의 영업대상은 제한적일 수밖에 없다는 점에 유의해야 한다. 현재 서울보증보험은 이행보증인수시 시공능력평가 기준 상위 우량 건설업체만을 주요 대상으로 하여 보증을 인수하고 있으며, 손해보험사도 이들 소수의 우량건설업체를 주요 대상으로 할 것으로 예상된다. 즉, 보증기관의 보증수요자인 건설업체에 대한 차별적인 인수 경쟁으로 인해 건설보증시장은 세분화되고 양극화될 것이다.

따라서 이처럼 건설보증시장이 분화될 경우 지금까지 대부분의 건설보증 서비스를 제공해온 공제조합의 역할을 과연 여타 보증기관도 감당할 수 있을지 등 역할분담과 경쟁에 대한 정부의 정책방향 설정이 요구된다.

2) 공제조합의 경쟁제한적 규제 개선

(1) 건설 관련 공제제도의 개선

건설 관련 공제조합은 「건설산업기본법」에 따라 해당 건설업체들이 자발적으로 출자하여 설립한 보증전담기관이다. 하지만 보증업무의 범위나 내용에 대하여 국토교통부의 승인을 받도록 되어 있어 업무개발이나 사업다각화에 제한을 받고 있다. 반면에 서울보증보험의 경우 이러한 규정의 적용을 받지 않아 보증영업이 자유로운 실정이다.

따라서 건설 관련 공제조합이 건설보증시장 개방에 따른 보증기관 다원화에 대비하여 공정한 경쟁수행이 가능하도록 제도 개선이 되어야 할 것이다. 제도 개선에는 보증상품과 대상, 내용 등에 대한 개선뿐만 아니라, 공제조합의 운영과 관리에 관한 사항도 포함되어야 할 것이다.

(2) 보증업역의 확대

현대의 건설산업은 건설기술의 발전과 복잡성 등으로 인해 과거 단순방식의 발주에서 턴키(Turn-Key)와 CM 등 건설업과 건설용역업이 복합적으로 발주되고 있다. 과거와 같이 건설업만을 대상으로 한 보증사업에는 어려움이 있는 실정이다.

건설보증을 규정하고 있는 「건설산업기본법」에서는 조합이 취급할 수 있는 보증대상을 일일이 규정하고 있으나 이를 조합원이 건설과 관련하여 영위하는 사업 전체로 포괄적으로 규정할 필요가 있다. 보증업역의 확대를 통해 건설산업과 관련산업의 변화에 효율적으로 대처할 수 있게 될 것이다.

(3) 준조합원 제도의 도입

건설 관련 공제조합들은 조합원에 한하여 보증을 제공할 수 있도록 규정되어 있는 현재의 규정으로 인해, 급속히 변화하고 있는 각종 입찰방식의 변경에 따른 보증수요에 따라가지 못하고 있다. 예컨대, 사업이행보증, 일괄입찰방식에 의한 계약보증 등은 비조합원이 포함되어 있어 공제조합에서 보증서를 발급하기 어려운 실정이다. 따라서 일정한 요건 하에 건설 관련 공제조합의 보증을 이용할 수 있도록 하는 준조합원 제도의 도입이 요구된다. 준조합원 제도가 도입될 경우 조합에 출자가 부담이 되는 연간 공사수주액이 적은 영세 건설업자들에 대한 보증서비스 제공과 같은 추가적인 효과도 기대할 수 있다.[3)]

(4) 새로운 상품 개발의 사율성 보장

현재 「건설산업기본법」 상의 보증상품에 대한 규정으로 인해 변화하고 있는 건설산업의 다양한 요구를 충족시키지 못하고 있는 실정이다. 각 조합들은 업역이 다름으로 인한 특성이 있고 그에 따른 보증상품의 다양화가 필요하다. 하지만, 현재의 규제

3) 연간 공사 수주액이 적은 영세업자의 경우 타 보증기관에서 보증을 받기가 곤란하다. 준조합원 제도가 활성화될 경우 조합이 이러한 영세 건설업자에게도 보증기회를 제공함으로써 일정부분 공익적 기능도 담당할 수 있을 것이다.

방식은 그러한 특성을 무시하고 획일적으로 각 공제조합의 보증상품을 동일하게 규제하고 있다. 또한 신상품에 대한 개발은 법을 개정해야 하는 번거로운 절차로 인해 엄두를 내지 못하고 있는 실정이다.

공제조합의 상품이 다양화되지 못함으로써, 시장의 수요에 부응하지 못하고 있고 이는 결국 공제조합의 경쟁력 저하의 원인으로 작용하게 된다.

따라서 「건설산업기본법」에 규정된 보증상품에 대한 내용을 보다 포괄적으로 개정하여 보증상품에 대한 자율적인 개발이 가능하도록 하여야 할 것이다.

(5) 조합채 발행을 통해 금융기관으로 역할 확대

건설업체에 대한 보증상품 제공 외에도 어음할인과 융자와 같은 상품을 취급하는 건설 전문금융기관으로 출발한 건설관련 공제조합은 출자금을 재원으로 하여 보증과 융자 사업 등을 수행하고 있다. 반면에, 서울보증보험은 막대한 공적자금을 바탕으로 사업을 영위하고 있다. 출자금을 기반으로 제한된 사업범위내에서 활동하는 공제조합은 보증거래에 따른 위험 역시 자체적으로 감당하고 있어 공정한 경쟁이 어려운 실정이다.

공제조합의 어음할인과 융자 등은 중소건설업체에게 중요한 자금조달 수단이 되고 있다. 하지만 현 공제조합의 재원이나 제도로는 융자의 확대와 본격적인 어음할인 업무가 어려우므로 조합채 발행이나 조합의 보증한도 확대 방안 등이 검토되어야 한다.[4]

건설 관련 공제조합이 신용을 담보로 한 조합채를 발행하여 자금을 조달하고 그 자금을 중소건설업체의 어음할인이나 대출 등 금융지원을 위해 활용할 경우, 그 파급효과는 매우 클 것으로 기대된다. 총 보증한도를 확대하거나 어음할인 및 대출시 보증한도와 별개로 운영한다면 중소건설업체의 자금운영에 큰 도움이 될 것이다.

---

4) 조합채의 발행은 그간 여러번 논의가 된적이 있으나 여러 가지 문제로 인해 추진이 되고 있지 못한 실정이다.

3) 건설 관련 공제조합의 경쟁력 제고

건설보증 공급자인 보증기관의 경쟁력 강화는 건설보증산업의 효율화를 위한 초석이 된다. 따라서 변화하는 환경 속에서 경쟁력을 확보하기 위해서는 보증기관의 기업평가 및 심사 능력의 강화가 우선되어야 할 것이다. 전문성의 확보를 위해서는 국내 건설업체에 대한 철저한 분석과 건설정보의 축적 등이 요구된다.

보증기관의 전문성을 제고시키려면 가장 먼저 보증인수능력을 강화해야 한다. 보증기관의 심사능력 강화와 이의 적극적 활용은 궁극적으로 기업의 건실화를 유도할 수 있다. 보증기관이 철저하게 재무구조를 평가하고 사업성을 엄밀하게 심사하여 보증인수를 결정하는 환경이 조성되면, 기업들도 자연히 재무구조 건실화 및 수익성 제고에 노력을 기울이고 위험이 높은 투자는 신중을 기하게 될 것이다.

위험관리 능력의 제고도 중요하다. 위험은 가능한 회피하거나 전가하는 것이 가장 좋은 방법이나 이는 위험을 소극적으로 보는 견해이다. 위험을 적극적인 관점에서 본다면 위험이란 생산성이 발휘될 수 있는 하나의 잠재시장이다. 따라서 회피해야 할 위험과 적극적으로 인수하여 관리해야 할 위험을 분류하고 이들을 보다 효율적으로 관리해야 할 것이다.

위험의 적극적인 관리를 위해서는 사업의 영역과 범위의 다각화가 요구된다. 공제조합은 「건설산업기본법」의 규정에 따라 해당 건설업체가 자체적으로 출자하여 설립한 보증전담기관임에도 보증업무의 범위나 내용에 대하여 건설교통부의 승인을 받도록 되어 있어 업무개발이나 사업다각화에 제한을 받고 있다.[5)]

또한 현재 공제조합은 인수한 보증 위험을 조합이 자체적으로 감당하고 있으나 향후에는 재보험의 적극적인 활용을 통해 위험을 분산시켜 나가야 할 것이다. 또한 이를 위한 합리적인 보증수수료를 책정해야 할 것이다. 따라서 공제조합이 금융·보험기관처럼 활동할 수 있는 법적·제도적 개선방안이 강구되어야 할 것이다.

---

5) 또한 공제조합은 실질적으로 보험성격의 보증업무를 수행하고 있음에도 불구하고 금융기관으로 간주하지 않고 일반기업으로 간주하고 있어 대손상각으로 인한 손실이 발생하여도 이에 대한 충분한 혜택을 받지 못하는 등 불리한 점이 많이 있다.

마지막으로 보증공사에 대해서는 공제조합이 사전적으로 관리, 감독을 전문적으로 수행해야 한다. 미국의 경우 대부분의 공사에서 보증회사가 체크리스트를 작성하여 정기적으로 점검하고 있다. 이를 위해서는 발주자와 건설업체의 협조가 요구된다. 또한 사후적으로는 채권확보 및 구상을 통해 손해율을 최소화하여야 할 것이다.

6. 관리 감독 체계 개선

1) 현행 보증기관에 대한 관리 · 감독

(1) 정부의 건설보증시장 관리 · 감독 강화의 필요성

일반적으로 금융산업은 규제산업이라고 한다. 보증도 금융산업의 일종이고 부실의 소지가 상존하고 있다. 주택사업공제조합의 파산이나 대한보증보험과 한국보증보험의 통합에서 보듯이 보증기관의 부실은 관련 산업에 막대한 피해를 줌은 물론 국민경제 미치는 효과도 엄청나다. 실제 이들 기관에는 막대한 공적 자금이 투입된 바 있다. 따라서 보증기관에 대한 정부의 철저한 관리는 해당 산업발전은 물론 국민경제적 입장에서 당연하고 필요하다. 보증기관에 대한 손해율, 구상률, 부채비율, 보증한도 통제 등을 통해 보다 합리적인 관리가 필요하다.

최근 건설생산체계 개편, 건설보증기관 간 경쟁심화 등 환경변화는 건설보증시장에 직 · 간접적으로 영향을 미칠 것으로 전망된다. 하지만 현재 감독부처인 국토교통부의 한정적인 관리인력으로는 이에 적절하고 효과적으로 대응하기에는 제한적일 수밖에 없을 것이다.

정부가 건설산업 혁신으로 추진 중인 건설생산구조 개편과 공정거래위원회가 다시 추진 중인 건설보증시장 개방 등이 진행된다면, 건설보증시장에서는 경쟁이 심화되고 외부 민간 손해보험사의 시장진입도 예상된다. 이로 인해 경쟁이 과열되면 보증기관의 저가 수수료 영업에 따라 부실업체를 걸러낼 수 없고 시장 건전성을 저해하는 부정적 효과가 나타날 수 있다. 그리고 건설보증이 포함된 건설산업을 총괄하는 주무부처인 국토교통부의 관리 범위에서 벗어나 있는 일부 보증기관과 새롭게 시장에 진입할 민간 손해보험사가 건설보증사업을 영위하게 되면 공제조합이 수행해 오던 공적 역할이 대폭 위축될 수 있다. 따라서 중소건설사를 위한 서비스 등 시장의 공공성을 확보하기 위해서는 정부가 적정한 수준의 관리와 감독을 해야 할 필요가 있다. 즉, 건설보증시장의 건전성을 유지하고 시장참여자의 권리와 의무를 준수함과 동시에 최종 소비자의 권익보호가 가능하도록 하는 관리·감독체계가 필수적이다.

(2) 건설보증시장 관리·감독 체계의 한계

앞서 지적했듯이 건설보증시장은 건설 관련 공제조합 이외에 비건설 보증기관, 민간 손해보험사 등의 참여 확대 또는 신규 진입으로 정부의 건설보증시장에 대한 관리·감독 필요성은 더욱 절실한 실정이다. 하지만 두 가지 한계가 있는데, 첫째는 건설 보증기관들은 각각 개별법에 의해 영업을 하고 있어 주무부처의 관리가 쉽지 않다는 것이다. 둘째, 주무 부처의 관리 능력은 제한된 인원과 관리체계로 인해 한계가 뚜렷하다는 점이다. 이를 좀더 자세히 살펴보자.

3대 건설 관련 공제조합이 국토교통부의 건설산업기본법의 감독을 받고 있는데 반해, 서울보증보험은 보험업법의 관리를 받고 엔지니어링 공제조합은 엔지니어링진흥법의 관리를 받고 있다. 이들 보증기관들의 시장 점유율 잠식은 국토교통부의 건설보증시장에 대한 관리·감독으로 관리할 수 있는 영역이 아니다. 향후 중장기적으로 건설보증시장 개방 시 민간 손해보험사 및 은행이 건설보증시장에 추가적으로 참여하게 되면, 건설보증 관련 규제를 직접 적용 받지 않아 건설 관련 공제조합에 대한 역차별이 생겨날 수도 있다. 오히려 민간 손해보험사들의 시장 점유율이 높아지게 되면 금융위원회 등의 건설보증시장에 대한 개입 가능성이 높아질 수 있다.

건설보증시장을 관리·감독하는 주무부처인 국토교통부의 관리 기반을 살펴보면 한계가 뚜렷하다. 국토교통부는 제한된 조직과 인력으로 향후 예상되는 건설보증시장의 변화에 적절하게 대응하기에는 역부족이다. 현재 국토교통부 내 2~3명의 실무인력이 건설보증 업무를 맡고 있으며, 월 2회 정기보고, 이슈별 수시보고 등을 건설 관련 공제조합으로부터 받고 있다. 담당자들도 건설보증 업무만 전담하는 것이 아니라 다른 업무도 겸직하고 있는 실정이다.

중장기적으로 건설보증시장에 다양한 기관이나 손보사 등 민간업체들이 참여해 올 경우, 관리·감독 주체가 다르기 때문에 시장 현황을 파악하는 것조차도 사실상 불가능할 수 있다. 거기다 건설 관련 공제조합 간 경쟁이 심화될 경우 공제조합 통합문제도 제기될 수 있는데, 이같은 건설보증시장 변화에 발맞추어 대응해 나가기에는 현재 감독부처의 관리 조직 및 인력은 매우 미흡한 수준이다.

(3) 유사 관리감독 사례 : 자동차손해배상진흥원

최근 관리감독 기능 강화를 위해 조치를 취한 유사 사례로 자동차 손해배상진흥원이 있다. 국내에서 사업용 차량과 관련하여 택시, 개인택시, 버스, 전세버스, 렌터카 및 화물자동차 등 6개 공제조합이 있다. 이들은 손해보험사와 경쟁하면서 자동차사고 등에 대한 보험서비스를 제공해왔다. 그런데 이들 사업용 자동차의 높은 사고 발생률과 이로 인한 사고피해자 보상에 따른 분쟁 급증 및 보상 지연, 보험사기 사각지대에 놓인 소비자 보호, 소관 부처의 관리감독 한계 등의 문제로 지속적인 비판을 받아왔다. 이러한 배경으로 자동차손해배상진흥원이 생겨나게 되었다.

자동차손해배상진흥원은 「자동차손해배상보장법」 제39조의3에 근거하여, 자동차손해배상 보장사업의 체계적인 지원 및 공제사업자에 대한 경영개선·지원 업무를 수행함으로써 자동차손해배상 정책의 개선 및 공제사업의 건전한 육성에 기여함을 목적으로 2018년 7월에 설립되었다. 6개 사업용 차량의 연간 사고발생 건수는 최근 5개년도 기준 약 4만7천 여건에 달해 매우 높은 사고 발생률을 보이고 있다. 6개 자동차 관련 공제조합은 일반 자동차보험과 다르게 보상체계가 각기 달라 사고발생이 발생했을 때 피해 보상의 해결이 원만하지 못하였다. 개인 자동차 보험사의 경우, 금융감독원이 관리하고 있지만, 6대 공제조합은 관리 사각지대에 있어 사고피해자들의 보상에 대한 민원이 지속적으로 발생하였다. 이러한 여건 하에 자동차 관련 공제조합의 경영건전성 강화, 사고피해 보상 관련 민원서비스의 질 향상 등을 목표로 진흥원이 설립되었다. 6개 공제조합을 체계적으로 관리하기 위해 관련 업무 및 기능을 이관하였고,

진흥원 설립과 운영에 필요한 재원은 자동차 관련 각 공제조합의 분담금과 검사에 따른 수입금으로 조달되었다.

자동차손해배상진흥원은 6개 자동차 관련 공제조합들을 대상으로 검사 업무를 수행하고, 검사결과를 국토교통부장관에게 보고하도록 되어 있다. 자동차손해배상진흥원은 검사 대상기관의 업무 및 재산 상황을 검사하며, 매년 업무계획 수립에 따른 예산서를 작성하여 국토교통부장관에게 제출하고 승인을 받아야 한다.

〈그림 8-5〉 자동차손해배상진흥원 관리감독 구조

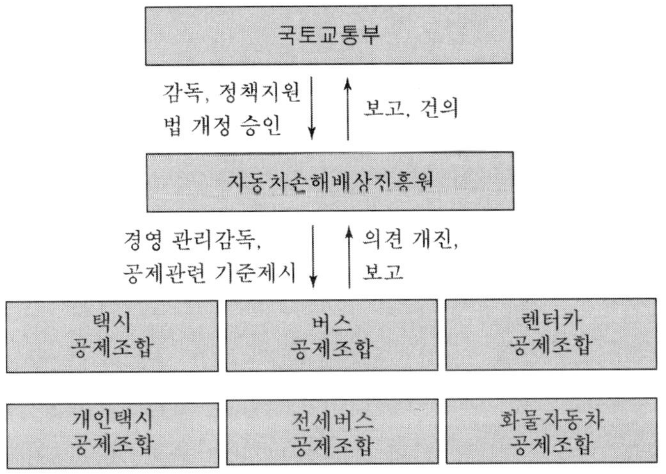

출처: 삼일회계법인(2020)

손해배상진흥원은 설립 취지를 살려 자동차 손해공제 관련 정책수립 지원, 사고 피해보상 분쟁지원, 공제 관련 통계 관리 등이 주요 내용으로 포함된 6개 공제조합에 대한 감독업무를 수행하고 있다. 보상단계별 안내 표준화, 고객 접근성 개선 및 민원 서비스 역량 강화 등의 내용을 포함한 보상서비스 지침을 마련하여 공제조합의 이행 여부를 점검한다. 또 최종 소비자인 교통사고 피해자에 대한 자동차공제조합의 보상 서비스 향상을 위한 제도개선을 추진한다. 다만, 「자동차손해배상 보장법」에 의거하여 자동차손해배상공제조합을 검사할 수 있으나, 대상을 제재할 수 있는 권한은 가지고 있지 않다.

더불어 자동차 공제 관련 통계 관리 및 분석을 지원하고, 공제분담금(보험료)의 적정성 검증 절차와 경영건전성 평가 기준을 마련하여 자동차 공제산업의 발전을 도모한다. 자동차손해배상 및 보상의 정책 수립 지원, 자동차사고 피해예방 연구, 교육·홍보 지원 등 안전한 교통문화 정착에 기여하기 위한 다양한 역할을 수행한다.

2) 건설보증시장 관리·감독 강화

(1) 건설 관련 공제조합의 사업역량 확대기반 조성

향후 건설보증시장은 생산체계 개편 및 시장개방이 정상적으로 추진된다면 건설 관련 공제조합 간의 경쟁은 물론 손해보험사 등 외부민간업체와의 경쟁이 예상된다. 그리고 3대 건설 관련 공제조합 외에 서울보증보험과 엔지니어링공제조합은 주무부처인 국토교통부의 관리·감독을 받지 않고 시장에 참여하여 건설보증시장의 건전성을 고려하지 않는 수익성 중심의 사업을 추진하고 있다. 이들이 건설시장의 건전성을 위협하는 것은 저가 보증수수료 영업과 리스크가 거의 없는 상위권 건설업체를 대상으로 한 영업, 부실 건설업체에 대한 검증기능 미약 등의 이유 때문이다.

이들 기관과 경쟁해야 하는 환경 속에서 건설 관련 공제조합이 시장 건전성을 유지하면서 공적 역할을 계속 수행하려면 기본적으로 건설보증시장 내 원활한 자율적 경쟁 기반이 조성되어야 한다. 이들과 자유롭고 공정하게 경쟁하기 위해서는 동등한 경쟁 여건이 마련되어야 한다.

이를 위해 먼저 보증사업 대상 범위의 확대가 필요하다. 건설업종으로 구분된 사업대상을 건설사업을 영위하는 자 등으로 포괄적으로 설정해서 사업대상을 확대하도록 해야 한다. 건설산업 혁신로드맵에 따라 업역체계가 폐지되면 건설 관련 공제조합들이 자연스럽게 서로 경쟁 할 수밖에 없다. 즉 「건설산업기본법」 등 상위 법·규정에서 건설업 등록 기회가 모든 건설사업자에게 열리게 되므로 각 건설 관련 공제조합의 정관에서 명시된 제한적 사업대상도 바뀌어야 한다. 이를 전체 건설사업자를 대상으로 개정해 상위 법규정과 일치시키고 시장경쟁을 통한 경쟁력 확보 등 사업여건 개선이 필요하다.

두 번째로 서울보증보험, 엔지니어링 공제조합, 민간 손해보험사 등과의 경쟁을 위해 사업 및 상품의 다양화가 필요하므로 이에 대한 규제가 개선되어야 한다. 현재 국토교통부는 건설 관련 공제조합에 대해 흔히 말하는 포지티브시스템 즉 열거주의 방식의 사업/상품 규제 방식을 취하고 있다. 건설 관련 공제조합이 영위할 수 있는 사업은 보증, 공제, 융자 등에 한정되어 있고, 각 사업별 상품 역시 법규에 명시된 것만 운용할 수 있다. 이에 반해 민간 손해보험사 등은 계열사를 포함한 다양한 사업 포트폴리오와 폭 넓은 사업대상을 가지고 보증, 보험(공제) 등 단일 서비스 이외에 부가적인 상품을 제공하여 고객에게 광범위한 편익을 제공하고 있다. 건설 관련 공제조합은 그동안은 조합원을 중심으로 영업해 왔으나 앞으로는 보다 다양한 이해관계자로 영업대상을 넓히고, 다양한 사업 및 상품 개발, 조합원 니즈를 고려한 설계 등을 통해 고객의 편익을 제고시켜야 할 것이다. 이러한 부분을 반영하려면 「건설산업기본법」 및 동법 시행령 제56조의 업무영역 및 상품에 대한 개정이 우선적으로 필요하다. 포괄주의 방식으로 개정이 필요하다는 주장도 있지만, 이는 좀더 추이를 지켜보며 장기적으로 추진해 나가야 할 과제라 할 수 있다.

(2) 건설보증시장 내 법 · 규정 준수 모니터링 기능 강화

건설보증시장 개방으로 건설 관련 공제조합 간 사업대상에 대한 장벽이 제거되면 사업 및 상품에 대한 자율성이 높아질 것이므로, 시장 내 법 · 규정을 준수하는지 모니터링 하는 기능이 중요하다. 특히 국토교통부의 관리 · 감독 대상이 아닌 비건설 공제조합, 서울보증보험, 민간보험사 등 외부기관이 시장건전성을 훼손하는 영업활동을 하는지 등에 대한 모니터링을 강화해야 한하다. 이미 건설관련 공제조합 감독기준에 경영실태평가 및 적기 시정조치, 내부통제 기준, 재무건전성 기준 등 건설 관련 공제조합에 대한 다양한 기준들이 명시되어 있으므로, 이러한 법 · 규정에 의거한 시장 관리 · 감독이 이루어져야 한다.

기본적으로 건설사업자를 대상으로 보증사업을 영위하는 기관에 대해서는 국토교통부에서 관리 · 감독 하는 것을 원칙으로 하는 법적 근거가 마련되어야 한다. 현재 서울보증보험의 보증사업은 「보험업법」이 적용되고 금융감독원의 관리감독 범위내에 있으며, 엔지니어링공제조합은 「엔지니어링산업진흥법」이 적용되고, 산업통상자원부의 관리 · 감독을 받는다.

건설산업의 특수성, 건설보증시장의 전문성, 건설보증의 공공성, 건설보증시장 내 공정한 경쟁 등 4가지 과제를 핵심내용으로 법적 근거를 마련하고 관련 부처 간 협의가 이루어져야 할 것이다.

건설산업의 특수성은 대규모 자본이 투여되며 장기에 걸쳐 사업이 추진되고, 다양한 이해관계자들이 포함되어 있으며, SOC사업에서 볼 수 있듯이 사회에 큰 영향을 미칠 수 있다는 점 등을 포함한다. 이는 일반적인 보증사업과 확연히 차별되는 것이라 할 수 있다.

건설보증시장의 전문성은 건설산업에 대한 이해를 기본으로 한다. 건설산업의 구조와 생산체계, 입찰·계약과정, 원·하도급 관계, 시공 단계 등에 대한 이해를 포함한다. 그리고 개별 기업의 건설역량, 재무적/비재무적 신용, 건설사업의 리스크 등 다양한 분석 능력도 요구된다.

건설보증기관은 건설보증서비스를 통한 수익성을 높인다는 비즈니스적 영역 외에 공공성도 고려해야 한다. 건설산업의 건전한 발전을 위해 건설사업자에게 필요한 자금을 지원하고, 부실 건설사업자를 걸러내는 역할을 수행해야 한다. 나아가 일반 금융기관으로부터 소외되는 영세 중소건설업체에 대한 지원까지 수행해야 한다.

보증기관이 경쟁해야 하는 여건 하에서는 건설보증시장에서의 공정성은 무엇보다 중요하다. 이를 위해서는 일관성 있는 감독체계가 필요하며, 적용되는 법에 따라 상이한 정책, 수수료율 등에 대한 형평성이 보장되어야 한다. 공정한 경쟁을 위해서는 사업/상품, 사업대상 등에 대한 일관성있는 관리와 감독기준이 요구된다. 그 기준은 건설산업 및 건설보증시장에 대한 정책을 총괄하고 있는 국토교통부가 건전한 건설보증시장 환경 조성을 고려하여 제시하는 것이 좋을 것 같다..

건설보증시장에 참여한 모든 보증기관에 대한 기본적인 관리·감독이 가능하려면 「건설산업기본법」, 「건설산업기본법 시행령」, 「건설관련 공제조합 감독기준」 등의 개정이 필요하다. 이를 위해서는 국토교통부는 기획재정부, 금융위원회, 산업통상자원부 등 관련 부처와의 협의가 선결되어야 한다. 필요시 보험업법 제7장 130조(보고사항)과 은행법 제6장 43조의2(업무보고서 등의 제출) 등 타 부처 관련 법 개정도 함께 검토되어야 할 것이다.

일차적으로 건설 관련 공제조합 간 사업 및 대상 등에 대한 제한사항이 우선적으로 해결되어야 하며, 나아가 중장기적으로 타 부처 관련법의 개정도 협의되어야 한다.

3) 건설보증시장 관리 · 감독기구 설립

건설산업 생산구조 개편 및 건설보증시장 개방 등으로 인한 시장환경 변화와 이에 대한 적절한 관리 · 감독이 요청된다. 여기서는 이러한 기능을 누가 어떻게 수행할 것인지를 살펴보자는 것이다.

무엇보다 현재 여건과 건설보증의 특성을 감안해야 하는데, 개방에 대비한 건설보증기관의 대비는 아직도 너무 부족한 실정이다. 무엇보다 과당경쟁으로 인한 보증기관의 부실과 보증서비스의 질 저하가 우려된다. 또 대기업 중심의 보증으로 중소건설업체의 피해가 예상된다. 이는 경쟁력을 잘 갖춘 손해보험사들의 영업이 대기업 중심으로 영위될 것이기 때문이다. 나아가 기존의 건설관련 공제조합들은 시장위축이 우려된다. 따라서 장기적으로는 보증시장 개방 및 단일법으로의 관리가 필요할지 모르지만, 단기적으로는 개별법 체계를 유지하면서 좀더 준비하는 시간을 가져야 할 것이다. 정부도 개방의 장점과 단점을 다시 점검하고 예상되는 애로사항이나 문제에 대한 해결책을 강구할 필요가 있다.

현재 국토교통부의 한정된 인력과 재원으로는 전체 건설보증시장에 대한 효과적인 관리 · 감독이 제한적일 수밖에 없다. 현재 건설보증시장을 관리 · 감독하고 있는 국토교통부 실무자는 2~3명 수준에 불과한 실정이다. 이에 반해, 건설 관련 공제조합은 총 3개 조합 합계 약 1,000명 정도가 근무하고 있으며, 자본금은 약 10조원 내외 규모이고 조합원은 약 6만 8천여 명 수준이다.[6] 이미 서울보증보험, 엔지니어링공제조합이 국토교통부의 관리 범위에서 벗어나 건설보증 영업을 하고 있는데, 향후 민간 손해보험사 및 은행이 시장에 진입해 시장점유율을 높여 나갈 수 있다. 현재도 제한된 인력으로 관리 · 감독에 어려움을 겪고 있는 국토교통부는 향후 건설보증시장 변화

6) 2019년 7월 기준 3개 건설 관련 공제조합 합계임.

가 일어나면 시장에 대한 통제력을 점차 상실하게 되어 결과적으로 업체간 경쟁 심화, 비건전성 확대, 공공성 악화가 예상된다.

따라서 국토교통부의 건설보증시장에 대한 공적 감독기능을 제고하고 건설보증시장에 대한 모니터링을 통한 시장 건전성 확보 및 건설시장 활성화를 위해서 주무부처의 전담조직 마련, 위원회 설치, 전담 기관 설치 등의 방안을 모색해야 할 것이다. 건설보증시장 개방화시대에 대비한 관리·감독 개선방안으로는 다음의 3가지를 생각해 볼 수 있다.

(1) 부처 내에 전담 부서 신설

국토교통부 담당부서의 한정된 인원으로는 이미 규모가 거대화된 조합을 관리·감독하기에는 무리가 많다. 건설공제조합은 자본금 5조 8,800억원, 전문건설공제조합은 3조 5,400억원, 설비공제조합은 8,000억 규모인데, 이들 공제조합의 보증업무와 경영전반을 관리·감독하는데 2-3명의 실무자가 겸직하면서 처리하기는 벅차다. 보증기장의 개방 혹은 보증기관 다원화는 경쟁의 과열을 초래할 수 있고, 이는 보다 많은 위험에 노출된다는 것을 의미한다. 복잡한 금융구조와 관련된 위험관리를 파악하고 적절한 의사결정을 내리기에는 담당자 수가 적고 책임이 따를 수밖에 없는 물리적 한계가 있다.

따라서 국토교통부 관할의 건설 관련 보증기관, 대한주택도시보증공사 등을 한꺼번에 관리·감독하는 전담부서를 신설할 필요가 있다. 이를 통해 전문성을 높이고 관리감독의 효율성을 높일 수 있을 것이다.

(2) 가칭 '건설보증관리위원회' 설치

국토교통부에 건설보증기관의 종합적 관리를 위해 가칭 '건설보증관리위원회'를 설치하여 관리, 감독을 강화할 필요가 있다. 사실 지금까지 조합의 주요사항은 법테두리 내에서 통제 가능했지만, 보증시장의 규모가 커지고 개방된다면 보다 많고 다양한 위험에 노출될 수밖에 없다. 이러한 여건 속에서 효율적 관리감독을 위해서는 보다 많은 인력이 투입되고 전문화된 인력이 필요하다. 특히 서로 다른 법률에 근거하여 보증업무를 영위하는 기관이 시장에서 서로 경쟁을 할 수밖에 없으므로, 이에 대비한 관리·감독 방안도 필요하다. 개방화 시대의 보증시장은 보다 엄격한 관리감독이 요구되고 위험관리에 대한 철저한 준비가 필요하다.

특히 공제조합의 구조적 특성상 보험업법에서 규정하는 관리감독 규정을 다 수용하기는 불가능하다. 공제조합에 맞는 또 건설산업의 특성이 반영된 건설보증에 대한 관리·감독체계에 대한 논의가 필요하다. 이러한 맥락에서 위원회의 필요성은 더욱 높은 것으로 보인다. 위원회의 구성은 건설보증과 관련된 학계 전문가, 외부금융기관의 위험관리 전문가 등으로 구성하여 전문성을 확보해야 할 것이다. 동 위원회에서는 등 관련 법규 심의, 연도별 자산운용계획 및 목표수익률 결정 검토, 분기별 자산운용 포트폴리오 결정 검토, 위험자산에 대한 투자한도 설정, 사후결과 점검 등을 수행해야 한다. 이를 통해 건설보증산업의 건전성을 유지하고 위험을 관리할 수 있을 것이다.

〈가칭 '건설보증관리위원회'의 구성과 역할(안)〉

■ 목적

- 건설보증시장의 효율적인 관리를 위해 필요한 주요사항을 논의하고 결정하는 역할 수행
- 건설보증시장에서 활동하는 전업보증기관에 대한 관리·감독 사항 결정
- 건설보증기관의 위험 관리 등을 점검

■ 구성

- 위원회는 위원장 1인을 포함한 10인 이내의 위원으로 구성
- 위원회 위원은 다음 어느 하나에 해당하는 자 중에서 국토해양부 장관이 위촉 또는 지명

i) 대학교에서 건설경제 또는 관련 분야를 전공으로 하는 부교수 이상의 직 또는 관련 국가연구기관의 연구위원 이상의 직에 있거나 경력이 있는 자

ii) 건설산업 및 건설금융에 관한 학식과 경험이 풍부한 자

iii) 건설 관련 회계전문가로서 공인회계사

iv) 건설 관련 변호사

v) 국토해양부 소속의 3급 공무원 또는 고위공무원단에 속하는 일반직공무원

- 위원장은 위의 위원 중에서 국토교통부 장관이 지명
- 위원의 임기는 3년으로 함

■ 운영

- 회의는 위원장 또는 재적위원 3분의 1 이상의 요구가 있을 때에 위원장이 소집
- 회의는 매년 4회 이상 개최하며, 재적위원 과반수의 출석으로 개의하고 출석위원 과반수의 찬성으로 의결
- 회의에 출석한 위원에게는 예산의 범위 안에서 수당을 지급함

■ 주요 활동

- 건설보증시장에 진입하여 활동하는 전업 건설보증기관에 대한 아래의 관리·감독사항 결정
- 기준 수수료율 심의 및 결정
- 신규 상품개발에 대한 심의 및 승인 여부 결경
- 건설관련 공제조합의 자산운용 심의
- 보증한도 심의
- 준비금 적립기준(책임준비금, 비상위험준비금) 등의 적적성 심의

(3) 건설보증시장 관리·감독기구 설립[7)]

국토교통부의 관리·감독 기능을 위탁받아 이를 실행하는 별도의 기구, 즉 가칭 '건설보증 진흥원'을 설립할 수 있다. 건설보증 진흥원의 설립취지는 건설보증시장에 대한 모니터링 및 조정을 통한 시장 건전성을 확보하고, 이를 통한 건설산업을 활성화하자는 것이다. 건설보증 진흥원의 주요 업무는 건설보증시장에 대한 관리·감독자로서의 역할, 정책이나 법·규제 위반사항 확인 및 시정조치, 시장 Data 관리·모니터링으로 구성된다. 건설보증 진흥원이 설립되면, 현재 건설 관련 공제조합 운영에 대한 실질적인 의사결정을 하고 있는 각 공제조합의 운영위원회에 대한 권한과 기능

7) 이 부분은 삼일회계법인(2020) 내용을 참조하였음.

에 대한 검토가 필요하다. 인력 규모와 비율, 권한 등에 대한 조정이 필요하다.

건설보증 진흥원은 앞서 생산체계 개편 및 시장개방으로 인해 생겨날 수 있는 부작용을 예방하고 시장 건전성을 확보하는 것을 우선적인 목표로 한다. 따라서 건설보증시장에 대한 정책 수립과 실행을 점검하고 건설사업자를 대상으로 보증, 공제, 융자 사업을 위한 인허가, 시장 Data 관리, 시정 조치 등 시장 조정 및 보호를 위한 다양한 업무를 수행하게 된다. 진흥원장은 건설산업에 대한 충분한 이해와 보증, 공제 등의 사업에 대한 전문성을 보유한 자로 선임하고, 진흥원장을 포함한 임·직원 구성 등에 대한 구체적인 요건도 마련되어야 한다.

건설보증 진흥원의 관리·감독 대상은 건설업체를 대상으로 보증, 공제, 융자 및 기타 사업을 하는 기관으로 해야 할 것이다. 건설 관련 공제조합 뿐만 아니라 건설보증시장에서 사업을 영위하고 있는 비건설 공제조합, 보험사 등 외부기업까지 관리감독 범위를 설정해야 한다. 향후 준조합원으로 사업대상 확대시 건설보증시장 관리·감독기구는 금융위원회, 금융감독원 등 금융시장과 유사한 수준으로 시장을 관리·감독할 수 있도록 기능을 강화해야 준조합원제 반대 논리에 대응할 수 있을 것이다.

관리·감독기구 설립을 위해서는 「건설산업기본법」, 「건설산업기본법 시행령」에 감독기구 설립, 기능, 임원 선임 등에 대한 규정이 추가되어야 한다. 또한 「건설관련 공제조합 감독기준」에는 관리·감독 대상, 업무범위 등에 대한 명시도 필요하다. 구체적으로 건설보증시장 관리·감독 적용 대상, 업무 범위에 대해서는 물론, 나아가 관리감독 대상인 경우 거래 Data 보고에 대한 의무 등에 대한 부분 역시 규정되어야 한다.

추가적으로 각 건설 관련 공제조합 정관상 국토교통부 인허가, 보고 사항에 대해 관리감독 주체(국토교통부 또는 관리감독 기구)를 구분하여 설정하는 것이 필요하다. 세부적인 업무로는 ① 건설 관련 공제조합 정관의 변경, 등기 인가 ② 국토교통부 장관에 의해 운영위원회 위원 지명 ③ 리스크관리위원회 위원 위촉 ④ 보증한도 설정, 보증수수료요율, 융자금이자율, 어음할인요율 등 승인 ⑤ 총수입과 총지출 등 예산편성 ⑥ 재무상태표와 손익계산서를 포함한 결산보고서 보고 등을 포함한다.

관리감독 기구 설립은 관련 근거법 마련, 타부처 관리감독 소관 시장참여자들 포괄 등 선행되어야 할 부분이 존재하기 때문에 중장기적인 추진이 필요하다. 특히 국토교통부 내에서도 진흥원 설립에 대한 공감을 바탕으로 한 추진동력이 필요하며, 시장 상황 및 타 부처와의 이해관계 해결 등이 수반되어야 한다.

7. 기타: 공사이행보증제도 개선[8)]

1) 이행보증 개념과 관련 규정

공사이행보증제도는 공사계약자인 건설업체가 계약상의 의무를 이행하지 못하는 경우, 이를 보증한 보증기관이 그 의무 이행을 보증하는 제도이다. 우리나라에서는 건설부문에서 시공 연대보증인을 입보시키는 계약보증이 주로 사용되다가 2000년 공사이행보증제도가 도입되어 300억 이상 공사에 적용되고 있다. 1997년 외환위기 이후 시공연대보증으로 인한 연쇄부도가 사회적인 문제로 대두되고 정부조달협정발효에 의해 공공공사 시장이 개방되면서, 역무 이행방식인 시공연대보증제도를 없애고 보증증권만으로 공사의 이행을 보증하는 공사이행보증이 도입된 것이다. 2001년 최저가 낙찰제[9)] 도입과 함께 기존의 계약보증이 아닌 이행보증을 발주자에게 제출하도록 의무화시켰다. 미국과 같은 100% 이행보증의 도입도 검토되었으나, 우리 현실을 감안하여 40% 공사이행보증 제출로 의무화되었다.

「국가계약법시행령」 제2조 4항에 따르면, 공사이행보증서에 대하여 '공사계약에 있어서 계약상대자가 계약상의 의무를 이행하지 못하는 경우 계약상대자를 대신하여 계약상의 의무를 이행할 것을 보증하되, 이를 보증한 기관이 의무를 이행하지 아니하는 경우에는 일정금액을 납부할 것을 보증하는 증서'라고 정의하고 있다. 「국가계약법시행령」 제52조에서는 공사계약의 특성상 필요하다고 인정되는 경우, 계약이행보증의 방법을 공사이행보증서에 의한 방법으로 한정하도록 하고 있다.

「정부 입찰 · 계약 집행기준」에서는 공사이행보증서의 발급, 보증기관의 보증채무의

8) 김명수(2017)에서 발췌
9) 현재는 종합심사제가 운영중임.

범위, 이행방법과 절차, 채권 소멸 등이 규정되어 있다. 공공공사 발주자는 계약상대자가 정당한 이유 없이 계약상의 의무를 이행하지 아니한 경우 보증기관이 보증서에 기재된 사항에 따라 발주기관에 대하여 보증하여야 할 의무(보증채무)를 이행할 것을 청구하여야 한다. 다만 보증채무의 범위에는 하자담보채무와 선금반환채무를 포함하지 아니한다.[10)]

보증기관이 이행보증의 보증채무를 이행하는 방법은 두 가지로 구분된다. 계약상대자가 정당한 이유 없이 계약상의 의무를 이행하지 아니한 경우 보증기관은 보증이행업체를 지정하여 당해계약을 이행하게 하여야 한다. 또는 공사이행보증서상의 보증금을 현금으로 납부하면 된다(정부입찰·계약 집행기준 제44조).

보증기관이 보증채무 이행을 위하여 보증이행업체를 지정할 때, 그 자격기준도 명시되어 있다. 「독점규제 및 공정거래에 관한 법률」에 의한 계열회사가 아닌 자, 「국가계약법시행령」 제76조의 규정에 의한 입찰참가자격제한을 받고 그 제한기간 중에 있지 아닌 자, 입찰공고 시 공고한 입찰참가자격과 동등한 이상의 자격을 갖춘 자, 입찰참가자격 사전심사 대상공사의 경우 입찰참가자격 사전심사기준에 따른 심사 종합평점이 입찰적격기준 점수 이상이 되는 자이어야 한다.

공사이행보증은 취급하는 기관은 건설공제조합, 서울보증보험, 전문건설공제조합 그리고 기계설비건설공제조합 등 4개 기관이 있다. 공사이행보증의 인수실적을 보면, 건설공제조합이 전체의 공사이행보증 인수실적의 80.2%를 차지하고 있으며, 서울보증보험이 19.2% 등 두 기관은 전체의 99.4%를 차지하여 공사이행보증시장을 양분하고 있다.

공사이행보증 총 인수실적은 2018년 기준 5조 8,374억원에 달하고 있다.[11)] 2011년 9조 4,968억원 이후 공공건설공사 축소와 함께 지속적으로 축소되고 있는 추세를 보이고 있다. 공공공사에 공사이행보증제도가 도입된 후 시행초기에는 계약불이행 사례가 거의 발생하지 않았으나, 2008년 금융위기 이후 보증 불이행이 증가하고 그 사례도 다양해지는 추세이다. 건설공제조합이 보증한 공공공사에 있어 계약 불이행 사례는 2007년 이전에는 단 1건에 그쳤지만, 2008년에서 2016년까지 총 77건의 보증

10) 다만, 계약 체결 시 하자담보채무에 대하여 별도의 특약을 체결한 때에는 이를 포함한다.
11) 보다 자세한 실적은 본서 4장 〈표 4-9〉 참조.

사고가 일어났다.

채무이행 방식을 보면 전체 보증사고 78건 중 74건이 보증이행업체를 선정하여 역무이행방식으로 이행하였고, 나머지 4건만이 금전배상으로 이행되었다. 금액으로 보면 보증사고 발생 총 금액은 1조 5,528억원이며, 역무이행방식으로 1조 5,022억원이 이행되었고, 나머지 508억원이 금전배상으로 이행되었다. 따라서 보증이행업체를 선정하여 공사를 완료하는 역무이행방식의 비중은 건수 기준 94.87%, 금액 기준 96.74%로 압도적으로 나타난다.

〈표 8-7〉 이행보증의 보증사고

	~ 2007		2008년~2011		2012~2016		합계	
사고 건수	1		55		22		78	
보상방법	역무	금전	역무	금전	역무	금전	역무	금전
	1		54	1	19	3	74	4

출처: 건설공제조합 내부자료.

2) 공사이행보증의 문제점

(1) 보증이행업체 선정의 곤란

현행 정부계약제도는 잔여공사의 규모, 기술적 난이도, 특수공정의 포함 여부 등을 고려하지 않고 보증이행업체에게 일률적으로 당초 입찰공고 시 입찰참가자격을 요구하여 업체 선정이 곤란한 것으로 나타난다. 아래 표는 2009년 이후 건설공제조합이 공사이행보증을 한 공공 발주공사 중 보증사고가 발생한 59개 현장의 보증사고를 보여주고 있다. 먼저 공사 초기(공정률 20% 미만)에 보증사고가 발생한 26개 현장은 보증이행업체를 지정하는데 평균 39~49일이 걸리고, 추가공사비는 건당 3억원 미만이 소요되었다. 공사 후기(공정률 50% 이상)에 보증사고가 발생한 16개 현장은 보증이행업체를 지정하는데 평균 75~81일이 걸렸으며, 추가공사비도 건당 50억원 이상으로 나타난다. 따라서 공사 후기로 갈수록 대체시공을 할 수 있는 보증이행업체를 찾기가 어려운 것으로 나타난다.

특히 시공 자격을 충분히 갖춘 대형업체의 참여가 저조한 것으로 나타나는데, 그 이유는 다음과 같다. 당초 전체공사를 이행할 능력을 갖춘 대형 및 중견 건설업체들이 소규모 잔여공사를 보증이행할 경우 얻을 수 있는 이익이 별로 크지 않기 때문이다. 즉 부실화된 현장을 정상화하는 과정에서 발생할지 모르는 돌발변수가 항상 존재한다는 것이다. 또 부실화된 업체가 시공하던 공사를 이어받을 경우 기시공한 부분에 대한 하자담보책임 문제, 브랜드가치의 평가절하 등을 이유로 보증사고 현장의 공사 수주를 기피하고 있는 실정이다.

〈표 8-8〉 공사이행보증의 보증사고 발생시 잔여공사 비율

(2009년 이후, 단위 : 백만원)

타절기성률 (공사진행정도)	해당건수	발생비율	평균 업체선정 소요일수 (일)	평균 추가공사비 (백만원)
10% 미만	17	29%	39	235
10%~20%	9	15%	49	271
20%~30%	2	3%	50	484
30%~50%	15	25%	40	2,299
50%~70%	8	14%	75	4,910
70% 이상	8	14%	81	5,754
합계	59	100%	-	-

(2) 사회적 비용 및 민원 발생

당초 입찰공고 시 입찰참가자격을 갖춘 건설업체가 소규모 잔여공사의 보증이행을 기피하는 현상으로 인해, 보증이행업체를 지정하는데 많은 시간과 추가비용이 낭비된다. 당해 사업의 준공 지체로 당초 적기에 공사 준공으로 얻고자 했던 사업효과를 적기에 보지 못하게 됨으로 인해 사회적 기회비용이 발생하게 된다.

까다로운 보증이행업체 지정요건으로 인해 보증이행업체 선정이 불가한 경우, 보증기관은 보증금 대급으로 보증채무 이행을 완료하고 발주자는 잔여공사를 재발주하게 된다. 이러한 경우 재발주에 소요되는 시간과 경비는 고스란히 사회적 비용으로 발생하게 된다. 도로, 철도 등 주요 공공사업이 지역의 현안과 관련되어 지체된다면, 지역주민에게 불편을 초래하게 된다. 이럴 경우 발주자는 지역주민 및 지역사회로부터의 각종 민원에 시달리게 된다.

해당 공사의 공정율이 일정수준에 이르게 되면 대부분의 주요 공정이 사실상 완료되기 때문에, 입찰참가자격을 갖추지 못한 중소건설업체라 할지라도 하등의 문제없이 공사를 이행할 수 있는 경우가 대부분이다. 특히 공사 후반기에 있는 잔여공사는 해당 공사의 주요한 공종들이 대부분 완료되어 중소건설업체도 충분히 이행할 수 있는 공사인 경우가 많다. 그럼에도 불구하고 보증이행업체의 자격을 예외 없이 입찰공고 시의 기준으로 함에 따라 잔여공사를 충분히 수행할 수 있는 업체들의 참여를 원천적으로 제한하는 결과를 초래한다. 중소건설업 물량 확보 차원과 해당 공사의 공기지연을 막기 위해서도 잔여공사를 충분히 수행할 수 있는 업체들이 보증이행시공을 희망할 경우 참여를 긍정적으로 검토해볼 필요가 있다.

차수별 계약 공사의 경우에는 발주자가 잔여공사의 단독발주의 곤란을 고려하여 잔여공사 재 발주 없이 차기 계약에 포함시켜 발주하는 사례도 있는데, 이럴 경우 중소건설기업의 참여 여지는 일체 고려되지 않을 수 있다.

3) 공사이행보증제도 개선

(1) 보증이행업체의 탄력적인 보증이행자격 부여

공사이행보증 사고 발생 시 보증시공업체의 자격에 대하여 「계약집행기준」 제45조 3항에서는 '당초 입찰공고 시 입찰참가자격과 동등 이상의 자격을 갖춘 자'로 명시하고 있다. 제4항에서도 'PQ심사 종합평점이 입찰적격 기준 점수 이상인 자'로 규정하고 있어 당초 입찰참가시의 자격과 동등한 자격을 요구하고 있다.

이러한 기준은 현실성을 전혀 고려하지 않은 제도로써 잔여공사의 공사금액 규모가 작을수록 오히려 자격이 충분한 대형업체의 공사참여가 줄어들어 보증이행 업체 선정에 어려움이 발생하고 있다. 그리고 이에 따른 공기지연, 장기간 현장 방치에 따른 노후화 및 인근 환경 훼손 등 사회적 비용이 증가한다. 공사이행보증사고 발생 시 잔여공사는 전체 공사에 비해 상대적으로 공사규모 및 공사내용 등이 줄어들었지만, 잔여공사의 특성을 고려하지 않은 보증이행업체 선정 조건은 합리성도 효율성도 없는 것이다.

따라서 보증이행업체의 보증이행자격은 기본적으로 당초 입찰공고시의 입찰참가자격을 기준으로 하되, 잔여공사의 현황을 고려하여 예외적으로 보증이행업체의 자격을 완화해야 한다. 보증사고 발생 시 공사 타절 시점의 기성률을 감안하여 공사가 많이 진행되어 잔여공사 규모가 작아 보증이행업체 지정에 어려움이 있는 공사, 건설공사에 있어 핵심 공종이나 특수 공종 등이 완료되어 잔여공사의 시공 난이도가 낮은 공사 등이 예외적인 기준 적용의 대상에 해당된다. 보증이행업체의 자격은 공정률을 중심으로 판단하도록 해야 할 것이다. 이를 위해 현행 「계약집행기준」 제45조 1항의 규정에 추가적으로 공사 진행정도와 공사난이도 등 잔여공사의 특성을 감안하여 일정한 심사를 통하여 보증이행업체를 지정할 수 있도록 개정할 필요가 있다. 보증이행업체 선정기준을 잔여 공정률에 따라 다르게 적용하여 탄력적으로 운영해야 할 것이다.

그리고 보증시공업체 선정의 투명성을 보장하기 위하여 아예 입찰공고 시 보증시공업체 자격 기준에 대한 기준을 같이 공고하는 방안도 도입할 필요가 있다. 이렇게 하면 잔여공사에 대한 시공능력을 갖춘 중소 및 지역 건설업체의 참여를 유도할 수 있어, 최근 공공공사 축소로 인하여 어려움을 겪고 있는 중견 및 중소건설업체들의 물량 확보에도 긍정적인 효과가 있을 것이다.

(2) 잔존 구성원의 계약이행요건 현실화

정부 입찰계약 집행기준에서는 공동계약의 보증채무 이행 시, 해당 공사의 공동수급자 중 주요한 구성원의 부도, 파산 등으로 인하여 사고가 난 경우, 잔존구성원에 해당 공사 전부의 계약이행요건을 갖출 것을 요구하고 있다(제50조). 발주자는 계약상대자의 보증사고가 발생한 경우에 공기의 지연을 방지하고 최단기간 내에 공동수급체의 지분을 조정하든지 또는 보증채무 이행업체를 선정하여 지체 없이 공사를 정상화해야 한다.

하지만 현재 공동도급계약에서는 잔존구성원에게도 공사 전체의 이행능력을 요구하기 때문에 잔존구성원들이 계속시공 의사와는 무관하게 공사를 포기해야만 하는 경우가 발생하고 있다. 잔존구성원이 공사를 포기하면 해당 사업에 피해가 발생함은 물론이고 공사의 연대책임으로 인해 도산하기도 한다. 이처럼 현행 제도는 사실상 보증채무의 이행에만 초점이 맞추어져 기업의 부실화를 외면하는 결과를 가져올 수 있다. 잔존구성원들은 진행 중인 공사의 시공 상 특성과 효율적인 이행에 대한 정보를 가장 많이 갖고 있으므로, 잔존구성원의 시공이 오히려 공사의 품질 및 공기의 유지 등 효율적 측면에서 바람직하다. 그리고 실질적으로 잔존구성원에 의한 지속적인 공사의 이행은 추가적인 보증사고를 미연에 방지할 수 있다.

따라서 보증이행업체의 자격을 현실화하여 공동도급계약의 잔존구성원이 잔존 공사를 이행할 수 있도록 해야 할 것이다. 이를 위해서 「계약집행기준」 제50조 1항의 '해당 계약이행요건'으로 명시된 내용을 전체공사의 계약이행요구를 '잔여공사의 계약이행요건'으로 완화할 필요가 있다.

이와 함께 기획재정부 계약예규인 「공동계약운용요령」의 개선도 필요하다. 「공동계약운용요령」 제12조에서는 공동수급자의 구성원을 추가할 수 있는 예외로서 '잔존구성원만으로 계약이행에 필요한 요건을 갖추지 못할 경우로서 공동수급체 구성원 연명으로 구성원의 추가를 요청한 경우'를 지정하고 있다. 따라서 단 예외조건 중 '계약이행'을 '잔존계약이행'으로 변경할 필요가 있다.

지역의 공공공사에서는 지역의무도급제도 등을 통해 지역업체들이 의무적으로 참여하고 있으므로, 잔존 구성원의 계약이행요건 현실화는 지역경제에도 긍정적인 영향을 미칠 것이다. 잔존 구성원인 지역건설업체들이 계속 공사를 수행한다면 파급효과는 꽤 클 것으로 보인다.

(3) 하자 담보책임의 조정

현재 관행적으로 공사이행 공사에 대한 부실업체 시공부분에 대한 하자담보책임을 보증이행업체에게 부담시키고 있는데, 이는 보증시공업체 선정에 더 큰 어려움이 초래하고 당사자 책임주의에도 반하는 불공정 계약이다. 따라서 공사이행 보증대상 공사와 관련한 하자담보책임을 원사업자와 보증기관이 부담하도록 공사이행보증의 채무범위에 하자담보채무가 포함되도록 제도를 개선해야 한다.

구체적으로 「계약집행기준」 제43조 제2항, "제1항에 의한 보증채무에는 하자담보채무와 선금반환채무를 포함하지 아니한다. 다만, 계약체결 시 하자담보채무에 대하여 별도의 특약을 체결한 때에는 이를 포함한다."를 "제1항에 의한 보증채무에는 하자담보채무를 포함한다. 다만, 선금반환채무는 포함하지 아니한다."로 개정하면 된다. 계약방식에 따라 공사이행 공사에 대한 부실업체 시공부분에 대한 하자담보책임을 보증기관 단독으로 책임지든지, 또는 잔존구성원과 연대하여 책임지도록 함으로써 당사자 책임주의를 실현하고, 보증이행업체의 부당한 부담을 방지함으로써 경제정의 실현 및 신속한 보증이행업체 선정이 가능할 것이다.

구체적인 하자보수에 대한 책임은 원도급 형태에 따라 개선되어야 한다. 단독도급의 경우 현재는 하자보수 책임에 대한 주체가 없지만, 보증기관이 책임지게 될 것이다. 공동도급의 이행방식에 따라 달라진다. 먼저 공동이행방식의 경우 현재는 잔존구성원이 부담하나, 계약이행요건을 충족하지 못할 경우 출자비율만큼 부담하고 있나. 이는 잔존구성원과 보증기관이 연대책임으로 부담하고, 잔존 구성원이 부담하지 않는 부분은 보증기관이 부담하게 해야 할 것이다. 분담이행방식의 경우 현재는 하자담보책임주체가 없지만, 보증기관이 부담하게 될 것이다. 주계약자공동도급의 경우 현재는 부계약자 부실시 주계약자가 책임을 부담하나, 주계약자 부실시 부담 주체가 없는 실정이다. 이는 부계약자 부실시 주계약자와 보증기관이 연대 책임을, 주계약자 부실시 보증기관이 부담하게 해야 할 것이다.

(4) 보증기관의 보증이행현장 관리 강화

발주자들도 보증이행업체 지정이 지체되면 사회적 비용이 따른다는 점과 공동도급 계약에서 잔존구성원의 계속 시공의 필요성을 인지하고 있다. 발주자 입장에서는 보증사고 발생 현장의 조속한 공사 재개를 원하고 있는바, 잔여공사의 공사이행업체 지정의 예외적인 적용에 대하여 긍정적인 입장에 있다. 그리고 공동이행 공사의 경우, 해당 공사에 대하여 가장 정보가 많은 잔존구성원의 지속적인 공사이행에 대하여도 바람직하다고 보고 있다. 다만 잔여공사 이행에 있어 중소건설업체의 지정으로 인한 품질저하 및 추가적인 공사 중단의 발생 등을 우려하고 있다.

따라서 이러한 부작용을 해결하기 위해 보증기관의 보증이행 현장관리를 철저히 해야 할 필요가 있다. 「입찰계약 집행기준」 제48조의 발주자의 보증기관에 대한 통지

내용을 강화하여 부실업체에 대한 사전적 대응을 강화해야 한다. 공사이행보증 제출 단계에서 주기적으로 시공상황 파악이 가능한 시스템을 구축하여 보증이행 현장관리의 실효성을 확보해야 한다. 무엇보다 해당 공사의 잔여공사 이행요건을 충족하는 건설업체가 시공하게 되는 경우, 보증기관의 보증이행현장 관리를 강화하여 부실시공 및 공사 중단의 재발을 예방할 수 있어야 한다.

참고문헌

이군희 외. 2010. 「건설관련 공제조합 감독기준 제정방안 연구」. 건설공제조합, 전문건설공제조합, 대한설비건설공제조합.

가톨릭대학교 산학협력단. 2010. 「건설보증시장 감독체계 수립방안 연구」. 건설공제조합, 전문건설공제조합, 대한설비건설공제조합.

건설공제조합. 2014.「건설공제조합 50년사」.

건설공제조합. 「각 년도 업무통계연보」.

건설공제조합. 2018 영업 업무매뉴얼.

건설협회. 2007. 「한국건설 60년」.

건설협회. 2007.「한국건설 60년」(화보집).

국토연구원. 2004. 「건설산업 발전을 위한 건설보증 역할 강화 방안」.

국토연구원. 2006. 「건설산업 구조개편에 따른 보증기관의 발전방안 연구」.

국토연구원. 2008. 「건설관련 공제조합의 역할 재정립 및 감독기능 개선방안」.

국토연구원. 2008. 「건설보증시장 환경 및 여건변화에 대응한 건설보증제도 선진화 및 건설보증기관 전문화 방안」.

국토연구원. 2009. 「건설보증제도 선진화 및 건설보증기관 전문화 방안」.

국토연구원. 2012. 「건설공제조합 자본안정성 제고 방안」. 국토연구원.

국토연구원. 2013. 「건설산업 및 보증시장 환경변화에 따른 건설공제조합 역할 재정립 및 지배구조 개선에 관한 연구」. 국토연구원.

국토연구원. 2014. 「건설공제조합의 건설금융서비스 기능 강화 방안 연구」. 국토연구원.

국토연구원. 2015. 「건설공제조합 출자금의 운용효율화를 통한 편익 제고 방안 연구」. 국토연구원.

국토연구원. 2016. 「건설관련 공제조합 의사결정구조 합리화 방안 연구」.

국토연구원. 2017. 「건설공제조합 사업범위 개선을 통한 조합원 편익 제고 방안 연구」.

권도엽 외 다수. 2017. 『국토교통정책의 역사적 변동과 전망』, 문우사.

김국진 · 이의섭. 2011. 「건설보증론」. 건설공제조합.

기계설비건설공제조합. 「각 년도 업무통계연보」.

김명수 외. 2000. 「건설보증제도 발전방향 연구」. 건설교통부.

김명수 외. 2002. 「건설보증시장구조와 효율화 방안 연구」. 국토연구원.

김명수 외. 2007. 「건설산업 상생발전을 위한 하도급대금 지급보증 제도 개선방안 연구」. 건설교통부.

김명수 외. 2012. 「건설근로자 임금지급 보증제도 설계방안」. 고용노동부.

김명수 외. 2017. 「이행보증제도 개선」. 조세재정연구원.

김명수. 2010. "시계열분석을 이용한 건설보증시장 전망" 「통계연구」 제15권 제2호 pp. 66-81.

김명수. 2014. "건설공사보험 확대 당위성 및 예산소요 분석" 「건설사업관리학회논문집」 제15권 제5호 pp. 94-102.

김명수. 2019. "건축물 안전사고에 대비한 건축사 손해보험 개선 연구』「건설사업관리학회논문집」 제20권 제1호 pp. 32-40.

김헌정. 2007. 「미국의 건설보증시장 분석 및 보증제도에 관한 연구」. 건설교통부.

나동민 외. 2000. 「금융환경변화에 따른 보증보험의 중장기 발전전략」. 한국개발연구원.

박광배, 2017. 「조합원에 고용된 자의 복지향상을 위한 공제사업 연구」. 대한건설정책연구원.

박승국. 2013. 「건설기계대여금 지급보증제도 운영방안 연구」. 대한건설정책연구원.

법제처. 국가법령정보센터.

삼일회계법인. 2020. 「건설산업 환경변화 대응을 위한 공제조합의 역할 및 기능 확대방안 연구」. 3개 건설관련공제조합(비공개보고서).

신용보증기금. 2010. 『보증시장의 최근 동향과 정책적 시사점』.

전문건설공제조합 2012. 「건설관련 제도변화에 따른 건설보증체계 개선 연구」.

전문건설공제조합. 2018.「전문건설공제조합 30년사」.

전문건설공제조합. 「각 년도 업무통계연보」.

전문건설공제조합. 2019. 「조합업무 안내」.

정봉은. 2000. "각종 공제의 감독 일원화 방안" 「손해보험」 2001년 2월호.

한국은행. 2019. 「기업경영분석」.

〈부록〉 건설보증 관련 건설산업기본법 및 시행령

건설산업기본법

[시행 2019. 7. 1] [법률 제16136호, 2018. 12. 31, 일부개정]

국토교통부(건설산업과-건설업등록관리) 044-201-3510
국토교통부(건설정책과-보증, 실적신고) 044-201-3513
국토교통부(건설산업과-하도급, 제재처분) 044-201-3511
국토교통부(건설정책과-건설기술자배치, 건설업종, 기타) 044-201-3514

제7장 건설 관련 공제조합 및 건설보증 〈개정 2011. 5. 24.〉

제54조(공제조합의 설립) ① 건설업자 상호간의 협동조직을 통하여 자율적인 경제활동을 도모하고 건설업 운영에 필요한 각종 보증과 자금 융자 등을 위하여 건설업자는 공제조합을 설립할 수 있다.

② 제1항에 따른 공제조합은 법인으로 한다.

③ 공제조합은 주된 사무소의 소재지에서 설립등기를 함으로써 성립한다.

④ 공제조합 조합원의 자격, 임원에 관한 사항, 출자 및 융자에 관한 사항 및 공제조합의 운영에 관한 사항은 정관으로 정한다.

⑤ 공제조합 정관의 기재 사항, 보증대상 및 보증한도는 대통령령으로 정한다.

[전문개정 2011. 5. 24.]

제54조(공제조합의 설립) ① 건설사업자 상호간의 협동조직을 통하여 자율적인 경제활동을 도모하고 건설업 운영에 필요한 각종 보증과 자금 융자 등을 위하여 건설사업자는 공제조합을 설립할 수 있다. 〈개정 2019. 4. 30.〉

② 제1항에 따른 공제조합은 법인으로 한다.

③ 공제조합은 주된 사무소의 소재지에서 설립등기를 함으로써 성립한다.

④ 공제조합 조합원의 자격, 임원에 관한 사항, 출자 및 융자에 관한 사항 및 공제조합의 운영에 관한 사항은 정관으로 정한다.

⑤ 공제조합 정관의 기재 사항, 보증대상 및 보증한도는 대통령령으로 정한다.

[전문개정 2011. 5. 24.]

[시행일 : 2019.11.1.] 제54조

제54조의2(분리공제조합 설립에 따른 창업비용 및 출자금의 이체 등) ① 기존 공제조합으로부터 분리하여 공제조합(이하 이 조에서 "분리공제조합"이라 한다)을 설립하는 경우 발기인은 국토교통부장관의 승인을 받아 분리공제조합의 설립에 소요되는 창업비용을 기존 공제조합으로부터 차입하여 집행할 수 있으며, 차입신청을 받은 기존 공제조합은 자금의 운용에 관한 정관의 규정에도 불구하고 이를 융자할 수 있다.

② 제55조제2항에 따라 국토교통부장관이 분리공제조합 설립을 인가하고 기존 공제조합이 출자금 이체를 동의한 경우 기존 공제조합에 납입되어 있는 해당 분리공제조합의 조합원 가입 신청서를 제출한 자의 출자금은 신설되는 분리공제조합의 출자금으로 본다. 이 경우 출자지분의 계산기준과 그 이체방법 등에 필요한 사항은 국토교통부장관이 정한다.

③ 기존 공제조합은 제2항에 따라 출자금을 이체함과 동시에 감자정리하여야 한다. 이 경우 기존 공제조합은 별도의 감자절차를 필요로 하지 아니한다.

④ 분리공제조합이 기존 공제조합으로부터 해당 분리공제조합의 조합원이 될 자의 출자금을 이체받은 때에는 지체 없이 국토교통부장관이 정하는 바에 따라 출자증권을 발행하여 교부하여야 한다.

⑤ 기존 공제조합이 분리공제조합의 조합원이 되는 자와의 관계에서 가지는 권리・의무는 분리공제조합의 업무개시일부터 해당 분리공제조합이 이를 승계한다.

[본조신설 2016. 2. 3.]

제55조(공제조합 설립의 인가 절차 등) ①공제조합을 설립하려면 조합원 자격이 있는 건설사업자 200명 이상이 발기하고 조합원 자격이 있는 건설사업자 중 대통령령으로 정하는 수 이상의 동의를 받아 창립 총회에서 정관을 작성한 후 국토교통부장관에게 인가를 신청하여야 한다. 〈개정 2013. 3. 23., 2019. 4. 30.〉

② 국토교통부장관은 제1항에 따른 신청을 인가하면 그 사실을 공고하여야 한다. 〈개정 2013. 3. 23.〉

③ 공제조합이 성립되고 임원이 선임될 때까지 필요한 사무는 발기인이 처리한다.

[전문개정 2011. 5. 24.]

[시행일 : 2019.11.1.] 제55조

제55조의2(운영위원회) ① 공제조합은 제56조에 따른 사업에 관한 사항을 심의・의결하고, 그 업무 집행을 감독하기 위하여 운영위원회를 둔다.

② 운영위원회는 30명 이내의 위원으로 구성한다. 〈개정 2015. 8. 11.〉

③ 다음 각 호의 어느 하나에 해당하는 사람은 운영위원회의 위원이 될 수 없다. 〈신설 2014. 5. 14.〉

1. 파산선고를 받고 복권되지 아니한 사람

2. 피성년후견인 또는 피한정후견인
3. 금고 이상의 실형을 선고받고 그 집행이 종료(집행이 종료된 것으로 보는 경우를 포함한다)되거나 그 집행이 면제된 날부터 5년이 지나지 아니한 사람
4. 금고 이상의 형의 집행유예를 선고받고 그 유예기간 중에 있는 사람
5. 이 법, 「국가를 당사자로 하는 계약에 관한 법률」, 그 밖의 법령을 위반하여 건설업의 영업정지처분을 받거나 부정당업자로 입찰참가자격 제한의 처분을 받고 그 기간이 만료된 후 5년이 지나지 아니한 사람

④ 그 밖에 운영위원회의 구성, 기능 및 운영에 필요한 사항은 대통령령으로 정한다. 〈개정 2014. 5. 14.〉

[전문개정 2011. 5. 24.]

第56조(공제조합의 사업) ① 공제조합은 다음 각 호의 사업을 한다.

1. 조합원이 건설업을 운영할 때 필요한 입찰보증, 계약보증(공사이행보증을 포함한다), 손해배상보증, 하자보수보증, 선급금보증, 하도급보증과 그 밖에 대통령령으로 정하는 보증
2. 조합원이 건설업을 운영할 때 필요한 자금의 융자
3. 조합원이 건설공사대금으로 받은 어음의 할인
4. 조합원에 대한 공사용 기자재의 구매 알선
5. 조합원에 고용된 사람의 복지 향상과 업무상 재해로 인한 손실을 보상하는 공제사업 및 조합원이 운영하는 사업에 필요한 건설공사 손해공제사업
6. 건설업 경영 및 건설기술의 개선·향상과 관련한 연구 및 교육에 관한 사업
7. 건설 관련 법인에의 출연
8. 조합원이 공동이용하는 시설의 설치, 운영, 그 밖에 조합원의 편익 증진을 위한 사업
9. 조합원의 정보 처리 및 컴퓨터 운용과 관련한 서비스의 제공
10. 조합의 목적 달성에 필요한 관련 사업에의 투자
11. 국가, 지방자치단체 또는 정관으로 정하는 공공단체가 위탁하는 사업
12. 제1호부터 제11호까지의 사업의 부대사업으로서 정관으로 정하는 사업

② 공제조합은 다음 각 호의 사업을 할 수 있다. 〈개정 2014. 5. 14.〉

1. 조합원이 「사회기반시설에 대한 민간투자법」에 따른 민간투자사업 등을 수행하기 위하여 출연한 법인 등에 대한 보증 및 융자
2. 「부동산투자회사법」에 따른 부동산투자회사에의 출자 및 융자 또는 「체육시설의 설치·이용에 관한 법률」에 따른 체육시설의 설치·경영 등 대통령령으로 정하는 수익사업

③ 공제조합은 공제조합 상호간 또는 다른 법률에 따른 공제조합과의 상호협력과 이해 증진을 위하여 정보 교환 등 공동사업을 시행할 수 있다.

[전문개정 2011. 5. 24.]

第57조(공제 규정) ① 공제조합은 제56조제1항제5호에 따른 공제사업을 하려면 공제 규정을

정하여야 한다.

② 제1항의 공제 규정에는 공제사업의 범위, 공제계약의 내용, 공제료, 공제금, 공제금에 충당하기 위한 책임준비금 등 공제사업의 운영에 필요한 사항이 포함되어야 한다.

[전문개정 2011. 5. 24.]

제57조의2(보증 규정) ① 공제조합이 제56조제1항제1호에 따른 보증사업을 하려면 보증 규정을 정하여야 한다.

② 제1항의 보증 규정에는 보증사업 범위, 보증계약 내용, 보증수수료, 보증에 충당하기 위한 책임준비금 등 보증사업의 운영에 필요한 사항이 포함되어야 한다.

[본조신설 2011. 5. 24.]

제58조(「보험업법」의 적용 배제) 공제조합의 사업 중 제56조제1항제5호에 따른 공제사업에 관하여는 「보험업법」을 적용하지 아니한다.

[전문개정 2011. 5. 24.]

제59조(지분의 양도 등) ① 조합원이거나 조합원이었던 자는 대통령령으로 정하는 바에 따라 그 지분을 다른 조합원이나 조합원이 되려는 자에게 양도할 수 있다.

② 제1항에 따라 지분을 양수한 자는 그 지분에 관한 양도인의 권리·의무를 승계한다.

③ 지분의 양도 및 질권 설정은 「상법」에 따른 주식의 양도 및 질권 설정의 방법으로 한다. 〈개정 2014. 5. 20.〉

④ 민사집행 절차나 국세 등의 체납처분 절차에 따라 하는 지분의 압류 또는 가압류는 「민사집행법」 제233조에 따른 지시채권의 압류 또는 가압류의 방법으로 한다.

[전문개정 2011. 5. 24.]

제60조(공제조합의 지분 취득 등) ① 공제조합은 다음 각 호의 어느 하나에 해당하는 사유가 있을 때에는 조합원이거나 조합원이었던 자의 지분을 취득할 수 있다. 다만, 제1호에 해당할 때에는 그 지분을 취득하여야 한다.

1. 출자금을 감소시키려는 경우
2. 조합원에 대하여 가지는 담보권을 실행하기 위하여 필요한 경우
3. 공제조합에 출자한 자가 자기 출자액을 회수하기 위하여 공제조합에 지분의 양수를 요구한 경우
4. 조합원이 탈퇴한 후 2년이 지난 경우
5. 준비금의 출자전입(出資轉入) 시 단좌(端坐)가 발생한 경우

② 공제조합은 제1항제1호에 따라 지분을 취득하였을 때에는 지체 없이 출자금의 감소 절차를 밟아야 하고, 같은 항 제2호부터 제5호까지의 규정에 해당할 때에는 지체 없이 그 지분을 처분하되, 처분되지 아니한 지분은 정관으로 정하는 바에 따라 출자금을 감소시킬 수 있다.

③ 조합원의 지분은 공제조합에 대한 채무를 담보하기 위하여 제공되는 경우를 제외하고는

질권의 대상이 될 수 없다.

④ 공제조합은 제1항에 따라 지분을 취득한 경우 조합원이거나 조합원이었던 자에게 지급하여야 할 금액을 지체 없이 지급하여야 한다.

⑤ 제1항에 따라 공제조합이 지분을 취득한 경우 조합원이거나 조합원이었던 자가 가지는 청산금 청구권은 그 지분을 취득한 날부터 5년간 행사하지 아니하면 시효로 인하여 소멸한다.

[전문개정 2011. 5. 24.]

제61조(신용에 의한 보증 등) 공제조합은 정관으로 정하는 바에 따라 조합원에 대하여 재산상태 등을 평가하고 해당 공사의 이행능력을 실제 조사한 후 보증 또는 융자를 할 수 있다.

[전문개정 2011. 5. 24.]

제62조(대리인의 선임) 공제조합은 임원 또는 직원 중에서 그 공제조합의 업무에 관한 재판상 또는 재판 외의 모든 행위를 할 수 있는 대리인을 선임할 수 있다.

[전문개정 2011. 5. 24.]

제63조(책임준비금 등의 적립) ① 공제조합은 결산기마다 보증 종류에 따라 책임준비금과 비상위험준비금을 계상할 수 있다.

② 제1항의 책임준비금과 비상위험준비금의 계상에 필요한 사항은 대통령령으로 정한다.

[전문개정 2011. 5. 24.]

제64조(시공 상황의 조사 등) ① 공제조합은 대통령령으로 정하는 바에 따라 그가 보증한 공사 현장에 출입하여 시공 상황을 조사할 수 있고, 그 공사를 시공하는 조합원에게 의견을 진술할 수 있다.

② 공제조합은 제1항에 따른 시공 상황의 조사에 관한 업무를 협회 또는 건설 관계 전문기관으로 하여금 대행하게 할 수 있다.

[전문개정 2011. 5. 24.]

제65조(조사 및 검사) ① 국토교통부장관은 공제조합의 재무건전성 유지 등을 위하여 필요하다고 인정하면 소속 공무원으로 하여금 공제조합의 업무 상황 또는 회계 상황을 조사하게 하거나 장부 또는 그 밖의 서류를 검사하게 할 수 있다. 〈개정 2013. 3. 23.〉

② 제56조제1항제5호의 공제사업에 대하여는 대통령령으로 정하는 바에 따라 금융위원회가 제1항에 따른 조사 또는 검사를 할 수 있다.

③ 삭제 〈2016. 2. 3.〉

④ 제1항과 제2항에 따라 조사 또는 검사를 하는 공무원 등은 그 권한을 표시하는 증표를 지니고 이를 관계인에게 보여주어야 한다.

[전문개정 2011. 5. 24.]

제65조의2(공제조합 등 건설보증기관의 재무건전성 유지 등) ① 국토교통부장관은 제56조에 따른 공제조합의 사업을 건전하게 육성하고 계약자를 보호하기 위하여 재무건전성 유지 등을

지도하여야 한다. 〈개정 2013. 3. 23., 2016. 2. 3.〉

② 국토교통부장관은 제1항에 따른 재무건전성 유지 등을 지도하기 위하여 공제조합을 감독하는 데 필요한 기준을 정하여 고시하여야 한다. 다만, 공제사업의 감독에 필요한 기준을 정할 때에는 금융위원회 위원장과 협의한 후 이를 고시하여야 한다. 〈개정 2013. 3. 23., 2016. 2. 3.〉

③ 국토교통부장관은 공제조합의 자기자본비율, 유동성비율, 지급여력비율 등이 일정 수준에 미달하는 등 재무상태가 제4항에 따른 기준에 미달하거나 거액의 금융사고 또는 부실채권의 발생으로 공제조합의 재무상태가 제4항에 따른 기준에 미달하게 될 것이 명백하다고 판단되면 공제조합의 부실화를 예방하고 건전한 경영을 유도하기 위하여 해당 공제조합이나 그 임원에 대하여 다음 각 호의 사항을 권고·요구 또는 명령하거나 그 이행계획을 제출할 것을 명할 수 있다. 〈신설 2016. 2. 3.〉

1. 자본증가 또는 자본감소, 보유자산의 처분이나 점포·조직의 축소
2. 임원의 직무정지나 임원의 직무를 대행하는 관리인의 선임
3. 영업의 전부 또는 일부 정지
4. 이익배당의 제한
5. 대손충당금, 대위변제준비금의 추가 설정
6. 보증수수료, 융자이자율의 조정
7. 영업의 양도나 보증사업 및 공제사업 등과 관련된 계약의 이전
8. 그 밖에 제1호부터 제7호까지의 규정에 준하는 조치로서 공제조합의 재무건전성을 높이기 위하여 필요하다고 인정되는 조치

④ 국토교통부장관은 제3항에 따른 조치를 하려면 미리 그 기준 및 내용을 정하여 고시하여야 한다. 〈신설 2016. 2. 3.〉

⑤ 국토교통부장관은 제4항에 따른 기준에 일시적으로 미달한 공제조합이 단기간에 그 기준을 충족시킬 수 있다고 판단되거나 이에 준하는 사유가 있다고 인정되는 경우에는 기간을 정하여 제3항에 따른 조치를 유예(猶豫)할 수 있다. 〈신설 2016. 2. 3.〉

[본조신설 2011. 5. 24.]

第66조(보증금 징수의 제한) 보증채권자는 공제조합이 조합원의 의무 이행을 보증하면 관계 법령 및 계약서 등의 약정에도 불구하고 그 보증서로서 보증금 또는 공사 이행 보증서를 갈음하여야 하고, 그 조합원으로부터 따로 보증금이나 그 밖의 명목의 금액을 받아내서는 아니 된다.

[전문개정 2011. 5. 24.]

第67조(공제조합의 책임) ① 공제조합은 보증채권자 및 보증채무자의 권익을 보호하여야 하며, 제57조의2에 따른 보증 규정 및 보증약관을 제정하거나 변경하려는 경우에는 사전에 국토교통부장관에게 보고하여야 한다. 〈신설 2014. 5. 14.〉

② 국토교통부장관은 제1항에 따라 보고받은 보증 규정 및 보증약관이 보증채권자 또는 보증채무자에게 불리한 내용을 포함하거나 건전한 보증거래질서를 유지하기 위하여 필요한 경우에는 해당 규정의 시정을 명할 수 있다 〈신설 2014. 5. 14.〉

③ 공제조합은 보증한 사항에 관하여 법령이나 그 밖의 계약서 등에서 정하는 바에 따라 보증금을 지급할 사유가 발생하였을 때에는 그 보증금을 보증채권자에게 지급하여야 한다. 〈개정 2014. 5. 14.〉

④ 제3항에 따라 보증채권자가 공제조합에 대하여 가지는 보증금에 관한 권리는 보증기간 만료일부터 2년간 행사하지 아니하면 시효로 인하여 소멸한다. 〈개정 2014. 5. 14.〉

[전문개정 2011. 5. 24.]

제68조(다른 법률의 준용) 공제조합에 관하여 이 법에서 규정한 것을 제외하고는 「민법」 중 사단법인에 관한 규정을 준용하고 「상법」 중 주식회사의 계산에 관한 규정을 준용한다.

[전문개정 2011. 5. 24.]

제68조의2 삭제 〈2016. 2. 3.〉

제68조의3(건설기계 대여대금 지급보증) ① 수급인 또는 하수급인은 자신이 시공하는 1개의 공사현장에서 대여받을 건설기계의 대여대금을 보증하는 보증서(이하 "현장별 보증서"라 한다)를 그 공사의 착공일 이전까지 발주자에게 제출하여야 하며, 건설기계 대여업자는 건설기계 대여계약을 체결한 경우 현장별 보증서를 발급한 보증기관에 그 건설기계 대여계약서를 제출하여야 한다. 다만, 수급인 또는 하수급인은 국토교통부령으로 정하는 소규모공사 등 정당한 사유가 있는 경우에는 현장별 보증서를 발주자에게 제출하는 대신에 건설기계 대여계약별로 그 대금의 지급을 보증하는 보증서를 건설기계 대여업자에게 줄 수 있다. 〈개정 2018. 12. 18.〉

② 제1항에도 불구하고 발주자가 건설기계 대여대금을 직접 건설기계 대여업자에게 지불하기로 발주자, 건설업자, 건설기계 대여업자 간에 합의한 경우 등 국토교통부령으로 정하는 경우에는 건설기계 대여대금 지급보증서를 주지 아니할 수 있다. 〈신설 2018. 12. 18.〉

③ 건설공사의 도급계약(하도급계약을 포함한다) 당사자는 제1항에 따른 건설기계 대여대금 지급보증서 발급에 드는 금액을 대통령령으로 정하는 바에 따라 해당 건설공사의 도급금액 산출내역서(하도급금액 산출내역서를 포함한다)에 분명하게 적어야 한다.

④ 제54조에 따라 설립된 공제조합 또는 다른 법령에 따라 보증업무를 담당할 수 있는 기관이 제1항에 따른 건설기계 대여대금 지급보증서를 발급(변경발급을 포함한다)하거나 보증계약을 해지한 경우에는 국토교통부령으로 정하는 바에 따라 즉시 발주자, 수급인(하수급인과 건설기계 대여업자 간 계약에 따른 보증에 한한다), 건설기계 대여업자 등에게 그 내용을 통보하여야 한다. 〈개정 2013. 3. 23.〉

⑤ 제1항에 따른 건설기계 대여대금 지급보증의 보증금액과 보증 관련 당사자 등의 이행사항 및 그 밖의 사항은 국토교통부령으로 정한다. 〈개정 2013. 3. 23.〉

⑥ 발주자가 국가, 지방자치단체 또는 대통령령으로 정하는 공공기관인 경우에는 건설기계 대여대금이 보호될 수 있도록 건설업자가 제1항에 따른 보증서를 제출 또는 교부하였는지 여부를 확인하여야 한다. 〈개정 2018. 12. 18.〉

[본조신설 2012. 12. 18.]

제68조의3(건설기계 대여대금 지급보증) ① 수급인 또는 하수급인은 자신이 시공하는 1개의 공사현장에서 대여받을 건설기계의 대여대금을 보증하는 보증서(이하 "현장별 보증서"라 한다)를 그 공사의 착공일 이전까지 발주자에게 제출하여야 하며, 건설기계 대여업자는 건설기계 대여계약을 체결한 경우 현장별 보증서를 발급한 보증기관에 그 건설기계 대여계약서를 제출하여야 한다. 다만, 수급인 또는 하수급인은 국토교통부령으로 정하는 소규모공사 등 정당한 사유가 있는 경우에는 현장별 보증서를 발주자에게 제출하는 대신에 건설기계 대여계약별로 그 대금의 지급을 보증하는 보증서를 건설기계 대여업자에게 줄 수 있다. 〈개정 2018. 12. 18.〉

② 제1항에도 불구하고 발주자가 건설기계 대여대금을 직접 건설기계 대여업자에게 지불하기로 발주자, 건설사업자, 건설기계 대여업자 간에 합의한 경우 등 국토교통부령으로 정하는 경우에는 건설기계 대여대금 지급보증서를 주지 아니할 수 있다. 〈신설 2018. 12. 18., 2019. 4. 30.〉

③ 건설공사의 도급계약(하도급계약을 포함한다) 당사자는 제1항에 따른 건설기계 대여대금 지급보증서 발급에 드는 금액을 대통령령으로 정하는 바에 따라 해당 건설공사의 도급금액 산출내역서(하도급금액 산출내역서를 포함한다)에 분명하게 적어야 한다.

④ 제54조에 따라 설립된 공제조합 또는 다른 법령에 따라 보증업무를 담당할 수 있는 기관이 제1항에 따른 건설기계 대여대금 지급보증서를 발급(변경발급을 포함한다)하거나 보증계약을 해지한 경우에는 국토교통부령으로 정하는 바에 따라 즉시 발주자, 수급인(하수급인과 건설기계 대여업자 간 계약에 따른 보증에 한한다), 건설기계 대여업자 등에게 그 내용을 통보하여야 한다. 〈개정 2013. 3. 23.〉

⑤ 제1항에 따른 건설기계 대여대금 지급보증의 보증금액과 보증 관련 당사자 등의 이행사항 및 그 밖의 사항은 국토교통부령으로 정한다. 〈개정 2013. 3. 23.〉

⑥ 발주자가 국가, 지방자치단체 또는 대통령령으로 정하는 공공기관인 경우에는 건설기계 대여대금이 보호될 수 있도록 건설사업자가 제1항에 따른 보증서를 제출 또는 교부하였는지 여부를 확인하여야 한다. 〈개정 2018. 12. 18., 2019. 4. 30.〉

[본조신설 2012. 12. 18.]

[시행일 : 2019.11.1.] 제68조의3

제68조의4(타워크레인 대여계약 적정성 심사 등) ① 건설업자가 「건설기계관리법」 제2조제1항제1호에 따른 건설기계 중 타워크레인에 대하여 건설기계 대여업자와 대여계약을 체결한 경우 국토교통부령으로 정하는 바에 따라 발주자에게 통보하여야 한다.

② 발주자는 타워크레인 대여계약금액이 대통령령으로 정하는 비율에 따른 금액에 미달하는 경우에는 타워크레인 대여계약의 적정성 등을 심사하여야 한다.

③ 발주자는 제2항에 따라 심사한 결과 타워크레인 대여계약 내용이 적정하지 아니한 경우에는 그 사유를 분명히 밝혀 건설업자에게 타워크레인 대여업자 또는 대여계약내용의 변경을 요구하여야 하고, 변경요구를 받은 건설업자는 정당한 사유가 있는 경우를 제외하고는 이를 이행하여야 한다.

④ 발주자는 건설업자가 정당한 사유 없이 제3항에 따른 요구에 따르지 아니하여 안전관리에 중대한 영향을 끼칠 우려가 있는 경우에는 해당 건설공사의 도급계약을 해지할 수 있다.

⑤ 제2항 및 제3항에 따른 타워크레인 대여계약의 적정성 심사기준, 타워크레인 대여업자 또는 대여계약내용의 변경요구 및 그 이행 절차, 그 밖에 필요한 사항은 대통령령으로 정한다.

[본조신설 2018. 12. 18.]

제68조의4(타워크레인 대여계약 적정성 심사 등) ① 건설사업자가 「건설기계관리법」 제2조제1항제1호에 따른 건설기계 중 타워크레인에 대하여 건설기계 대여업자와 대여계약을 체결한 경우 국토교통부령으로 정하는 바에 따라 발주자에게 통보하여야 한다. 〈개정 2019. 4. 30.〉

② 발주자는 타워크레인 대여계약금액이 대통령령으로 정하는 비율에 따른 금액에 미달하는 경우에는 타워크레인 대여계약의 적정성 등을 심사하여야 한다.

③ 발주자는 제2항에 따라 심사한 결과 타워크레인 대여계약 내용이 적정하지 아니한 경우에는 그 사유를 분명히 밝혀 건설사업자에게 타워크레인 대여업자 또는 대여계약내용의 변경을 요구하여야 하고, 변경요구를 받은 건설사업자는 정당한 사유가 있는 경우를 제외하고는 이를 이행하여야 한다. 〈개정 2019. 4. 30.〉

④ 발주자는 건설사업자가 정당한 사유 없이 제3항에 따른 요구에 따르지 아니하여 안전관리에 중대한 영향을 끼칠 우려가 있는 경우에는 해당 건설공사의 도급계약을 해지할 수 있다. 〈개정 2019. 4. 30.〉

⑤ 제2항 및 제3항에 따른 타워크레인 대여계약의 적정성 심사기준, 타워크레인 대여업자 또는 대여계약내용의 변경요구 및 그 이행 절차, 그 밖에 필요한 사항은 대통령령으로 정한다.

[본조신설 2018. 12. 18.]

[시행일 : 2019.11.1.] 제68조의4

부칙 〈제16136호, 2018. 12. 31.〉

제1조(시행일) ① 이 법은 2021년 1월 1일부터 시행한다. 다만, 제22조, 제28조의2, 제31조의3, 제49조의2, 제99조제3호의2 및 제7호의2의 개정규정은 공포 후 6개월이 경과한 날부터 시행한다.

② 제16조 · 제25조 및 제29조의 개정규정은 다음 각 호의 구분에 따른 날부터 시행한다.

1. 국가, 지방자치단체 또는 대통령령으로 정하는 공공기관이 발주하는 공사: 2021년 1월 1일
2. 국가, 지방자치단체 또는 대통령령으로 정하는 공공기관 외의 자가 발주하는 공사: 2022년 1월 1일

③ 제2항에도 불구하고 제16조제1항제3호의 개정규정은 2024년 1월 1일부터 시행한다.

④ 제2항에도 불구하고 제16조제1항제4호의 개정규정은 2024년 1월 1일부터 시행한다(공사예정금액이 2억원 미만인 전문공사를 원도급 받는 경우에 한정한다).

제2조(시범사업) 국토교통부장관은 이 법이 원활히 현장에 적용될 수 있도록 이 법 시행 전에 국가, 지방자치단체 또는 대통령령으로 정하는 공공기관이 발주하는 공사 중 지정한 공사에 한정하여 이 법을 적용하여 시범사업을 실시할 수 있다.

제3조(행정제재 처분에 관한 경과조치) 이 법 시행 전의 위반행위에 대한 행정제재 처분에 관하여는 종전의 규정에 따른다.

제4조(벌칙에 관한 경과조치) 이 법 시행 전의 행위에 대한 벌칙에 관하여는 종전의 규정에 따른다.

건설산업기본법 시행령

[시행 2019. 6. 19] [대통령령 제29877호, 2019. 6. 18, 일부개정]

국토교통부(건설산업과-건설업등록관리) 044-201-3510
국토교통부(건설정책과-보증, 실적신고) 044-201-3513
국토교통부(건설산업과-하도급, 제재처분) 044-201-3511
국토교통부(건설정책과-건설기술자배치, 건설업종, 기타) 044-201-3514

제7장 건설관련 공제조합

제50조(정관의 기재사항) 법 제54조제5항의 규정에 의한 공제조합(이하 "공제조합"이라 한다)의 정관의 기재사항은 다음 각호와 같다. 〈개정 1999. 8. 6.〉

1. 목적
2. 명칭
3. 사무소의 소재지
4. 출자 1좌의 금액과 그 납입방법 및 지분계산에 관한 사항
5. 조합원의 자격과 가입·탈퇴에 관한 사항
6. 자산 및 회계에 관한 사항
7. 총회에 관한 사항
8. 운영위원회에 관한 사항
9. 임원 및 직원에 관한 사항
10. 융자에 관한 사항
11. 업무와 그 집행에 관한 사항
12. 정관의 변경에 관한 사항
13. 해산과 잔여재산의 처리에 관한 사항
14. 공고의 방법에 관한 사항

제51조(운영위원회) ① 공제조합에는 운영위원회를 둔다. 〈개정 1999. 8. 6.〉

② 운영위원회는 다음 각 호의 위원으로 구성하되, 조합원인 운영위원의 수는 전체위원 수의 2분의 1 미만으로 한다. 〈개정 1999. 8. 6., 2002. 9. 18., 2003. 8. 21., 2007. 12. 28., 2008. 2. 29., 2011. 11. 1., 2013. 3. 23., 2016. 2. 11.〉

1. 총회가 조합원 중에서 선임하는 7명 이상 13명 이하의 위원
2. 기획재정부장관이 그 소속공무원중에서 지명하는 사람 1명
3. 국토교통부장관이 그 소속공무원중에서 지명하는 사람 1명
4. 당해공제조합에 회원의 출자액이 가장 많은 협회의 회장
5. 당해공제조합의 이사장
6. 다음 각 목의 어느 하나에 해당하는 자로서 국토교통부장관이 위촉하는 8명 이상 13명 이하의 위원
   가. 대학 또는 정부출연연구기관에서 부교수 또는 책임연구원이상으로 재직하고 있거나 재직하였던 자로서 건설산업분야 또는 금융분야를 전공한 자
   나. 변호사 또는 공인회계사의 자격이 있는 자
   다. 금융감독원 또는 금융기관에서 임원이상의 직에 있거나 있었던 자
   라. 공제조합 관련 업무에 관한 학식과 경험이 풍부한 자로서 해당 업무에 2년 이상 종사한 자

③ 제2항제1호 및 제6호의 위원의 임기는 3년으로 하되 연임될 수 있으며, 보궐위원의 임기는 전임자의 잔임기간으로 한다. 〈개정 1998. 12. 31., 1999. 8. 6.〉

④ 운영위원회에 위원장 1명과 부위원장 2명을 두되, 위원장 및 부위원장은 위원중에서 각각 호선한다. 〈개정 2016. 2. 11.〉

⑤ 위원장은 운영위원회를 소집하며 그 의장이 된다.

⑥ 운영위원회는 다음 사항을 심의·의결하며 공제조합의 업무집행을 감독할 수 있다. 〈개정 1999. 8. 6.〉

1. 사업계획 기타 업무운영 및 관리에 관한 기본방침
2. 예산안에 관한 사항
3. 차입금에 관한 사항
4.임원의 임면에 관한 사항
5. 기타 정관이 정하는 사항

제52조 삭제 〈2014. 11. 14.〉

제53조(공제조합설립시 동의를 얻어야 하는 건설업자의 수) 법 제55조제1항에서 "대통령령으로 정하는 수"란 3분의 1을 말한다. 〈개정 1999. 8. 6., 2011. 11. 1.〉

제54조(등기) ① 공제조합은 설립인가를 받은 때에는 주사무소의 소재지에서 다음 각호의 사항을 등기하여야 한다. 〈개정 1999. 8. 6.〉

1. 목적
2. 명칭
3. 사업
4. 사무소의 소재지

5. 설립인가의 연월일
6. 출자금의 총액
7. 출자 1좌의 금액
8. 출자의 방법
9. 출자증권양도의 제한에 관한 사항
10. 임원의 성명 및 주민등록번호(이사장인 경우에는 주소를 포함한다)
11. 대표권의 제한에 관한 사항
12. 대리인에 관한 사항
13. 공고의 방법

② 공제조합은 지점 또는 분사무소 등(이하 "지점"이라 한다)을 설치한 때에는 3주이내에 다음 각 호의 사항을 등기하여야 한다. 〈개정 1999. 8. 6., 2007. 12. 28.〉

1. 주사무소의 소재지에서는 그 설치된 지점의 명칭 및 소재지
2. 새로 설치된 지점의 소재지에서는 제1항 제1호·제2호·제4호 및 제10호 내지 제13호의 사항
3. 이미 설치된 지점의 소재지에서는 새로 설치된 지점의 명칭 및 소재지

③ 공제조합이 주사무소나 지점을 이전한 때에는 3주이내에 다음 각호의 사항을 등기하여야 한다. 〈개정 1998. 12. 31., 1999. 8. 6.〉

1. 주사무소를 다른 등기소의 관할구역으로 이전한 때에는 주사무소의 구소재지와 지점의 소재지에서는 이전한 뜻, 주사무소의 신소재지에서는 제1항 각호의 사항
2. 지점을 다른 등기소의 관할구역으로 이전한 때에는 주사무소의 소재지, 그 지점의 구소재지 및 다른 지점의 소재지에서는 이전한 뜻, 그 지점의 신소재지에서는 제2항제2호의 사항
3. 주사무소 또는 지점을 관할 등기소의 관할구역안에서 이전한 때에는 주사무소 및 지점의 소재지에서 이전한 뜻

④ 제1항 각호의 등기사항(사무소의 소재지를 제외한다)에 변경이 있는 경우에는 그 변경이 있는 날부터 3주이내에 이를 등기하여야 한다. 다만, 제1항제6호의 규정에 의한 출자금의 총액의 변경등기는 매회계연도말 현재를 기준으로 하여 회계연도 종료후 3월이내에 등기할 수 있다.

⑤ 공제조합은 지점을 폐지한 때에는 3주이내에 주사무소 및 지점의 소재지에서 그 폐지한 뜻을 각각 등기하여야 한다. 〈개정 1999. 8. 6.〉

제55조(출자 및 조합원의 책임) ① 공제조합의 총출자금은 그 조합원이 출자한 출자좌의 액면총액으로 한다. 〈개정 1999. 8. 6.〉

② 출자 1좌의 금액은 균일하여야 한다.

③ 공제조합은 정관이 정하는 바에 의하여 조합원에게 그의 출자를 나타내는 출자증권을

발행하여 교부하여야 한다. 〈개정 1999. 8. 6.〉

④ 조합원의 책임은 그 출자지분액을 한도로 한다.

제56조(공제조합의 보증대상 및 내용) ① 법 제54조제5항의 규정에 의하여 공제조합이 행할 수 있는 보증대상은 조합원이 다음 각호의 사업을 영위하는 과정에서 부담하는 의무 또는 채무를 말한다. 〈개정 1997. 12. 31., 1999. 8. 6., 2005. 5. 7.〉

1. 법 제2조제1호의 규정에 의한 건설산업
2. 「해외건설촉진법」에 의한 해외건설업
3. 「전기공사업법」에 의한 전기공사업
4. 「정보통신공사업법」에 의한 정보통신공사업
5. 「소방법」에 의한 소방설비공사업
6. 「문화재보호법」에 의한 문화재수리업

② 법 제56조제1항제1호의 규정에 의한 각 보증의 내용은 다음 각호와 같다. 〈개정 2007. 12. 28.〉

1. 입찰보증 : 공사 등의 입찰에 참가하는 조합원이 입찰참가자로서 부담하는 입찰보증금의 납부에 관한 의무이행을 보증하는 것
2. 계약보증 : 조합원이 도급받은 공사등의 계약이행과 관련하여 부담하는 계약보증금의 납부에 관한 의무이행을 보증하는 것
3. 공사이행보증 : 조합원이 도급받은 공사의 계약상 의무를 이행하지 못하는 경우 조합원을 대신하여 계약이행의무를 부담하거나 의무이행을 하지 아니할 경우 일정금액을 납부할 것을 보증하는 것
4. 손해배상보증 : 조합원이 도급받은 공사등의 계약이행중 발생한 제3자의 피해에 대한 배상금의 지급채무를 보증하는 것
5. 하자보수보증 : 조합원의 건설공사 등 사업의 영위와 관련하여 발생된 하자의 보수에 관한 의무이행을 보증하는 것
6. 선급금보증 : 조합원이 도급받은 공사등과 관련하여 수령하는 선금의 반환채무를 보증하는 것
7. 하도급보증 : 조합원이 하도급받고자 하거나 하도급받은 공사등과 관련하여 부담하는 제1호 내지 제6호와 같은 채무를 보증하는 것

③ 법 제56조제1항제1호에서 "대통령령으로 정하는 보증"이란 다음 각 호의 보증을 말한다. 〈개정 2011. 11. 1., 2013. 6. 17.〉

1. 인·허가보증
2. 자재구입보증
3. 대출보증
4. 납세보증

5. 하도급대금지급보증
6. 삭제 〈2016. 8. 4.〉
7. 법 제68조의3제1항에 따른 건설기계 대여대금 지급보증
8. 그 밖에 조합원이 경영하는 건설업과 관련하여 그가 부담하게 되는 재산상의 의무이행을 보증하는 것으로서 정관으로 정하는 보증

④ 공제조합은 그가 행하는 각종 보증의 구체적인 내용·범위 및 조건 등에 관하여 약관을 정하여 시행할 수 있다. 〈개정 1999. 8. 6.〉

第56조의2(공제조합의 수익사업) 법 제56조제2항제2호에서 "대통령령으로 정하는 수익사업"이란 다음 각 호의 사업을 말한다. 〈개정 2008. 7. 29., 2011. 11. 1.〉

1. 「부동산투자회사법」에 따른 부동산투자회사에 출자
2. 「체육시설의 설치·이용에 관한 법률」에 따른 체육시설의 설치·경영
3. 「부동산개발업의 관리 및 육성에 관한 법률」에 따른 부동산개발업
4. 「자본시장과 금융투자업에 관한 법률」에 따른 집합투자업자 및 집합투자기구 등에 출자 또는 투자

[본조신설 2007. 12. 28.]

第57조(보증한도) ① 법 제54조제5항에 따라 공제조합이 보증할 수 있는 총보증한도는 출자금과 준비금을 합산한 금액의 35배까지로 하되, 국토교통부장관은 개별 공제조합의 재무건전성 및 보증위험을 고려하여 해당 공제조합의 보증한도를 고시할 수 있다. 다만, 금융기관·보험회사 또는 이와 유사한 기관의 보증이나 보험에 의하여 보장을 받거나 그 밖에 담보물을 받고 보증하는 경우에는 공제조합의 보증한도에 이를 포함하지 아니한다. 〈개정 1999. 8. 6., 2005. 11. 25., 2010. 5. 27., 2013. 3. 23.〉

② 제1항의 규정에 의하여 보증한도를 정하는 경우 그 출자금과 준비금은 각 사업연도의 전년도말 결산액을 기준으로 한다. 다만, 사업연도중에 증자를 하였거나 「자산재평가법」에 의하여 자산을 재평가한 경우에는 증자 또는 자산재평가를 마친 때의 출자금과 준비금을 기준으로 한다. 〈개정 2005. 5. 7.〉

③ 공제조합이 조합원(법 제56조제2항의 법인 등을 포함한다)에 대하여 보증할 수 있는 보증종류별 한도는 보증종류별 사고율과 조합원에 대한 신용평가 등을 감안하여 정한다. 〈개정 1999. 8. 6., 2005. 11. 25.〉

④ 공제조합은 제3항의 규정에 의하여 보증종류별 한도를 정한 때에는 국토교통부장관에게 이를 통보하여야 한다. 〈개정 1999. 8. 6., 2008. 2. 29., 2013. 3. 23.〉

第58조(신용정보의 제공 및 이용) ① 공제조합은 수행하는 사업과 관련하여 필요한 때에는 조합원 및 관련채무자의 신용정보에 관한 자료를 「신용정보의 이용 및 보호에 관한 법률」에 따라 허가받은 신용정보집중기관 또는 동법에 의하여 허가받은 신용정보회사에 제공하거나 이들의 자료를 이용할 수 있다. 〈개정 1998. 12. 31., 1999. 8. 6., 2005. 5. 7., 2009. 10.

1., 2015. 9. 11.〉

② 공제조합은 제1항의 규정에 의한 신용정보자료를 업무목적외에 사용하거나 누설하여서는 아니된다. 〈개정 1999. 8. 6.〉

제59조(출자증권의 명의개서) ① 법 제59조제1항의 규정에 의하여 조합원 또는 조합원이었던 자가 그의 지분을 양도하고자 하는 때에는 정관이 정하는 바에 따라 공제조합으로부터 출자증권에 명의개서를 받아야 한다. 〈개정 1999. 8. 6.〉

② 공제조합이 법 제60조제1항제2호 내지 제5호의 사유로 취득한 지분을 처분하는 때에는 당해 출자증권을 공제조합의 명의로 개서한 뒤 이를 처분하여야 한다. 〈개정 1999. 8. 6., 2002. 9. 18.〉

제60조(책임준비금등의 계상) ① 법 제63조제1항의 규정에 의하여 공제조합은 보증책임의 이행을 위한 대위변제금에 충당하기 위하여 매 사업연도말 현재의 보증잔액에 대하여 보증의 종류별로 책임준비금을 계상한다. 〈개정 1999. 8. 6.〉

② 법 제63조제1항에 따라 공제조합은 위기 시 재무안전성 확보를 위하여 매 사업연도 말에 비상위험준비금을 계상한다. 〈개정 2011. 11. 1.〉

③ 삭제 〈2011. 11. 1.〉

④ 삭제 〈2011. 11. 1.〉

제61조(보증금지급 대비자금) 공제조합은 법 제67조제3항에 따른 보증금의 지급에 대비하기 위하여 출자금과 준비금 합계액의 100분의 5에 해당하는 금액이상의 보증금지급 대비자금을 현금 또는 즉시 현금화할 수 있는 예금등으로 보유하여야 한다. 〈개정 1999. 8. 6., 2014. 11. 14.〉

제62조(수수료·이자 등) ① 공제조합은 조합원(법 제56조제2항의 법인 등을 포함한다)으로부터 보증수수료, 융자금의 이자, 어음할인료와 사용료를 받을 수 있다. 〈개정 1999. 8. 6., 2005. 11. 25.〉

② 제1항의 규정에 의한 보증수수료의 요율, 융자금의 이자율과 어음할인료율에 관하여는 국토교통부장관의 승인을 얻어야 한다. 〈개정 2008. 2. 29., 2013. 3. 23.〉

제63조(시공상황의 조사등) ① 공제조합은 법 제64조제1항의 규정에 의한 시공상황의 조사를 위하여 필요한 때에는 당해 공사의 감리자 또는 보증채권자에게 시공방법·공정 및 자재등에 관한 자료의 제공을 요청할 수 있다. 〈개정 1999. 8. 6.〉

② 공제조합이 법 제64조제1항의 규정에 의하여 조합원에게 의견을 진술하고자 하는 때에는 이를 서면으로 하여야 한다. 다만, 긴급히 잘못을 바로잡을 사항이 있는 때에는 먼저 구두로 의견을 진술할 수 있다. 〈개정 1999. 8. 6.〉

제63조의2(조사 및 검사) ① 법 제65조제2항에 따른 금융위원회의 조사 또는 검사는 국토교통부장관이 조사 또는 검사가 필요한 사유를 명시하여 금융위원회에 요청한 경우에 한정한다. 〈개정 2008. 2. 29., 2008. 12. 31., 2013. 3. 23.〉

② 금융위원회는 제1항에 따라 조사 또는 검사를 한 경우 그 결과를 지체 없이 국토교통부장관에게 통보하여야 한다. 이 경우 시정하여야 할 사항이 있는 경우에는 시정을 요구할 수 있다. 〈개정 2008. 2. 29., 2008. 12. 31., 2013. 3. 23.〉

[본조신설 2007. 12. 28.]

제64조 삭제 〈2016. 2. 11.〉

제64조의2 삭제 〈2016. 8. 4.〉

제64조의3(건설기계 대여대금 지급보증서 발급금액의 명시) ① 법 제68조의3제3항에 따른 건설기계 대여대금 지급보증서 발급에 드는 금액은 도급금액 산출내역서(하도급금액 산출내역서를 포함한다)에 기재된 재료비, 직접노무비 및 경비 등을 고려하여 산출한다. 이 경우 구체적인 산출방법은 국토교통부장관이 정하여 고시하는 기준에 따른다.

② 발주자는 건설공사를 시공하는 수급인 또는 하수급인이 법 제68조의3제3항에 따른 금액을 해당 용도에 맞게 사용하였는지를 확인할 수 있다. 이 경우 발주자는 필요하면 해당 수급인 또는 하수급인에게 소요비용 지출내역에 대한 증빙서류의 제출을 요구할 수 있다.

③ 발주자는 제2항에 따라 해당 수급인 또는 하수급인이 제출한 소요비용 지출내역을 확인하여 법 제68조의3제3항에 따른 건설공사의 도급금액 산출내역서에 명시된 금액이 수급인 또는 하수급인이 지출한 금액보다 많은 경우에는 그 초과하는 금액을 정산할 수 있다.

④ 법 제68조의3제6항에서 "대통령령으로 정하는 공공기관"이란 다음 각 호의 공공기관을 말한다. 〈신설 2016. 8. 4., 2019. 6. 18.〉

1. 「공공기관의 운영에 관한 법률」 제5조에 따른 공기업 및 준정부기관
2. 「지방공기업법」 제49조 및 제76조에 따른 지방공사 및 지방공단

[본조신설 2013. 6. 17.]

제64조의4(타워크레인 대여계약 적정성 심사 등) ① 법 제68조의4제2항에서 "타워크레인 대여계약금액이 대통령령으로 정하는 비율에 따른 금액에 미달하는 경우"란 다음 각 호의 어느 하나에 해당되는 경우를 말한다.

1. 타워크레인 대여계약금액이 수급인의 도급금액 중 타워크레인 대여부분에 상당하는 금액의 100분의 82에 미달하는 경우
2. 타워크레인 대여계약금액이 타워크레인 대여부분에 대한 발주자의 예정가격의 100분의 64에 미달하는 경우

② 국토교통부장관은 법 제68조의4제2항에 따라 타워크레인 대여계약의 적정성 등을 심사하는 경우에는 타워크레인 대여계약금액의 적정성, 대여업자의 대여능력 및 신뢰도 등을 항목으로 해야 한다.

③ 발주자는 법 제68조의4제3항에 따라 타워크레인 대여업자 또는 대여계약내용의 변경을 요구하려는 경우에는 법 제68조의4제1항에 따라 타워크레인 대여계약의 통보를 받은 날 또는 그 사유가 있음을 안 날부터 30일 이내에 서면으로 해야 한다.

④ 발주자는 타워크레인 대여계약의 적정성 등을 심사하기 위하여 필요한 경우에는 심사위원회를 구성·운영할 수 있다. 이 경우 발주자가 국가·지방자치단체 또는 공공기관(「공공기관의 운영에 관한 법률」 제5조에 따른 공기업·준정부기관 및 「지방공기업법」 제49조 및 제76조에 따른 지방공사·지방공단을 말한다)인 경우에는 심사위원회의 구성·운영에 관하여 제34조제5항부터 제10항까지의 규정을 준용한다.

⑤ 법 제68조의4제2항에 따른 타워크레인 대여계약의 적정성 등의 심사 항목의 세부 심사기준과 심사절차 등에 관하여 필요한 사항은 국토교통부장관이 정하여 고시한다.

[본조신설 2019. 6. 18.]

부칙 〈제29877호, 2019. 6. 18.〉

제1조(시행일) 이 영은 2019년 6월 19일부터 시행한다. 다만, 제26조의3, 제34조의3, 별표 7 제2호사목 및 하목의 개정규정은 2019년 7월 1일부터 시행한다.

제2조(건설업의 합록기준에 관한 적용례) 제13조제1항제1호의2 및 별표 2의 개정규정은 이 영 시행 전에 건설업을 등록하거나 건설업 등록을 신청한 자에 대해서도 적용한다. 다만, 2018년 12월 31일 이전에 건설업의 등록을 한 자의 등록기준 미달 여부를 판단할 때 2018년 12월 31일까지는 제13조제1항제1호의2 및 별표 2의 개정규정에도 불구하고 종전의 규정을 적용한다.

[저자 소개]

김명수 교수는 부산에서 태어나 동래고를 졸업하고 부산대 경제학과에서 학사를 취득했다. 이후 서울대학교에서 도시계획학 석사, 미국의 펜실베니아주립대학교에서 경제학 석사 및 박사학위를 취득하였다. 현재 가톨릭대 경제학과 교수로 재직 중이며 KDI 감사직을 맡고 있다. 한국건설경제산업학회 회장을 역임하였고, 대통령직속 일자리위원회, 국무총리실 국정과제 평가지원단, 국토교통부 중앙도시계획위원회, 업무성과평가위원회, 중앙건설분쟁조정위원회, 투자심사위원회 등에서 활동하였다.

박사학위 직후 국토연구원에서 건설경제, SOC 투자, 건설산업구조 관련 연구 등을 수행하였다. 특히 건설공제조합에서 파견 나온 실무자를 통해 건설보증에 대한 관심을 갖게 되었다. 이후 오랫동안 건설보증시장, 공사이행보증, 하도급대금지급보증, 임금지급보증, 건설공사 보험, 공제조합 발전방안 등 다양한 건설보증 관련 연구를 수행하였다. 그리고 건설공제조합, 기계설비건설공제조합, 건설근로자공제회의 운영위원, 비상임 이사로 활동하면서 건설보증기관의 경영여건을 실무적으로 경험하게 되었다.

건설산업이 국내경제에서 차지하는 비중 등으로 건설산업, 건설경제, SOC투자 등에 대한 연구가 활발하게 이루어진데 반해, 건설보증에 대한 관심과 연구는 그 중요도에 비해 굉장히 미약한 실정임을 깨닫고 본서를 집필하게 되었다.

건설보증시장 이해와 전망

2021년 1월 5일 초판인쇄
2021년 1월 10일 초판발행

저 자 김 명 수
발행인 유 성 열
발행처 청목출판사
서울특별시 영등포구 신길로 40길 20
전화 (02) 849-6157(代)・2820 / 833-6091
FAX (02) 849-0817
등록 제318-1994-000090호

파본은 바꾸어 드립니다. 값 20,000원

http://www.chongmok.co.kr

이 책의 무단 전재 또는 복제 행위는 저작권법 136조 1항에 의거,
5년 이하의 징역 또는 5,000만원 이하의 벌금에 처하게 됩니다.

ISBN 978-89-5565-791-3